KB165367

기출이 답이다

산업안전지도사

2차(실기)+3차(면접)

건설안전공학

한권으로 끝내기

SD에듀
(주)시대고시기획

Always with you

머리말

현재 건설 분야는 물론 산업 분야는 정부의 '4대 사망사고 줄이기'의 일환으로 안전에 대한 관심이 폭증하고 있다. 특히 2022년 1월 27일부터 시행된 「중대재해 처벌 등에 관한 법률」로 인해 산업의 전반적인 분야에서 지도사를 찾고 있기 때문에 향후 유망한 자격증 중 하나가 바로 산업안전지도사이다. 산업안전지도사는 명칭에서 알 수 있듯이 안전에 대한 평가 · 지도, 계획서 · 보고서 작성, 작업환경 개선 등 산업안전에 대한 전반적인 업무를 관리하며 자세한 내용은 산업안전보건법령에 명시되어 있다.

산업안전지도사가 되기 위해서는 자격시험을 통과해야 하는데, 시험은 제1차 공통필수 3과목(산업안전보건법령, 산업안전일반, 기업진단 · 지도), 제2차 각 분야(기계안전, 전기안전, 화공안전, 건설안전)의 전공 1과목, 제3차 면접으로 구성되어 있다. 시험에 합격한 뒤에는 일정 기간의 교육을 받아야 하며, 지도사 업무를 수행하기 위해서는 고용노동부장관에게 등록하여야 한다. 등록된 지도사에 한해 법인을 설립하고 기술지도, 작업환경 평가 등에 관한 업무를 담당할 수 있다.

PART 01은 출제 범위에 해당하는 최신 개정 산업안전보건법령과 산업안전일반의 중요 내용으로 이론을 구성했으며, PART 02는 11년간의 기출문제와 상세한 해설을 수록하여 문제의 흐름을 파악하고 논술형 문제를 대비할 수 있도록 하였다. 마지막으로 PART 03에는 면접 기출복원문제와 예상문제를 함께 수록하여 제2차 시험 후 제3차 면접 시험까지 대비할 수 있도록 구성하였다.

이 책이 나오기까지 많은 도움을 주신 SD에듀 임직원분들과, 책을 집필하느라 소홀했던 우리 가족들에게 이 자리를 빌어 감사의 인사를 대신하고 싶다.

끝으로 이 책으로 공부를 하고 계신 예비 지도사분들 모두 정식 지도사가 되길 기원한다.

이문호 올림

시험안내

자격종목

자격명	관련 부처	시행기관
산업안전지도사	고용노동부	한국산업인력공단

개요

외부전문가인 지도사의 객관적이고도 전문적인 지도 · 조언을 통하여 사업장 내에서 기존의 안전상의 문제점을 규명하여 개선하고, 생산라인 관계자에게 생산현장의 생산방식이나 공법도입에 따른 안전대책 수립에 도움을 주기 위해 제정되었다.

수행직무

- 유해위험방지계획서, 안전보건개선계획서, 공정안전보고서, 물질안전보건자료 작성지도 등의 직무를 수행한다.
- 산업안전분야에 대한 안전성 평가 및 기술지도 등의 직무를 수행한다.

응시자격

제한 없음

※ 단, 지도사 시험에서 부정행위를 한 응시자에 대해서는 그 시험을 무효로 하고, 그 처분을 한 날부터 5년간 시험응시자격을 정지한다.

검정현황

제2차 시험

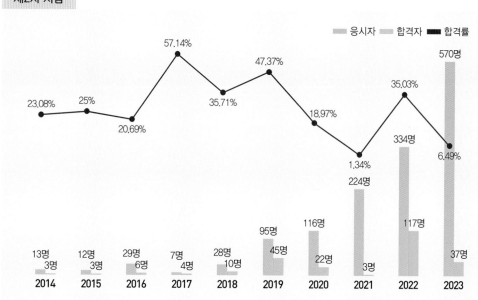

범례: 응시자 · 합격자 · 합격률

연도	응시자	합격자	합격률
2014	13명	3명	23.08%
2015	12명	3명	25%
2016	29명	6명	20.69%
2017	7명	4명	57.14%
2018	28명	10명	35.71%
2019	95명	45명	47.37%
2020	116명	22명	18.97%
2021	224명	3명	1.34%
2022	334명	117명	35.03%
2023	570명	37명	6.49%

제3차 시험

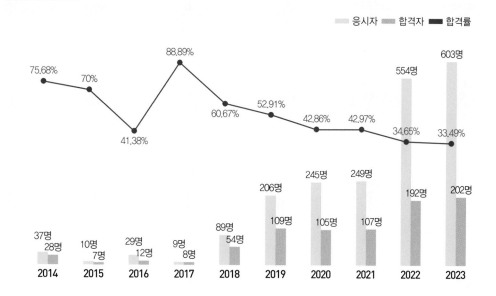

범례: 응시자 · 합격자 · 합격률

연도	응시자	합격자	합격률
2014	37명	28명	75.68%
2015	10명	7명	70%
2016	29명	12명	41.38%
2017	9명	8명	88.89%
2018	89명	54명	60.67%
2019	206명	109명	52.91%
2020	245명	105명	42.86%
2021	249명	107명	42.97%
2022	554명	192명	34.65%
2023	603명	202명	33.49%

시험안내

지도사 등록 결격사유(산업안전보건법 제145조 제3항)

다음 각 호의 어느 하나에 해당하는 사람

1. 피성년후견인 또는 피한정후견인

2. 파산선고를 받고 복권되지 아니한 사람

3. 금고 이상의 실형을 선고받고 그 집행이 끝나거나(집행이 끝난 것으로 보는 경우를 포함한다) 집행이 면제된 날부터 2년이 지나지 아니한 사람

4. 금고 이상의 형의 집행유예를 선고받고 그 유예기간 중에 있는 사람

5. 산업안전보건법을 위반하여 벌금형을 선고받고 1년이 지나지 아니한 사람

6. 산업안전보건법 제154조에 따라 등록이 취소(이 항 제1호 또는 제2호에 해당하여 등록이 취소된 경우는 제외한다)된 후 2년이 지나지 아니한 사람

시험과목 및 방법

구분	시험과목	문항수	시험시간	시험방법
제1차 시험	• 공통필수Ⅰ (산업안전보건법령) • 공통필수Ⅱ (산업안전일반) • 공통필수Ⅲ (기업진단 · 지도)	과목당 25문항(총 75문항)	90분	객관식 5지 택일형
제2차 시험 (전공필수 – 택1)	• 기계안전분야 • 전기안전분야 • 화공안전분야 • 건설안전분야	- 논술형 4문항 (3문항 작성, 필수2/택1) - 단답형 5문항(전항 작성)	100분	주관식 논술형 및 단답형
제3차 시험	• 전문지식과 응용능력 • 산업안전 · 보건제도에 대한 이해 및 인식 정도 • 상담 · 지도 능력 등		1인당 20분 내외	면접

※ 시험 관련 법률 등을 적용하여 정답을 구하여야 하는 문제는 <u>시험시행일 현재 시행 중인 법률</u> 등을 적용하여야 함

합격기준

구분	합격결정 기준
제1, 2차 시험	매 과목 100점을 만점으로 하여 과목당 40점 이상, 전 과목 평균 60점 이상 득점한 자
제3차 시험	평정요소별 평가하되, 10점 만점에 6점 이상 득점한 자

수험자 유의사항

제2차 시험(주관식)

- 국가전문자격 주관식 답안지 표지에 기재된 답안지 작성 시 유의사항을 준수하시기 바랍니다.
- 수험자 인적사항·답안지 등 작성은 반드시 검은색 필기구만 사용하여야 합니다(그 외 연필류, 유색 필기구 등으로 작성한 답항은 채점하지 않으며 0점 처리).
  ※ 필기구는 본인 지참으로 별도 지급하지 않음
  ※ 지워지는 펜 사용 불가
- 답안지의 인적사항 기재란 외의 부분에 특정인임을 암시하거나 답안과 관련 없는 특수한 표시를 하는 경우, 답안지 전체를 채점하지 않으며 0점 처리합니다.
- 답안 정정 시에는 반드시 정정부분을 두 줄(=)로 긋고 다시 기재하거나 수정테이프를 사용하여 수정하여야 하며, 수정액 등을 사용했을 경우 채점상의 불이익을 받을 수 있으므로 사용하지 마시기 바랍니다.

제3차 시험(면접)

- 수험자는 일시·장소 및 입실시간을 정확하게 확인 후 신분증과 수험표를 소지하고 시험 당일 입실시간까지 해당 시험장 수험자 대기실에 입실하여야 합니다.
- 소속회사 근무복, 군복, 교복 등 제복(유니폼)을 착용하고 시험장에 입실할 수 없습니다(특정인임을 알 수 있는 모든 의복 포함).

목 차

PART 01

핵심이론

산업안전지도사[2차 + 3차]

www.sdedu.co.kr

산업안전보건법령

| 산업안전보건법 용어 정의(산업안전보건법 제2조)

① **산업재해** : 노무를 제공하는 사람이 업무에 관계되는 건설물·설비·원재료·가스·증기·분진 등에 의하거나 작업 또는 그 밖의 업무로 인하여 사망 또는 부상하거나 질병에 걸리는 것

② **중대재해** : 산업재해 중 사망 등 재해 정도가 심하거나 다수의 재해자가 발생한 경우의 재해
   ㉠ 사망자가 1명 이상 발생한 재해
   ㉡ 3개월 이상의 요양이 필요한 부상자가 동시에 2명 이상 발생한 재해
   ㉢ 부상자 또는 직업성 질병자가 동시에 10명 이상 발생한 재해

③ **근로자대표** : 근로자의 과반수로 조직된 노동조합이 있는 경우에는 노동조합, 근로자의 과반수로 조직된 노동조합이 없는 경우에는 근로자의 과반수를 대표하는 자

④ **도급** : 명칭에 관계없이 물건의 제조·건설·수리 또는 서비스의 제공, 그 밖의 업무를 타인에게 맡기는 계약

⑤ **도급인** : 물건의 제조·건설·수리 또는 서비스의 제공, 그 밖의 업무를 도급하는 사업주(건설공사발주자 제외)

⑥ **수급인** : 도급인으로부터 물건의 제조·건설·수리 또는 서비스의 제공, 그 밖의 업무를 도급받은 사업주

⑦ **관계수급인** : 도급이 여러 단계에 걸쳐 체결된 경우에 각 단계별로 도급받은 사업주 전부

⑧ **건설공사발주자** : 건설공사를 도급하는 자로서 건설공사의 시공을 주도하여 총괄·관리하지 아니하는 자(도급받은 건설공사를 다시 도급하는 자는 제외)

⑨ **건설공사** : 건설공사, 전기공사, 정보통신공사, 소방시설공사, 국가유산수리공사

⑩ **안전보건진단** : 산업재해를 예방하기 위하여 잠재적 위험성을 발견하고 그 개선대책을 수립할 목적으로 조사·평가하는 것

⑪ **작업환경측정** : 작업환경 실태를 파악하기 위하여 해당 근로자 또는 작업장에 대하여 사업주가 유해인자에 대한 측정계획을 수립한 후 시료를 채취하고 분석·평가하는 것

| 안전보건관리책임자의 업무(산업안전보건법 제15조)

① 사업장의 산업재해 예방계획의 수립에 관한 사항
② 안전보건관리규정의 작성 및 변경에 관한 사항
③ 안전보건교육에 관한 사항
④ 작업환경측정 등 작업환경의 점검 및 개선에 관한 사항
⑤ 근로자의 건강진단 등 건강관리에 관한 사항
⑥ 산업재해의 원인 조사 및 재발 방지대책 수립에 관한 사항
⑦ 산업재해에 관한 통계의 기록 및 유지에 관한 사항
⑧ 안전장치 및 보호구 구입 시 적격품 여부 확인에 관한 사항
※ 안전보건관리책임자를 두어야 하는 사업의 종류 및 사업장의 상시근로자 수(산업안전보건법 시행령 별표 2)

사업의 종류	사업장의 상시근로자 수
1. 토사석 광업 2. 식료품 제조업, 음료 제조업 3. 목재 및 나무제품 제조업 : 가구 제외 4. 펄프, 종이 및 종이제품 제조업 5. 코크스, 연탄 및 석유정제품 제조업 6. 화학물질 및 화학제품 제조업 : 의약품 제외 7. 의료용 물질 및 의약품 제조업 8. 고무 및 플라스틱제품 제조업 9. 비금속 광물제품 제조업 10. 1차 금속 제조업 11. 금속가공제품 제조업 : 기계 및 가구 제외 12. 전자부품, 컴퓨터, 영상, 음향 및 통신장비 제조업 13. 의료, 정밀, 광학기기 및 시계 제조업 14. 전기장비 제조업 15. 기타 기계 및 장비 제조업 16. 자동차 및 트레일러 제조업 17. 기타 운송장비 제조업 18. 가구 제조업 19. 기타 제품 제조업 20. 서적, 잡지 및 기타 인쇄물 출판업 21. 해체, 선별 및 원료 재생업 22. 자동차 종합 수리업, 자동차 전문 수리업	상시근로자 50명 이상

사업의 종류	사업장의 상시근로자 수
23. 농업 24. 어업 25. 소프트웨어 개발 및 공급업 26. 컴퓨터 프로그래밍, 시스템 통합 및 관리업 27. 정보서비스업 28. 금융 및 보험업 29. 임대업 : 부동산 제외 30. 전문, 과학 및 기술 서비스업(연구개발업 제외) 31. 사업지원 서비스업 32. 사회복지 서비스업	상시근로자 300명 이상
33. 건설업	공사금액 20억원 이상
34. 제1호부터 제33호까지의 사업을 제외한 사업	상시근로자 100명 이상

| 안전보건총괄책임자

① 안전보건총괄책임자(산업안전보건법 제62조)

　㉠ 도급인은 관계수급인 근로자가 도급인의 사업장에서 작업을 하는 경우에는 그 사업장의 안전보건관리책임자를 도급인의 근로자와 관계수급인 근로자의 산업재해를 예방하기 위한 업무를 총괄하여 관리하는 안전보건총괄책임자로 지정하여야 한다. 이 경우 안전보건관리책임자를 두지 아니하여도 되는 사업장에서는 그 사업장에서 사업을 총괄하여 관리하는 사람을 안전보건총괄책임자로 지정하여야 한다.

　㉡ 안전보건총괄책임자를 지정한 경우에는 건설기술 진흥법 제64조제1항제1호에 따른 안전총괄책임자를 둔 것으로 본다.

　㉢ 안전보건총괄책임자를 지정하여야 하는 사업의 종류와 사업장의 상시근로자 수, 안전보건총괄책임자의 직무·권한, 그 밖에 필요한 사항은 대통령령으로 정한다.

② 안전보건총괄책임자 지정 대상사업(산업안전보건법 시행령 제52조)

　㉠ 사업의 종류 : 관계수급인에게 고용된 근로자를 포함한 상시근로자가 100명 이상인 사업(선박 및 보트 건조업, 1차 금속 제조업 및 토사석 광업의 경우에는 50명)

　㉡ 공사금액 : 관계수급인의 공사금액을 포함한 해당 공사의 총공사금액이 20억원 이상인 건설업

③ 안전보건총괄책임자의 직무(산업안전보건법 시행령 제53조)
　　㉠ 위험성평가의 실시에 관한 사항
　　㉡ 작업의 중지
　　㉢ 도급 시 산업재해 예방조치
　　㉣ 산업안전보건관리비의 관계수급인 간의 사용에 관한 협의·조정 및 그 집행의 감독
　　㉤ 안전인증대상기계 등과 자율안전확인대상기계 등의 사용 여부 확인

| 안전보건조정자의 업무(산업안전보건법 시행령 제57조)

① 같은 장소에서 이루어지는 각각의 공사 간에 혼재된 작업의 파악
② 혼재된 작업으로 인한 산업재해 발생의 위험성 파악
③ 혼재된 작업으로 인한 산업재해를 예방하기 위한 작업의 시기·내용 및 안전보건 조치 등의 조정
④ 각각의 공사 도급인의 안전보건관리책임자 간 작업 내용에 관한 정보 공유 여부의 확인
⑤ 필요한 경우 해당 공사의 도급인과 관계수급인에게 자료의 제출 요구

| 관리감독자의 업무(산업안전보건법 시행령 제15조)

① 관리감독자가 지휘·감독하는 작업과 관련된 기계·기구 또는 설비의 안전·보건 점검 및 이상 유무의 확인
② 관리감독자에게 소속된 근로자의 작업복·보호구 및 방호장치의 점검과 그 착용·사용에 관한 교육·지도
③ 해당작업에서 발생한 산업재해에 관한 보고 및 이에 대한 응급조치
④ 해당작업의 작업장 정리·정돈 및 통로 확보에 대한 확인·감독
⑤ 사업장의 다음 하나에 해당하는 사람의 지도·조언에 대한 협조
　　㉠ 안전관리자 또는 안전관리자의 업무를 안전관리전문기관에 위탁한 사업장의 경우에 그 안전관리전문기관의 해당 사업장 담당자
　　㉡ 보건관리자 또는 보건관리자의 업무를 보건관리전문기관에 위탁한 사업장의 경우에는 그 보건관리전문기관의 해당 사업장 담당자

ⓒ 안전보건관리담당자 또는 안전보건관리담당자의 업무를 안전관리전문기관 또는 보건관리
전문기관에 위탁한 사업장의 경우에는 그 안전관리전문기관 또는 보건관리전문기관의 해
당 사업장 담당자

ⓔ 산업보건의

⑥ **위험성평가에 관한 다음 업무**

ⓐ 유해·위험요인의 파악에 대한 참여

ⓑ 개선조치의 시행에 대한 참여

│ 안전관리자의 업무(산업안전보건법 시행령 제18조)

① 산업안전보건위원회 또는 안전 및 보건에 관한 노사협의체에서 심의·의결한 업무와 해당
사업장의 안전보건관리규정 및 취업규칙에서 정한 업무

② 위험성평가에 관한 보좌 및 지도·조언

③ 안전인증대상기계 등과 자율안전확인대상기계 등 구입 시 적격품의 선정에 관한 보좌 및
지도·조언

④ 해당 사업장 안전교육계획의 수립 및 안전교육 실시에 관한 보좌 및 지도·조언

⑤ 사업장 순회점검, 지도 및 조치 건의

⑥ 산업재해 발생의 원인 조사·분석 및 재발 방지를 위한 기술적 보좌 및 지도·조언

⑦ 산업재해에 관한 통계의 유지·관리·분석을 위한 보좌 및 지도·조언

⑧ 법 또는 법에 따른 명령으로 정한 안전에 관한 사항의 이행에 관한 보좌 및 지도·조언

⑨ 업무 수행 내용의 기록·유지

※ 안전관리자의 자격(산업안전보건법 시행령 별표 4)

• 산업안전지도사 자격을 가진 사람

• 산업안전산업기사 이상의 자격을 취득한 사람

• 건설안전산업기사 이상의 자격을 취득한 사람

• 4년제 대학 이상의 학교에서 산업안전 관련 학위를 취득한 사람 또는 이와 같은 수준
이상의 학력을 가진 사람

• 전문대학 또는 이와 같은 수준 이상의 학교에서 산업안전 관련 학위를 취득한 사람

• 이공계 전문대학 또는 이와 같은 수준 이상의 학교에서 학위를 취득하고, 해당 사업의
관리감독자로서의 업무(건설업의 경우는 시공실무경력)를 3년(4년제 이공계 대학 학위
취득자는 1년) 이상 담당한 후 고용노동부장관이 지정하는 기관이 실시하는 교육을 받고
정해진 시험에 합격한 사람(관리감독자로 종사한 사업과 같은 업종의 사업장이면서, 건설
업의 경우를 제외하고는 상시근로자 300명 미만인 사업장에서만 안전관리자가 될 수 있다)

- 공업계 고등학교 또는 이와 같은 수준 이상의 학교를 졸업하고, 해당 사업의 관리감독자로서의 업무(건설업의 경우는 시공실무경력)를 5년 이상 담당한 후 고용노동부장관이 지정하는 기관이 실시하는 교육을 받고 정해진 시험에 합격한 사람(관리감독자로 종사한 사업과 같은 종류인 업종의 사업장이면서, 건설업의 경우를 제외하고는 운수 및 창고업 또는 우편 및 통신업의 사업을 하는 사업장(상시근로자 50명 이상 1,000명 미만인 경우만 해당)에서만 안전관리자가 될 수 있다)
- 공업계 고등학교를 졸업하거나 학교에서 공학 또는 자연과학 분야 학위를 취득하고, 건설업을 제외한 사업에서 실무경력이 5년 이상인 사람으로서 고용노동부장관이 지정하는 기관이 실시하는 교육을 받고 정해진 시험에 합격한 사람(건설업을 제외한 사업의 사업장이면서 상시근로자 300명 미만인 사업장에서만 안전관리자가 될 수 있다)
- 전담 안전관리자를 두어야 하는 사업장(건설업은 제외)에서 안전 관련 업무를 10년 이상 담당한 사람
- 종합공사를 시공하는 업종의 건설현장에서 안전보건관리책임자로 10년 이상 재직한 사람
- 토목·건축 분야 건설기술인 중 등급이 중급 이상인 사람으로서 고용노동부장관이 지정하는 기관이 실시하는 산업안전교육을 이수하고 정해진 시험에 합격한 사람
- 토목산업기사 또는 건축산업기사 이상의 자격을 취득한 후 해당 분야에서의 실무경력이 다음 구분에 따른 기간 이상인 사람으로서 고용노동부장관이 지정하는 기관이 실시하는 산업안전교육을 이수하고 정해진 시험에 합격한 사람
  - 토목기사 또는 건축기사 : 3년
  - 토목산업기사 또는 건축산업기사 : 5년

| 산업안전보건위원회(산업안전보건법 제24조)

① 사업주는 사업장의 안전 및 보건에 관한 중요 사항을 심의·의결하기 위하여 사업장에 근로자위원과 사용자위원이 같은 수로 구성되는 산업안전보건위원회를 구성·운영하여야 한다.
② 사업주는 다음의 사항에 대해서는 산업안전보건위원회의 심의·의결을 거쳐야 한다.
　㉠ 중대재해에 관한 사항
　㉡ 유해하거나 위험한 기계·기구·설비를 도입한 경우 안전 및 보건 관련 조치에 관한 사항
　㉢ 그 밖에 해당 사업장 근로자의 안전 및 보건을 유지·증진시키기 위하여 필요한 사항
③ 산업안전보건위원회는 대통령령으로 정하는 바에 따라 회의를 개최하고 그 결과를 회의록으로 작성하여 보존하여야 한다.

④ 사업주와 근로자는 산업안전보건위원회가 심의·의결한 사항을 성실하게 이행하여야 한다.

⑤ 산업안전보건위원회는 이 법, 이 법에 따른 명령, 단체협약, 취업규칙 및 제25조에 따른 안전보건관리규정에 반하는 내용으로 심의·의결해서는 아니 된다.

⑥ 사업주는 산업안전보건위원회의 위원에게 직무 수행과 관련한 사유로 불리한 처우를 해서는 아니 된다.

⑦ 산업안전보건위원회를 구성하여야 할 사업의 종류 및 사업장의 상시근로자 수, 산업안전보건위원회의 구성·운영 및 의결되지 아니한 경우의 처리방법, 그 밖에 필요한 사항은 대통령령으로 정한다.

※ 산업안전보건위원회를 구성해야 할 사업의 종류 및 사업장의 상시근로자 수(산업안전보건법 시행령 별표 9)

사업의 종류	사업장의 상시근로자 수
1. 토사석 광업 2. 목재 및 나무제품 제조업 : 가구 제외 3. 화학물질 및 화학제품 제조업 : 의약품 제외(세제, 화장품 및 광택제 제조업과 화학섬유 제조업은 제외한다) 4. 비금속 광물제품 제조업 5. 1차 금속 제조업 6. 금속가공제품 제조업 : 기계 및 가구 제외 7. 자동차 및 트레일러 제조업 8. 기타 기계 및 장비 제조업(사무용 기계 및 장비 제조업은 제외한다) 9. 기타 운송장비 제조업(전투용 차량 제조업은 제외한다)	상시근로자 50명 이상
10. 농업 11. 어업 12. 소프트웨어 개발 및 공급업 13. 컴퓨터 프로그래밍, 시스템 통합 및 관리업 14. 정보서비스업 15. 금융 및 보험업 16. 임대업 : 부동산 제외 17. 전문, 과학 및 기술 서비스업(연구개발업은 제외한다) 18. 사업지원 서비스업 19. 사회복지 서비스업	상시근로자 300명 이상
20. 건설업	공사금액 120억원 이상 (토목공사업의 경우에는 150억원 이상)
21. 제1호부터 제20호까지의 사업을 제외한 사업	상시근로자 100명 이상

| 노사협의체

① **노사협의체의 설치 대상(산업안전보건법 시행령 제63조)**
　　㉠ 공사금액이 120억원(토목공사업은 150억원) 이상인 건설공사
② **노사협의체의 구성(산업안전보건법 시행령 제64조)**
　　㉠ 근로자위원
　　　　• 도급 또는 하도급 사업을 포함한 전체 사업의 근로자대표
　　　　• 근로자대표가 지명하는 명예산업안전감독관 1명(명예산업안전감독관이 위촉되어 있지
　　　　　않은 경우 근로자대표가 지명하는 해당 사업장 근로자 1명)
　　　　• 공사금액이 20억원 이상인 공사의 관계수급인의 각 근로자대표
　　㉡ 사용자위원
　　　　• 도급 또는 하도급 사업을 포함한 전체 사업의 대표자
　　　　• 안전관리자 1명
　　　　• 보건관리자 1명(보건관리자 선임대상 건설업)
　　　　• 공사금액이 20억원 이상인 공사의 관계수급인의 각 대표자
③ **노사협의체의 운영(산업안전보건법 시행령 제65조)**
　　㉠ 회의

구분	정기회의	임시회의
개최시기	2개월마다	필요시
개최자	위원장	

④ **노사협의체의 협의사항(산업안전보건법 시행규칙 제93조)**
　　㉠ 산업재해 예방방법 및 산업재해가 발생한 경우의 대피방법
　　㉡ 작업의 시작시간, 작업 및 작업장 간의 연락방법
　　㉢ 그 밖의 산업재해 예방과 관련된 사항

| 안전 및 보건에 관한 협의체(산업안전보건법 시행규칙 제79조)

① **협의체 구성 및 운영**
　　㉠ 안전 및 보건에 관한 협의체는 도급인 및 그의 수급인 전원으로 구성해야 한다.
② **협의체의 협의사항**
　　㉠ 작업의 시작 시간
　　㉡ 작업 또는 작업장 간의 연락방법

ⓒ 재해발생 위험이 있는 경우 대피방법

ⓔ 작업장에서의 위험성평가의 실시에 관한 사항

ⓜ 사업주와 수급인 또는 수급인 상호 간의 연락 방법 및 작업공정의 조정

③ **협의체의 운영**

ⓖ 매월 1회 이상 정기적으로 회의 개최 후 결과 기록·보존해야 한다.

| 안전 및 보건에 관한 협의체 등의 구성·운영에 관한 특례(산업안전보건법 제75조)

노사협의체를 구성·운영하는 경우 산업안전보건위원회 및 안전 및 보건에 관한 협의체를 각각 구성·운영하는 것으로 본다.

| 안전보건관리규정

① **안전보건관리규정에 포함되어야 하는 내용(산업안전보건법 제25조)**

ⓖ 안전 및 보건에 관한 관리조직과 그 직무에 관한 사항

ⓛ 안전보건교육에 관한 사항

ⓒ 작업장의 안전 및 보건 관리에 관한 사항

ⓔ 사고 조사 및 대책 수립에 관한 사항

ⓜ 그 밖에 안전 및 보건에 관한 사항

※ 안전보건관리규정을 작성해야 할 사업의 종류 및 상시근로자 수(산업안전보건법 시행규칙 별표 2)

사업의 종류	상시근로자 수
1. 농업 2. 어업 3. 소프트웨어 개발 및 공급업 4. 컴퓨터 프로그래밍, 시스템 통합 및 관리업 5. 정보서비스업 6. 금융 및 보험업 7. 임대업 : 부동산 제외 8. 전문, 과학 및 기술 서비스업(연구개발업은 제외한다) 9. 사업지원 서비스업 10. 사회복지 서비스업	300명 이상
11. 제1호부터 제10호까지의 사업을 제외한 사업	100명 이상

※ 안전보건관리규정의 세부 내용(산업안전보건법 시행규칙 별표 3)

세부 내용	
1. 총칙	가. 안전보건관리규정 작성의 목적 및 적용 범위에 관한 사항 나. 사업주 및 근로자의 재해 예방 책임 및 의무 등에 관한 사항 다. 하도급 사업장에 대한 안전·보건관리에 관한 사항
2. 안전·보건 관리조직과 그 직무	가. 안전·보건 관리조직의 구성방법, 소속, 업무 분장 등에 관한 사항 나. 안전보건관리책임자(안전보건총괄책임자), 안전관리자, 보건관리자, 관리감독자의 직무 및 선임에 관한 사항 다. 산업안전보건위원회의 설치·운영에 관한 사항 라. 명예산업안전감독관의 직무 및 활동에 관한 사항 마. 작업지휘자 배치 등에 관한 사항
3. 안전·보건교육	가. 근로자 및 관리감독자의 안전·보건교육에 관한 사항 나. 교육계획의 수립 및 기록 등에 관한 사항
4. 작업장 안전관리	가. 안전·보건관리에 관한 계획의 수립 및 시행에 관한 사항 나. 기계·기구 및 설비의 방호조치에 관한 사항 다. 유해·위험기계 등에 대한 자율검사프로그램에 의한 검사 또는 안전검사에 관한 사항 라. 근로자의 안전수칙 준수에 관한 사항 마. 위험물질의 보관 및 출입 제한에 관한 사항 바. 중대재해 및 중대산업사고 발생, 급박한 산업재해 발생의 위험이 있는 경우 작업중지에 관한 사항 사. 안전표지·안전수칙의 종류 및 게시에 관한 사항과 그 밖에 안전관리에 관한 사항
5. 작업장 보건관리	가. 근로자 건강진단, 작업환경측정의 실시 및 조치절차 등에 관한 사항 나. 유해물질의 취급에 관한 사항 다. 보호구의 지급 등에 관한 사항 라. 질병자의 근로 금지 및 취업 제한 등에 관한 사항 마. 보건표지·보건수칙의 종류 및 게시에 관한 사항과 그 밖에 보건관리에 관한 사항
6. 사고 조사 및 대책 수립	가. 산업재해 및 중대산업사고의 발생 시 처리 절차 및 긴급조치에 관한 사항 나. 산업재해 및 중대산업사고의 발생원인에 대한 조사 및 분석, 대책 수립에 관한 사항 다. 산업재해 및 중대산업사고 발생의 기록·관리 등에 관한 사항
7. 위험성평가에 관한 사항	가. 위험성평가의 실시 시기 및 방법, 절차에 관한 사항 나. 위험성 감소대책 수립 및 시행에 관한 사항
8. 보칙	가. 무재해운동 참여, 안전·보건 관련 제안 및 포상·징계 등 산업재해 예방을 위하여 필요하다고 판단하는 사항 나. 안전·보건 관련 문서의 보존에 관한 사항 다. 그 밖의 사항 사업장의 규모·업종 등에 적합하게 작성하며, 필요한 사항을 추가하거나 그 사업장에 관련되지 않는 사항은 제외할 수 있다.

| 안전보건교육 과정별 교육시간(산업안전보건법 시행규칙 별표 4)

① 근로자 안전보건교육

교육과정	교육대상		교육시간
가. 정기교육	사무직 종사 근로자		매 반기 6시간 이상
	그 밖의 근로자	판매업무에 직접 종사하는 근로자	매 반기 6시간 이상
		판매업무에 직접 종사하는 근로자 외의 근로자	매 반기 12시간 이상
나. 채용 시 교육	일용근로자 및 근로계약기간이 1주일 이하인 기간제 근로자		1시간 이상
	근로계약기간이 1주일 초과 1개월 이하인 기간제근로자		4시간 이상
	그 밖의 근로자		8시간 이상
다. 작업내용 변경 시 교육	일용근로자 및 근로계약기간이 1주일 이하인 기간제 근로자		1시간 이상
	그 밖의 근로자		2시간 이상
라. 특별교육	일용근로자 및 근로계약기간이 1주일 이하인 기간제 근로자 : 특별교육 대상(타워크레인 신호수 제외)에 해당하는 작업에 종사하는 근로자에 한정		2시간 이상
	일용근로자 및 근로계약기간이 1주일 이하인 기간제 근로자 : 특별교육 대상 중 타워크레인 신호 작업에 종사하는 근로자에 한정		8시간 이상
	일용근로자 및 근로계약기간이 1주일 이하인 기간제 근로자를 제외한 근로자 : 특별교육 대상에 해당하는 작업에 종사하는 근로자에 한정		• 16시간 이상(최초 작업에 종사하기 전 4시간 이상 실시하고 12시간은 3개월 이내에서 분할하여 실시 가능) • 단기간 작업 또는 간헐적 작업인 경우에는 2시간 이상
마. 건설업 기초안전·보건교육	건설 일용근로자		4시간 이상

② 안전보건관리책임자 등에 대한 교육

교육대상	교육시간	
	신규교육	보수교육
가. 안전보건관리책임자	6시간 이상	6시간 이상
나. 안전관리자, 안전관리전문기관의 종사자	34시간 이상	24시간 이상
다. 보건관리자, 보건관리전문기관의 종사자		
라. 건설재해예방전문지도기관의 종사자		
마. 석면조사기관의 종사자		
바. 안전보건관리담당자	–	8시간 이상
사. 안전검사기관, 자율안전검사기관의 종사자	34시간 이상	24시간 이상

③ 특수형태근로종사자에 대한 안전보건교육

    ㉠ 최초 노무제공 시 교육 : 2시간 이상(단기간 작업 또는 간헐적 작업에 노무를 제공하는 경우에는 1시간 이상 실시하고, 특별교육을 실시한 경우는 면제)

    ㉡ 특별교육

       • 16시간 이상(최초 작업에 종사하기 전 4시간 이상 실시하고 12시간은 3개월 이내에서 분할하여 실시 가능)

       • 단기간 작업 또는 간헐적 작업인 경우에는 2시간 이상

④ 검사원 성능검사 교육

교육과정	교육대상	교육시간
성능검사 교육	–	28시간 이상

⑤ 관리감독자 안전보건교육

교육과정	교육시간
가. 정기교육	연간 16시간 이상
나. 채용 시 교육	8시간 이상
다. 작업내용 변경 시 교육	2시간 이상
라. 특별교육	16시간 이상(최초 작업에 종사하기 전 4시간 이상 실시하고, 12시간은 3개월 이내에서 분할하여 실시 가능)
	단기간 작업 또는 간헐적 작업인 경우에는 2시간 이상

| 안전보건교육 교육대상별 교육내용(산업안전보건법 시행규칙 별표 5)

① 근로자 정기교육

    ㉠ 산업안전 및 사고 예방에 관한 사항

    ㉡ 산업보건 및 직업병 예방에 관한 사항

    ㉢ 위험성 평가에 관한 사항

    ㉣ 건강증진 및 질병 예방에 관한 사항

    ㉤ 유해·위험 작업환경 관리에 관한 사항

    ㉥ 산업안전보건법령 및 산업재해보상보험 제도에 관한 사항

    ㉦ 직무스트레스 예방 및 관리에 관한 사항

    ㉧ 직장 내 괴롭힘, 고객의 폭언 등으로 인한 건강장해 예방 및 관리에 관한 사항

② 관리감독자 정기교육

    ㉠ 산업안전 및 사고 예방에 관한 사항

    ㉡ 산업보건 및 직업병 예방에 관한 사항

© 위험성평가에 관한 사항

② 유해·위험 작업환경 관리에 관한 사항

© 산업안전보건법령 및 산업재해보상보험 제도에 관한 사항

⊞ 직무스트레스 예방 및 관리에 관한 사항

⊗ 직장 내 괴롭힘, 고객의 폭언 등으로 인한 건강장해 예방 및 관리에 관한 사항

⊙ 작업공정의 유해·위험과 재해 예방대책에 관한 사항

⊘ 사업장 내 안전보건관리체제 및 안전·보건조치 현황에 관한 사항

⊙ 표준안전 작업방법 결정 및 지도·감독 요령에 관한 사항

⊙ 현장근로자와의 의사소통능력 및 강의능력 등 안전보건교육 능력 배양에 관한 사항

⊙ 비상시 또는 재해 발생 시 긴급조치에 관한 사항

③ **채용 시 교육 및 작업내용 변경 시 교육**

⊙ 근로자

ⓐ 산업안전 및 사고 예방에 관한 사항

ⓑ 산업보건 및 직업병 예방에 관한 사항

ⓒ 위험성 평가에 관한 사항

ⓓ 산업안전보건법령 및 산업재해보상보험 제도에 관한 사항

ⓔ 직무스트레스 예방 및 관리에 관한 사항

ⓕ 직장 내 괴롭힘, 고객의 폭언 등으로 인한 건강장해 예방 및 관리에 관한 사항

ⓖ 기계·기구의 위험성과 작업의 순서 및 동선에 관한 사항

ⓗ 작업 개시 전 점검에 관한 사항

ⓘ 정리 정돈 및 청소에 관한 사항

ⓙ 사고 발생 시 긴급조치에 관한 사항

ⓚ 물질안전보건자료에 관한 사항

⊙ 관리감독자

ⓐ 산업안전 및 사고 예방에 관한 사항

ⓑ 산업보건 및 직업병 예방에 관한 사항

ⓒ 위험성평가에 관한 사항

ⓓ 산업안전보건법령 및 산업재해보상보험 제도에 관한 사항

ⓔ 직무스트레스 예방 및 관리에 관한 사항

ⓕ 직장 내 괴롭힘, 고객의 폭언 등으로 인한 건강장해 예방 및 관리에 관한 사항

ⓖ 기계·기구의 위험성과 작업의 순서 및 동선에 관한 사항

ⓗ 작업 개시 전 점검에 관한 사항

ⓘ 물질안전보건자료에 관한 사항

ⓙ 사업장 내 안전보건관리체제 및 안전·보건조치 현황에 관한 사항

ⓚ 표준안전 작업방법 결정 및 지도·감독 요령에 관한 사항

ⓛ 비상시 또는 재해 발생 시 긴급조치에 관한 사항

④ **건설업 기초안전보건교육에 대한 내용 및 시간**

교육 내용	시간
가. 건설공사의 종류(건축·토목 등) 및 시공 절차	1시간
나. 산업재해 유형별 위험요인 및 안전보건조치	2시간
다. 안전보건관리체제 현황 및 산업안전보건 관련 근로자 권리·의무	1시간

⑤ **물질안전보건자료에 관한 교육**

㉠ 대상화학물질의 명칭(또는 제품명)

㉡ 물리적 위험성 및 건강 유해성

㉢ 취급상의 주의사항

㉣ 적절한 보호구

㉤ 응급조치 요령 및 사고 시 대처방법

㉥ 물질안전보건자료 및 경고표지를 이해하는 방법

| 유해·위험방지계획서

① **제출 대상(산업안전보건법 시행령 제42조)**

구분	내용
사업의 종류(전기 계약용량이 300kW 이상)	1. 금속가공제품 제조업 : 기계 및 가구 제외 2. 비금속 광물제품 제조업 3. 기타 기계 및 장비 제조업 4. 자동차 및 트레일러 제조업 5. 식료품 제조업 6. 고무제품 및 플라스틱제품 제조업 7. 목재 및 나무제품 제조업 8. 기타 제품 제조업 9. 1차 금속 제조업 10. 가구 제조업 11. 화학물질 및 화학제품 제조업 12. 반도체 제조업 13. 전자부품 제조업
기계·기구 및 설비의 구체적인 범위	1. 금속이나 그 밖의 광물의 용해로 2. 화학설비 3. 건조설비 4. 가스집합 용접장치 5. 근로자의 건강에 상당한 장해를 일으킬 우려가 있는 물질로서 고용노동부령으로 정하는 물질의 밀폐·환기·배기를 위한 설비

구분	내용
건설공사	1. 다음 각 목의 어느 하나에 해당하는 건축물 또는 시설 등의 건설·개조 또는 해체공사 　가. 지상높이가 31m 이상인 건축물 또는 인공구조물 　나. 연면적 30,000m² 이상인 건축물 　다. 연면적 5,000m² 이상인 시설로서 다음의 어느 하나에 해당하는 시설 　　　1) 문화 및 집회시설(전시장 및 동물원·식물원은 제외한다) 　　　2) 판매시설, 운수시설(고속철도의 역사 및 집배송시설은 제외한다) 　　　3) 종교시설 　　　4) 의료시설 중 종합병원 　　　5) 숙박시설 중 관광숙박시설 　　　6) 지하도상가 　　　7) 냉동·냉장 창고시설 2. 연면적 5,000m² 이상인 냉동·냉장 창고시설의 설비공사 및 단열공사 3. 최대 지간(支間)길이(다리의 기둥과 기둥의 중심사이의 거리)가 50m 이상인 다리의 건설 등 공사 4. 터널의 건설 등 공사 5. 다목적댐, 발전용댐, 저수용량 20,000,000ton 이상의 용수 전용 댐 및 지방상수도 전용 댐의 건설 등 공사 6. 깊이 10m 이상인 굴착공사

② 유해·위험방지계획서의 건설안전분야 자격(산업안전보건법 시행규칙 제43조)

　㉠ 건설안전 분야 산업안전지도사

　㉡ 건설안전기술사 또는 토목·건축 분야 기술사

　㉢ 건설안전산업기사 이상의 자격을 취득한 후 건설안전 관련 실무경력이 건설안전기사 이상의 자격은 5년, 건설안전산업기사 자격은 7년 이상인 사람

① 안전보건진단의 종류 및 내용(산업안전보건법 시행령 별표 14)

종류	진단내용
종합진단	1. 경영·관리적 사항에 대한 평가 　가. 산업재해 예방계획의 적정성 　나. 안전·보건 관리조직과 그 직무의 적정성 　다. 산업안전보건위원회 설치·운영, 명예산업안전감독관의 역할 등 근로자의 참여 정도 　라. 안전보건관리규정 내용의 적정성 2. 산업재해 또는 사고의 발생 원인(산업재해 또는 사고가 발생한 경우만 해당한다) 3. 작업조건 및 작업방법에 대한 평가 4. 유해·위험요인에 대한 측정 및 분석 　가. 기계·기구 또는 그 밖의 설비에 의한 위험성 　나. 폭발성·물반응성·자기반응성·자기발열성 물질, 자연발화성 액체·고체 및 인화성 액체 등에 의한 위험성 　다. 전기·열 또는 그 밖의 에너지에 의한 위험성 　라. 추락, 붕괴, 낙하, 비래(飛來) 등으로 인한 위험성 　마. 그 밖에 기계·기구·설비·장치·구축물·시설물·원재료 및 공정 등에 의한 위험성 　바. 법 제118조제1항에 따른 허가대상물질, 고용노동부령으로 정하는 관리대상 유해물질 및 온도·습도·환기·소음·진동·분진, 유해광선 등의 유해성 또는 위험성 5. 보호구, 안전·보건장비 및 작업환경 개선시설의 적정성 6. 유해물질의 사용·보관·저장, 물질안전보건자료의 작성, 근로자 교육 및 경고표시 부착의 적정성 7. 그 밖에 작업환경 및 근로자 건강 유지·증진 등 보건관리의 개선을 위하여 필요한 사항
안전진단	종합진단 내용 중 제2호·제3호, 제4호가목부터 마목까지 및 제5호 중 안전 관련 사항
보건진단	종합진단 내용 중 제2호·제3호, 제4호바목, 제5호 중 보건 관련 사항, 제6호 및 제7호

② 안전보건진단기관의 지정 취소 등의 사유(산업안전보건법 시행령 제48조)

　㉠ 안전보건진단 업무 관련 서류를 거짓으로 작성한 경우

　㉡ 정당한 사유 없이 안전보건진단 업무의 수탁을 거부한 경우

　㉢ 인력기준에 해당하지 않은 사람에게 안전보건진단 업무를 수행하게 한 경우

　㉣ 안전보건진단 업무를 수행하지 않고 위탁 수수료를 받은 경우

　㉤ 안전보건진단 업무와 관련된 비치서류를 보존하지 않은 경우

　㉥ 안전보건진단 업무 수행과 관련한 대가 외의 금품을 받은 경우

　㉦ 법에 따른 관계 공무원의 지도·감독을 거부·방해 또는 기피한 경우

③ 안전보건진단을 받아 안전보건개선계획을 수립할 대상(산업안전보건법 시행령 제49조)

　㉠ 산업재해율이 같은 업종 평균 산업재해율의 2배 이상인 사업장

　㉡ 직업성 질병자가 연간 2명 이상(상시근로자 1천명 이상 사업장의 경우 3명 이상) 발생한 사업장

　㉢ 그 밖에 작업환경 불량, 화재·폭발 또는 누출 사고 등으로 사업장 주변까지 피해가 확산된 사업장

| 물질안전보건자료(MSDS ; Material Safety Data Sheets)

① MSDS의 작성 및 제출(산업안전보건법 제110조)

    ㉠ 화학물질 또는 이를 포함한 혼합물(물질안전보건자료대상물질)을 제조하거나 수입하려는 자는 물질안전보건자료를 작성, 제출해야 한다.

- 제품명
- 물질안전보건자료대상물질을 구성하는 화학물질의 명칭 및 함유량
- 안전 및 보건상의 취급 주의 사항
- 건강 및 환경에 대한 유해성, 물리적 위험성
- 물리 · 화학적 특성

② 물질안전보건자료의 제공(산업안전보건법 제111조)

    ㉠ 물질안전보건자료대상물질을 양도, 제공하는 경우 제공받는 자에게 물질안전보건자료를 제공해야 한다.

    ㉡ 물질안전보건자료대상물질을 제조, 수입한 경우 제공받은 자에게 변경된 물질안전보건자료를 제공해야 한다.

③ 물질안전보건자료의 작성 · 제출 제외 대상 화학물질(산업안전보건법 시행령 제86조)

구분	내용
제외 대상 물질	건강기능식품, 농약, 마약 및 향정신성의약품, 비료, 사료, 방사선 원료물질, 안전확인대상생활화학제품 및 살생물제 중 일반소비자의 생활용으로 제공되는 제품, 식품첨가물, 의약품 및 의약외품, 방사성물질, 위생용품, 의료기기, 첨단바이오의약품, 화약류, 폐기물, 화장품, 그 밖에 독성 · 폭발성 등으로 인한 위해의 정도가 적다고 인정하여 고시하는 화학물질

| 산업안전지도사(산업안전보건법 제142조, 동법 시행령 제101조)

① 산업안전지도사의 직무

    ㉠ 공정상의 안전에 관한 평가 · 지도 · 계획서 및 보고서의 작성

    ㉡ 유해 · 위험의 방지대책에 관한 평가 · 지도 · 계획서 및 보고서의 작성

    ㉢ 위험성평가의 지도

    ㉣ 안전보건개선계획서의 작성

    ㉤ 그 밖에 산업안전에 관한 사항의 자문에 대한 응답 및 조언

② 산업보건지도사의 직무

　ㄱ 작업환경의 평가 및 개선 지도

　ㄴ 작업환경 개선과 관련된 계획서 및 보고서의 작성

　ㄷ 근로자 건강진단에 따른 사후관리 지도

　ㄹ 직업성 질병 진단(의사인 산업보건지도사만 해당) 및 예방 지도

　ㅁ 산업보건에 관한 조사·연구

| 설계변경(산업안전보건법 시행령 제58조)

① 요청 대상(대통령령으로 정하는 가설구조물)

　ㄱ 높이 31m 이상인 비계

　ㄴ 작업발판 일체형 거푸집 또는 높이 5m 이상인 거푸집 동바리

　ㄷ 터널의 지보공 또는 높이 2m 이상인 흙막이 지보공

　ㄹ 동력을 이용하여 움직이는 가설구조물

② 전문가의 범위

　ㄱ 건축구조기술사

　ㄴ 토목구조기술사

　ㄷ 토질 및 기초기술사

　ㄹ 건설기계기술사

| 특수형태근로종사자(산업안전보건법 시행령 제67조)

① 특수형태근로종사자의 범위

　ㄱ 보험을 모집하는 사람

　　• 보험설계사

　　• 우체국보험의 모집을 전업으로 하는 사람

　ㄴ 건설기계를 직접 운전하는 사람

　ㄷ 학습지 방문강사, 교육 교구 방문강사, 회원의 가정 등을 직접 방문하여 아동이나 학생 등을 가르치는 사람

　ㄹ 골프장 또는 체육시설업의 등록을 한 골프장에서 골프경기를 보조하는 골프장 캐디

ⓜ 택배원으로서 택배사업에서 집화 또는 배송 업무를 하는 사람

ⓗ 택배원으로서 하나의 퀵서비스업자로부터 업무를 의뢰받아 배송 업무를 하는 사람

ⓢ 대출모집인

ⓞ 신용카드회원 모집인

ⓩ 하나의 대리운전업자로부터 업무를 의뢰받아 대리운전 업무를 하는 사람

ⓒ 방문판매원이나 후원방문판매원으로서 상시적으로 방문판매업무를 하는 사람

ⓚ 대여 제품 방문점검원

ⓣ 가전제품 설치 및 수리원으로서 가전제품을 배송, 설치 및 시운전하여 작동상태를 확인하는 사람

ⓟ 화물차주

  • 수출입 컨테이너를 운송하는 사람

  • 시멘트를 운송하는 사람

  • 피견인자동차나 일반형 화물자동차로 철강재를 운송하는 사람

  • 일반형 화물자동차나 특수용도형 화물자동차로 위험물질을 운송하는 사람

ⓗ 소프트웨어사업에서 노무를 제공하는 소프트웨어기술자

| 안전인증대상기계

① 안전인증대상기계의 종류(산업안전보건법 시행령 제74조, 동법 시행규칙 제107조)

구분	내용	
기계 · 설비	설치 · 이전하는 경우 안전인증을 받아야 하는 기계	크레인, 리프트, 곤돌라
	주요 구조 부분을 변경하는 경우 안전인증을 받아야 하는 기계 · 설비	프레스, 전단기 및 절곡기, 크레인, 리프트, 압력용기, 롤러기, 사출성형기, 고소작업대, 곤돌라
방호장치	프레스 및 전단기 방호장치, 양중기용 과부하 방지장치, 보일러 압력방출용 안전밸브, 압력용기 압력방출용 안전밸브 및 파열판, 절연용 방호구 및 활선작업용 기구, 방폭구조 전기기계 · 기구 및 부품, 추락 · 낙하 및 붕괴 등의 위험 방지 및 보호에 필요한 가설기자재, 충돌 · 협착 등의 위험 방지에 필요한 산업용 로봇 방호장치	
보호구	추락 및 감전 위험방지용 안전모, 안전화, 안전장갑, 방진마스크, 방독마스크, 송기마스크, 전동식 호흡보호구, 보호복, 안전대, 차광 및 비산물 위험방지용 보안경, 용접용 보안면, 방음용 귀마개 또는 귀덮개	

② 안전인증기관의 지정 취소 등의 사유(산업안전보건법 시행령 제76조)
  ㉠ 안전인증 관련 서류를 거짓으로 작성한 경우
  ㉡ 정당한 사유 없이 안전인증 업무를 거부한 경우
  ㉢ 안전인증 업무를 게을리하거나 업무에 차질을 일으킨 경우
  ㉣ 안전인증·확인의 방법 및 절차를 위반한 경우
  ㉤ 법에 따른 관계 공무원의 지도·감독을 거부·방해 또는 기피한 경우

| 자율안전확인대상기계

① 자율안전학인대상기계의 종류(산업안전보건법 시행령 제77조)

구분	내용
기계·설비	연삭기, 연마기, 산업용 로봇, 혼합기, 파쇄기 또는 분쇄기, 식품가공용 기계(파쇄·절단·혼합·제면기), 컨베이어, 자동차정비용 리프트, 공작기계(선반, 드릴기, 평삭·형삭기, 밀링), 고정형 목재가공용 기계(둥근톱, 대패, 루타기, 띠톱, 모떼기 기계), 인쇄기
방호장치	아세틸렌 용접장치용, 가스집합 용접장치용 안전기, 교류 아크용접기용 자동전격방지기, 롤러기 급정지장치, 연삭기 덮개, 목재 가공용 둥근톱 반발 예방장치와 날 접촉 예방장치, 동력식 수동대패용 칼날 접촉 방지장치, 추락·낙하 및 붕괴 등의 위험 방지 및 보호에 필요한 가설기자재
보호구	안전모(추락 및 감전 위험방지용 안전모 제외), 보안경(차광 및 비산물 위험방지용 보안경 제외), 보안면(용접용 보안면 제외)

② 자율안전검사기관의 지정 취소 사유(산업안전보건법 시행령 제82조)
  ㉠ 검사 관련 서류를 거짓으로 작성한 경우
  ㉡ 정당한 사유 없이 검사업무의 수탁을 거부한 경우
  ㉢ 검사업무를 하지 않고 위탁 수수료를 받은 경우
  ㉣ 검사 항목을 생략하거나 검사방법을 준수하지 않은 경우
  ㉤ 검사 결과의 판정기준을 준수하지 않거나 검사 결과에 따른 안전조치 의견을 제시하지 않은 경우

| 안전검사대상기계

① **안전검사대상기계의 종류(산업안전보건법 시행령 제78조)**

　㉠ 프레스, 전단기, 크레인(정격 하중 2ton 미만 제외), 리프트, 압력용기, 곤돌라, 국소 배기
　　장치(이동식 제외), 원심기(산업용만 해당), 롤러기(밀폐형 구조 제외), 사출성형기, 고소
　　작업대(화물자동차 또는 특수자동차에 탑재한 고소작업대로 한정), 컨베이어, 산업용 로봇

② **안전검사기관의 지정 취소 사유(산업안전보건법 시행령 제80조)**

　㉠ 안전검사 관련 서류를 거짓으로 작성한 경우

　㉡ 정당한 사유 없이 안전검사 업무를 거부한 경우

　㉢ 안전검사 업무를 게을리하거나 업무에 차질을 일으킨 경우

　㉣ 안전검사·확인의 방법 및 절차를 위반한 경우

　㉤ 법에 따른 관계 공무원의 지도·감독을 거부·방해 또는 기피한 경우

| 건설재해예방전문지도기관(산업안전보건법 시행령 별표 18)

① **지도대상 분야**

　㉠ 건설공사 지도 분야

　㉡ 전기공사, 정보통신공사 및 소방시설공사 지도 분야

② **기술지도계약**

　㉠ 전산시스템을 통해 발급한 계약서를 사용하여 기술지도계약을 체결

③ **기술지도의 수행방법**

　㉠ 기술지도 횟수

　　• 공사 시작 후 15일 이내마다 1회 실시

　　• 공사금액이 40억원 이상인 공사는 8회마다 한 번 이상 방문

　　• 기술지도 횟수(회) = $\dfrac{\text{공사기간(일)}}{15\text{일}}$

　　　※ 단, 소수점은 버린다.

　㉡ 기술지도 한계 및 기술지도 지역

　　• 사업장 지도 담당 요원 1명당 기술지도 횟수는 1일당 최대 4회, 월 최대 80회로 한다.

　　• 기술지도 지역은 건설재해예방전문지도기관으로 지정받은 지방고용노동관서 관할지역
　　　으로 한다.

④ **기술지도 업무의 내용**

　㉠ 기술지도 범위 및 준수의무

　　• 공사의 종류, 공사 규모, 담당 사업장 수 등을 고려하여 건설재해예방전문지도기관의 직원 중에서 기술지도 담당자를 지정해야 한다.

　㉡ 기술지도 결과의 관리

　　• 기술지도를 한 때마다 기술지도 결과보고서를 작성하여 관계수급인의 공사금액을 포함한 해당 공사의 총공사금액이 20억원 이상인 경우 해당 사업장의 안전보건총괄책임자, 관계수급인의 공사금액을 포함한 해당 공사의 총공사금액이 20억원 미만인 경우 해당 사업장을 실질적으로 총괄하여 관리하는 사람에게 통보해야 한다.

　　• 기술지도를 한 날부터 7일 이내에 기술지도 결과를 전산시스템에 입력해야 한다.

　　• 관계수급인의 공사금액을 포함한 해당 공사의 총공사금액이 50억원 이상인 경우에는 건설공사도급인이 속하는 회사의 사업주와 중대재해 처벌 등에 관한 법률에 따른 경영책임자 등에게 매 분기 1회 이상 기술지도 결과보고서 송부해야 한다.

　　• 공사 종료 시 건설공사의 건설공사발주자 또는 건설공사도급인(건설공사도급인은 건설공사발주자로부터 건설공사를 최초로 도급받은 수급인은 제외)에게 기술지도 완료증명서를 발급해 주어야 한다.

⑤ **기술지도 관련 서류의 보존**

　㉠ 기술지도계약서, 기술지도 결과보고서, 그 밖에 기술지도업무 수행에 관한 서류를 기술지도 계약이 종료된 날부터 3년 동안 보존해야 한다.

│ 유해 · 위험 방지를 위한 방호조치가 필요한 기계 · 기구 (산업안전보건법 시행령 별표 20)

① 기계 · 기구 : 예초기, 원심기, 공기압축기, 금속절단기, 지게차, 포장기계(진공포장기, 래핑기로 한정)

| 중대재해 발생 시 보고(산업안전보건법 시행규칙 제67조)

① 사업주는 중대재해가 발생 시 지체 없이 사업장 소재지 관할 지방고용노동관서의 장에게
전화·팩스 또는 그 밖의 적절한 방법으로 보고
  ㉠ 발생 개요 및 피해 상황
  ㉡ 조치 및 전망
  ㉢ 그 밖의 중요한 사항

| 산업재해 발생 보고(산업안전보건법 시행규칙 제72조, 제73조)

① 아래의 사업주는 산업재해로 사망자가 발생하거나 3일 이상의 휴업이 필요한 부상을 입거나
질병에 걸린 사람이 발생한 경우에는 산업재해가 발생한 날부터 1개월 이내에 산업재해조사표
를 작성하여 관할 지방고용노동관서의 장에게 제출(전자문서 포함)해야 한다.
  ㉠ 안전관리자 또는 보건관리자를 두어야 하는 사업주
  ㉡ 안전보건총괄책임자를 지정해야 하는 도급인
  ㉢ 건설재해예방전문지도기관의 지도를 받아야 하는 건설공사도급인
  ㉣ 산업재해 발생사실을 은폐하려고 한 사업주
② 산업재해조사표에 근로자대표의 확인을 받아야 하며, 그 기재 내용에 대하여 근로자대표의
이견이 있는 경우 내용 첨부, 근로자대표가 없는 경우 재해자 본인 확인을 받아 제출할 수
있다.
③ **산업재해 기록**
  ㉠ 산업재해 사항 기록·보존
    • 사업장의 개요 및 근로자의 인적사항
    • 재해 발생의 일시 및 장소
    • 재해 발생의 원인 및 과정
    • 재해 재발방지 계획

| 안전보건대장(산업안전보건법 시행규칙 제86조)

① **기본안전보건대장에 포함되어야 하는 사항**

　㉠ 공사규모, 공사예산 및 공사기간 등 사업개요

　㉡ 공사현장 제반 정보

　㉢ 공사 시 유해·위험요인과 감소대책 수립을 위한 설계조건

② **설계안전보건대장에 포함되어야 하는 사항**

　㉠ 안전한 작업을 위한 적정 공사기간 및 공사금액 산출서

　㉡ 설계조건을 반영하여 공사 중 발생할 수 있는 주요 유해·위험요인 및 감소대책에 대한 위험성평가 내용

　㉢ 유해위험방지계획서의 작성계획

　㉣ 안전보건조정자의 배치계획

　㉤ 산업안전보건관리비 산출내역서

　㉥ 건설공사의 산업재해 예방 지도의 실시계획

③ **공사안전보건대장에 포함되어야 하는 사항**

　㉠ 설계안전보건대장의 위험성평가 내용이 반영된 공사 중 안전보건 조치 이행계획

　㉡ 유해위험방지계획서의 심사 및 확인결과에 대한 조치내용

　㉢ 산업안전보건관리비의 사용계획 및 사용내역

　㉣ 건설공사의 산업재해 예방 지도를 위한 계약 여부, 지도결과 및 조치내용

| 공사종류 및 규모별 안전관리비 계상기준표 (건설업 산업안전보건관리비 계상 및 사용기준 별표 1)

(단위 : 원)

공사 종류 \ 구분	대상액 5억원 미만인 경우 적용 비율(%)	대상액 5억원 이상 50억원 미만인 경우 적용 비율(%)	대상액 5억원 이상 50억원 미만인 경우 기초액	대상액 50억원 이상인 경우 적용 비율(%)	영 별표5에 따른 보건관리자 선임 대상 건설공사의 적용비율(%)
건축공사	2.93%	1.86%	5,349,000원	1.97%	2.15%
토목공사	3.09%	1.99%	5,499,000원	2.10%	2.29%
중건설공사	3.43%	2.35%	5,400,000원	2.44%	2.66%
특수건설공사	1.85%	1.20%	3,250,000원	1.27%	1.38%

CHAPTER 02 산업안전일반

| 안전관리조직

① **Line형** : 직계식(수직적) 조직구조로 상하관계가 명확하고 명령이나 지시가 신속 정확하게 전달되는 장점이 있으며 소규모 사업장에 적합하다.
② **Staff형** : 참모식(안전관리 전문가) 조직으로 전문가 집단을 별도로 두어 안전업무를 수행하는 조직이다. 중규모 조직에 많이 사용되며 안전업무가 전문적으로 이루어지는 장점이 있으나 안전의 지도 및 조언에 대한 관리자들의 이해가 없으면 효과가 적고 생산부분과 별도로 취급되어 혼선을 빚는 단점이 있다.
③ **Line-Staff형** : 직계참모식 조직으로 Line형과 Staff형 각각의 장점을 절충한 이상적인 조직이다. 계획이나 점검은 Staff에서 실시하고 대책은 Line에서 실시하여 정확한 안전관리가 이루어지며 대규모 조직에 적합하다. 반면 명령계통이 일원화되지 않아 혼동되기 쉽고 전문가의 월권행위가 발생할 수 있다.

| 하인리히의 법칙

① 하인리히의 법칙은 중대재해가 발생하기까지는 크고 작은 경미한 사고 건수가 1 : 29 : 300건으로 발생한다는 법칙으로 대형사고가 발생하기 전에 그와 관련된 수많은 경미한 사고와 징후들이 반드시 존재한다는 것을 밝힌 법칙이다. 산업재해가 발생하여 중상자가 1명 나오면 그 전에 같은 원인으로 발생한 경상자가 29명, 같은 원인으로 부상을 당할 뻔한 잠재적 부상자가 300명 있었다는 통계를 발견하여 1 : 29 : 300법칙이라고도 한다.
② 이러한 사고는 연결고리를 끊음으로써 예방이 가능하다는 것을 도미노를 이용하여 발표하였기에 하인리히 법칙을 도미노 이론이라고도 한다. 도미노 이론이란 사고의 원인이 어떻게 연쇄적 반응을 일으키는가를 도미노를 통해서 설명, 즉 5개의 도미노를 일렬로 세워 놓고 어느 한쪽 끝을 쓰러뜨리면 연쇄적, 순서적으로 쓰러진다는 이론이다.

③ 하인리히 법칙의 사고 발생 5단계

구분	발생단계	비고
1단계	사회적 환경과 유전적 요소(선천적 결함)	간접적 원인
2단계	개인적인 결함	간접적 원인
3단계	불완전한 행동 및 불안전한 상태	직접적인 원인(제거대상)
4단계	사고발생	
5단계	재해	

④ **하인리히의 재해손실비**

　㉠ 총재해비용 = 직접비 + 간접비(직접비 : 간접비 = 1 : 4)

　㉡ 직접비는 법령에 의한 피해자 지급지용을 말한다. 직접비는 요양보상비, 치료비, 휴업급여, 유족보상비, 장례비, 장해보상비 등이 포함된다.

　㉢ 간접비는 재산손실, 생산중단 등으로 입은 손실을 말한다. 간접비는 시간손실비, 물적손실비, 임금손실비, 생산손실비, 특수손실비, 기타손실비(병상위문금, 재산손실비, 생산중단손실비 등) 등이 포함된다.

⑤ **하인리히의 재해예방 5단계**

　㉠ 제1단계 안전관리조직 : 안전관리조직을 구성하고 방침, 계획 등을 수립하는 단계이다.

　㉡ 제2단계 사실의 발견 : 사고 및 활동이 기록 검토, 분석하여 불안전 요소를 발견한다.

　㉢ 제3단계 분석평가 : 불안전 요소를 토대로 사고를 발생시킨 직간접원인을 찾아내는 단계이다.

　㉣ 제4단계 예방방법 선정 : 원인을 토대로 개선방법을 선정한다.

　㉤ 제5단계 예방대책 실행 : 선정된 예방대책을 실행하고 결과를 재평가하여 불합리한 점은 재조정하여 재실시한다.

⑥ **하인리히법칙 사고예방 4원칙**

　㉠ 손실우연 : 사고의 발생과 손실은 우연적인 관계이다.

　㉡ 원인계기 : 재해에는 반드시 원인이 존재하며 사고와 원인관계는 필연적이다.

　㉢ 예방가능 : 재해는 원인만 제거하면 예방이 가능하다.

　㉣ 대책선정 : 재해예방을 위한 안전대책은 존재한다.

⑦ **재해구성 비율 비교**

　㉠ 하인리히의 도미노 이론 : 1(중상) : 29(경상) : 300(무상해)

　㉡ 버드의 신도미노 이론 : 1(중상) : 10(경상) : 30(무상해, 유손실) : 600(무상해, 무손실)

| 안전모의 시험성능기준(보호구 안전인증 고시 별표 1)

항목	시험성능 기준
내관통성	AE, ABE종 안전모는 관통거리가 9.5mm 이하이고, AB종 안전모는 관통거리가 11.1mm 이하이어야 한다.
충격흡수성	최고전달충격력이 4,450N을 초과해서는 안 되며, 모체와 착장체의 기능이 상실되지 않아야 한다.
내전압성	AE, ABE종 안전모는 교류 20kV에서 1분간 절연파괴 없이 견뎌야 하고, 이때 누설되는 충전전류는 10mA 이하이어야 한다.
내수성	AE, ABE종 안전모는 질량증가율이 1% 미만이어야 한다.
난연성	모체가 불꽃을 내며 5초 이상 연소되지 않아야 한다.
턱끈풀림	150N 이상 250N 이하에서 턱끈이 풀려야 한다.

| 소음

① 소음 관련 용어 정의(산업안전보건기준에 관한 규칙 제512조)

㉠ 소음작업 : 1일 8시간 작업을 기준으로 85dB 이상의 소음이 발생하는 작업을 말한다.

㉡ 강렬한 소음작업 : 표에 명시된 소음수준으로 1일 작업시간 이상을 하는 작업이다.

소음 수준	1일 작업시간
90dB 이상	8시간 이상
95dB 이상	4시간 이상
100dB 이상	2시간 이상
105dB 이상	1시간 이상
110dB 이상	30분 이상
115dB 이상	15분 이상

㉢ 충격소음작업 : 소음이 1초 이상의 간격으로 발생하는 작업으로서 표에 해당하는 작업을 말한다.

소음 수준	1일 발생 기준
120dB을 초과	1일 1만 회 이상
130dB을 초과	1일 1천 회 이상
140dB을 초과	1일 1백 회 이상

㉣ 진동작업 : 착암기, 동력을 이용한 해머, 체인톱, 엔진 커터, 동력을 이용한 연삭기, 임팩트 렌치 등 진동으로 인하여 건강장해를 유발할 수 있는 기계·기구를 사용하는 작업을 말한다.

㉤ 청력보존 프로그램 : 소음노출 평가, 소음노출 기준 초과에 따른 공학적 대책, 청력보호구의 지급과 착용, 소음의 유해성과 예방에 관한 교육, 정기적 청력검사, 기록·관리 사항 등이 포함된 소음성 난청을 예방·관리하기 위한 종합적인 계획을 말한다.

② phon(음량수준)은 1,000Hz의 순음을 기준으로 동일한 음량으로 들리는 크기로 dB로 나타낸다. 같은 phon값을 이은 그래프를 등음량곡선이라고 한다. phon은 주관적 등감도는 나타내지만 상대적인 크기의 비교는 안 되며 이를 나타낸 것이 sone이다. sone(음량)이란 음의 상대적인 주관적 척도 40phon이 1sone이며 10phon이 증가하면 sone값은 두배가 된다.

③ **소음의 영향**
　㉠ 청력 손실의 정도는 노출되는 소음의 수준에 따라 증가하는데 4,000Hz에서 가장 크게 나타난다.
　㉡ 갑자기 높은 수준의 소음에 노출되면 일시적 청력손실이 올 수 있다. 일시적 청력 손실은 조용한 곳에서 휴식하면 서서히 없어진다.
　㉢ 마스킹 효과란 10dB 이상의 차에 의해 높은음이 낮은음을 상쇄시켜 높은 음만 들리는 현상이다.

| 조도

① **작업면 조도 기준(산업안전보건기준에 관한 규칙 제8조)**
　㉠ 초정밀작업 : 750lx 이상
　㉡ 정밀작업 : 300lx 이상
　㉢ 보통작업 : 150lx 이상
　㉣ 그 밖의 작업 : 75lx 이상
　※ 갱내 작업장과 감광재료를 취급하는 작업장 제외

② **작업장의 조명**
　㉠ 전반 조명 : 작업장에 기본적인 최저도의 조명을 전체적으로 설치하는 것을 말한다. 작업의 종류, 성질에 따라 조명 수준이 달라진다. 조도가 일정하게 유지되어 집단작업을 할 때 유리하다.
　㉡ 보조 조명 : 전반 조명과 함께 사용하여 높은 조도가 필요한 부분에 사용될 수 있다.

③ **적절한 조명**
　㉠ 직접 조명보다는 간접 조명이 눈의 피로가 덜하여 작업의 생산성을 올릴 수 있다.
　㉡ 조명의 색상은 작업자의 건강이나 생산성과 연계하여 결정한다.
　㉢ 표면반사율이 높은 경우 조도를 낮추어 근로자의 시력을 보호해야 한다.
　㉣ 나이에 따라 조도의 수준이 다르므로 작업자의 나이를 고려하여 조도를 선택한다.

④ **조도를 구하는 공식**

　　㉠ 조도는 거리의 제곱에 반비례하고 광원에 비례한다.

　　　• 조도 $= \dfrac{광속}{거리^2}$, 광속 $=$ 조도 $\times$ 거리^2

| 재해통계지수

① **종합재해지수** : 빈도강도지수라고도 하며 안전성적을 나타내는 지수로 빈도율과 강도율을 곱해서 나타낸 지수이다.

　　• 종합재해지수 $= (빈도율 \times 강도율)^{1/2}$

② **도수율** : 재해건수를 근로총시간수로 나누어 10^6을 곱한 값이다.

　　• 도수율 $= \dfrac{재해건수}{근로총시간수} \times 10^6$

③ **환산도수율** : 평생 근로하는 동안 발생할 수 있는 재해건수

　　• 환산도수율 $=$ 도수율 $\times 0.1$

④ **강도율** : 근로손실일수를 근로총시간수로 나눈 값이다.

　　• 강도율 $= \dfrac{근로손실일수}{근로총시간수} \times 10^3$

⑤ **환산강도율** : 평생 근로하는 동안 발생할 수 있는 근로손실일수

　　• 환산강도율 $=$ 강도율 $\times 100$

⑥ **재해건수** : 도수율과 환산도수율 이용하여 구한다.

| 재해통계도

① **파레토도** : 관리대상이 많은 경우 적용이 유리하며 큰값에서 작은값으로 순서대로 배열하여 어떤 항목이 가장 문제가 되는지 확인하는 분석기법이다.

② **관리도** : 관리상한선과 하한선을 두고 관리구역 외의 구역에 발생되는 경우는 대책을 수립하여 관리구역 내로 들어오도록 하는 기법이다.

③ **특성요인도** : 생선뼈를 닮았다고 하여 Fish Bone Diagram이라고도 하며 결론에 도달하기 위해 문제점을 개발해서 대책을 수립하는 기법이다.

| 재해조사

① **재해조사 4단계**
 ㉠ 사실 확인 : 경과 파악, 물적, 인적 관리적 측면의 사실 수집
 ㉡ 재해요인 파악 : 물적, 인적, 관리적 측면의 요인 파악
 ㉢ 재해요인 결정 : 재해요인의 직간접 원인 결정
 ㉣ 대책 수립 : 근본적인 문제점 및 사고원인 파악 후 방지대책 수립
② **재해조사방법**
 ㉠ 재해조사는 신속하고 정확하게 실시한다.
 ㉡ 재해와 관련된 사항은 빠짐없이 수집하고 보관한다.
 ㉢ 책임추궁보다는 재발방지 대책수립을 우선으로 한다.
 ㉣ 목격자를 확인하고 목격자 진술을 확보한다.
 ㉤ 불필요하다고 생각되는 항목은 조사에서 배제한다.

| 안전성 평가 6단계

① **1단계** : 관계자료 수집 및 정보 검토
② **2단계** : 정성적 평가(입지조건, 공장 내 배채, 소방설비, 공정 등)
③ **3단계** : 정량적 평가(취급물질, 화학설비 등)
④ **4단계** : 안전대책 수립
⑤ **5단계** : 재해사례 조사 분석 자료를 통한 평가
⑥ **6단계** : FTA를 이용한 재평가(Fault Tree Analysis, 결함수 분석)

| 사고예방 기본원리 5단계

① **안전관리조직** : 관리업무 전담 조직을 구성한다.
② **사실의 발견** : 사고 기록을 검토하고 분석하여 불안전 요소를 찾아낸다. 불안전 요소는 점검 및 검사, 과거사고 조사, 작업 분석, 근로자 의견 수렴 등을 통해 발견한다.
③ **평가 및 분석** : 발견된 사실을 분석하고 평가한다.
④ **대책 선정** : 분석을 통해 발견된 원인에 대해 대책을 수립하고 선정한다.
⑤ **대책 적용** : 선정된 대책을 적용한다.

| 위험성평가

① **용어 정의(사업장 위험성평가에 관한 지침 제3조)**
　㉠ 유해·위험요인 : 유해·위험을 일으킬 잠재적 가능성이 있는 것의 고유한 특징이나 속성을 말한다.
　㉡ 위험성 : 유해·위험요인이 사망, 부상 또는 질병으로 이어질 수 있는 가능성과 중대성 등을 고려한 위험의 정도를 말한다.
　㉢ 위험성평가 : 사업주가 스스로 유해·위험요인을 파악하고 해당 유해·위험요인의 위험성 수준을 결정하여, 위험성을 낮추기 위한 적절한 조치를 마련하고 실행하는 과정을 말한다.
　※ 그 밖에 이 고시에서 사용하는 용어의 뜻은 이 고시에 특별히 정한 것이 없으면 산업안전보건법(이하 "법"이라 한다), 같은 법 시행령(이하 "영"이라 한다), 같은 법 시행규칙(이하 "규칙"이라 한다) 및 산업안전보건기준에 관한 규칙(이하 "안전보건규칙"이라 한다)에서 정하는 바에 따른다.

② **위험성평가 실시 주체(사업장 위험성평가에 관한 지침 제5조)**
　㉠ 사업주는 스스로 사업장의 유해·위험요인을 파악하고 이를 평가하여 관리 개선하는 등 위험성평가를 실시하여야 한다.
　㉡ 작업의 일부 또는 전부를 도급에 의하여 행하는 사업의 경우는 도급을 준 도급인(도급사업주)과 도급을 받은 수급인(수급사업주)이 위험성평가를 실시하여야 한다.
　㉢ 도급사업주는 수급사업주가 실시한 위험성평가 결과를 검토하여 도급사업주가 개선할 사항이 있는 경우 이를 개선하여야 한다.

③ **위험성평가의 대상(사업장 위험성평가에 관한 지침 제5조의2)**
　㉠ 업무 중 근로자에게 노출된 것이 확인되었거나 노출될 것이 합리적으로 예견 가능한 모든 유해·위험요인이다(매우 경미한 부상, 질병을 초래할 것으로 예상되는 경우는 제외 가능).
　㉡ 사업장 내 부상 또는 질병으로 이어질 가능성이 있었던 상황(아차사고)을 확인한 경우에는 해당 사고를 일으킨 유해·위험요인을 위험성평가의 대상에 포함시켜야 한다.
　㉢ 사업장 내에서 중대재해가 발생한 때에는 지체 없이 중대재해의 원인이 되는 유해·위험요인에 대해 위험성평가를 실시하고, 그 밖의 사업장 내 유해·위험요인에 대해서는 위험성평가 재검토를 실시하여야 한다.
④ **위험성평가 절차(사업장 위험성평가에 관한 지침 제8조~제13조)**
　㉠ 사전준비 : 위험성평가 실시규정을 작성하고, 지속적으로 관리
　　• 위험성평가 실시규정에 포함되어야 할 내용 : 평가의 목적 및 방법, 평가담당자 및 책임자의 역할, 평가시기 및 절차, 근로자에 대한 참여·공유방법 및 유의사항, 결과의 기록·보존
　　• 위험성평가 실시 전 확정해야 할 사항 : 위험성의 수준과 그 수준을 판단하는 기준, 허용 가능한 위험성의 수준
　　• 사전조사 후 위험성평가에 활용해야 할 사항 : 작업표준, 작업절차 등에 관한 정보, 기계·기구, 설비 등의 사양서, 물질안전보건자료(MSDS) 등의 유해·위험요인에 관한 정보, 기계·기구, 설비 등의 공정 흐름과 작업 주변의 환경에 관한 정보, 같은 장소에서 사업의 일부 또는 전부를 도급을 주어 행하는 작업이 있는 경우 혼재 작업의 위험성 및 작업 상황 등에 관한 정보, 재해사례, 재해통계 등에 관한 정보, 작업환경측정결과, 근로자 건강진단결과에 관한 정보, 그 밖에 위험성평가에 참고가 되는 자료 등
　㉡ 유해·위험요인 파악
　　• 위험요인 파악 방법 : 사업장 순회점검, 근로자들의 상시적 제안, 설문조사·인터뷰 등 청취조사, 물질안전보건자료, 작업환경측정결과, 특수건강진단결과 등 안전보건 자료, 안전보건 체크리스트, 사업장의 특성
　㉢ 위험성 결정
　　• 파악된 유해·위험요인이 근로자에게 노출되었을 때의 위험성에 대해 판단하여 결정
　　• 판단한 위험성의 수준이 허용 가능한 위험성의 수준인지 결정
　㉣ 위험성 감소대책 수립 및 실행 : 허용 가능한 위험성의 범위를 넘는 경우 위험성의 수준, 영향을 받는 근로자 수 등을 고려하여 위험성 감소를 위한 대책을 수립하여 실행
　　• 위험한 작업의 폐지·변경, 유해·위험물질 대체 등의 조치 또는 설계나 계획 단계에서 위험성을 제거 또는 저감하는 조치
　　• 연동장치, 환기장치 설치 등의 공학적 대책

- 사업장 작업절차서 정비 등의 관리적 대책
- 개인용 보호구의 사용

㉤ 위험성평가 실시내용 및 결과에 관한 기록 및 보존(산업안전보건법 시행규칙 제37조)
- 사업주가 위험성평가의 결과와 조치사항을 기록·보존할 때에는 다음 사항이 포함되어야 한다.
  - 위험성평가 대상의 유해·위험요인
  - 위험성 결정의 내용
  - 위험성 결정에 따른 조치의 내용
  - 그 밖에 위험성평가의 실시내용을 확인하기 위하여 필요한 사항으로서 고용노동부장관이 정하여 고시하는 사항
- 사업주는 제1항에 따른 자료를 3년간 보존해야 한다.

⑤ **위험성평가 실시 시기(사업장 위험성평가에 관한 지침 제15조)**

구분	실시시기	내용
최초 평가	사업개시일(실착공일)로부터 1개월 이내 착수	위험성평가의 대상이 되는 유해·위험요인에 대한 최초 위험성평가의 실시
수시 평가	유해·위험요인이 생기는 경우, 재해 발생 작업 재개 전	• 사업장 건설물의 설치·이전·변경 또는 해체 • 기계·기구, 설비, 원재료 등의 신규 도입 또는 변경 • 건설물, 기계·기구, 설비 등의 정비 또는 보수(주기적·반복적 작업으로서 이미 위험성평가를 실시한 경우에는 제외) • 작업방법 또는 작업절차의 신규 도입 또는 변경 • 중대산업사고 또는 산업재해 발생 • 그 밖에 사업주가 필요하다고 판단한 경우
정기 평가	기실시한 위험성평가의 결과에 대한 적정성을 1년마다 정기적으로 재검토	• 기계·기구, 설비 등의 기간 경과에 의한 성능 저하 • 근로자의 교체 등에 수반하는 안전·보건과 관련되는 지식 또는 경험의 변화 • 안전·보건과 관련되는 새로운 지식의 습득 • 현재 수립되어 있는 위험성 감소대책의 유효성
상시 평가	상시적인 위험성평가(수시 평가와 정기평가를 실시한 것으로 갈음)	• 매월 1회 이상 근로자 제안제도 활용, 아차사고 확인, 작업과 관련된 근로자를 포함한 사업장 순회점검 등을 통해 사업장 내 유해·위험요인을 발굴하여 위험성결정, 위험성 감소대책 수립·실행할 것 • 매주 안전보건관리책임자, 안전관리자, 보건관리자, 관리감독자 등을 중심으로 위험성결정, 감소대책 등을 논의·공유하고 이행상황을 점검할 것 • 매 작업일마다 위험성결정, 감소대책 실시결과에 따라 근로자가 준수하여야 할 사항 및 주의하여야 할 사항을 작업 전 안전점검회의 등을 통해 공유·주지할 것

| 안전난간대(산업안전보건기준에 관한 규칙 제13조)

① 안전난간대 설치 시 주의사항
  ㉠ 상부 난간대, 중간 난간대, 발끝막이판 및 난간기둥으로 구성할 것(중간 난간대, 발끝막이판 및 난간기둥은 이와 비슷한 구조와 성능을 가진 것으로 대체 가능)
  ㉡ 상부 난간대는 바닥면·발판 또는 경사로의 표면(바닥면 등)으로부터 90cm 이상 지점에 설치하고, 상부 난간대를 120cm 이하에 설치하는 경우에는 중간 난간대는 상부 난간대와 바닥면 등의 중간에 설치하여야 하며, 120cm 이상 지점에 설치하는 경우에는 중간 난간대를 2단 이상으로 균등하게 설치하고 난간의 상하 간격은 60cm 이하가 되도록 설치할 것(난간기둥 간의 간격이 25cm 이하인 경우에는 중간 난간대 생략 가능)
  ㉢ 발끝막이판은 바닥면 등으로부터 10cm 이상의 높이를 유지할 것(물체가 떨어지거나 날아올 위험이 없거나 그 위험을 방지할 수 있는 망을 설치하는 등 필요한 예방 조치를 한 장소 제외)
  ㉣ 난간기둥은 상부 난간대와 중간 난간대를 견고하게 떠받칠 수 있도록 적정한 간격을 유지할 것
  ㉤ 상부 난간대와 중간 난간대는 난간 길이 전체에 걸쳐 바닥면 등과 평행을 유지할 것
  ㉥ 난간대는 지름 2.7cm 이상의 금속제 파이프나 그 이상의 강도가 있는 재료일 것
  ㉦ 안전난간은 구조적으로 가장 취약한 지점에서 가장 취약한 방향으로 작용하는 100kg 이상의 하중에 견딜 수 있는 튼튼한 구조일 것

| 가설통로

① 경사로(가설공사 표준안전 작업지침 제14조)
  ㉠ 경사로의 폭은 최소 90cm 이상
  ㉡ 높이 7m 이내마다 계단참 설치
  ㉢ 추락방지용 안전난간 설치
  ㉣ 목재는 미송, 육송 또는 그 이상의 재질을 가진 것
  ㉤ 경사로 지지기둥은 3m 이내마다 설치
  ㉥ 발판은 폭 40cm 이상, 틈은 3cm 이내로 설치
  ㉦ 발판이 이탈하거나 한쪽 끝을 밟으면 다른 쪽이 들리지 않게 장선에 결속

② 이동식 사다리(가설공사 표준안전 작업지침 제20조)
  ㉠ 길이가 6m를 초과해서는 안 된다.
  ㉡ 다리의 벌림은 벽 높이의 1/4 정도가 적당하다.
  ㉢ 벽면 상부로부터 최소한 60cm 이상의 연장길이가 있어야 한다.
③ 가설통로의 구조(산업안전보건기준에 관한 규칙 제23조)
  ㉠ 견고한 구조로 할 것
  ㉡ 경사는 30° 이하로 설치할 것(계단을 설치하거나 높이 2m 미만의 가설통로로서 튼튼한 손잡이를 설치한 경우 제외)
  ㉢ 경사가 15°를 초과하는 경우에는 미끄러지지 아니하는 구조로 설치할 것
  ㉣ 추락할 위험이 있는 장소에는 안전난간을 설치할 것
  ㉤ 수직갱에 가설된 통로의 길이가 15m 이상인 경우에는 10m 이내마다 계단참을 설치할 것
  ㉥ 건설공사에 사용하는 높이 8m 이상인 비계다리에는 7m 이내마다 계단참을 설치할 것

교육은 우리 자신의 무지를 점차 발견해 가는 과정이다.

– 윌 듀란트 –

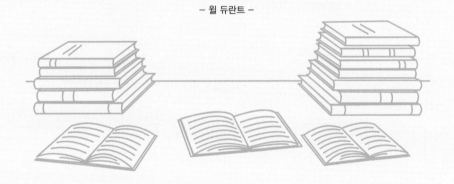

PART 02

제2차 전공필수
(건설안전공학)

2013년~2022년 과년도 기출문제

2023년 최근 기출문제

산업안전지도사[2차 + 3차]

www.sdedu.co.kr

| 다음 단답형 5문제를 모두 답하시오. (각 5점)

01

건설공사에서 사용되는 시스템 비계의 장단점을 쓰시오.

정답

장점

- 조립의 시스템화로 공기단축 가능
- 일체화된 시스템으로 하중을 골고루 전달
- 조립된 부재 중 누락 부재 발생 시 발견 용이
- 조립 방법이 간단하여 근로자 교육 후 바로 투입 가능
- 연결재가 나사타입이 아닌 핀타입으로 안전성이 뛰어남

단점

- 가격이 다른 비계에 비해 고가임
- 조립을 위한 별도의 공간이 필요
- 단기적으로 사용하기에는 생산성이 떨어짐(장기적으로 사용)
- 이형적인 구조의 건물에는 설치에 제약이 많음
- 대지가 협소한 경우 비계가 대지경계선을 넘어가는 경우가 발생하므로 민원 소지 있음

02

철근의 인장강도 시험으로 얻어지는 응력-변형률 곡선을 그림으로 나타내고 항복강도, 극한강도 및 파괴강도를 그림에 표시하시오.

정답

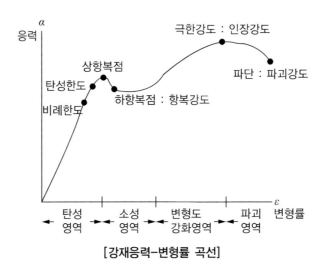

[강재응력-변형률 곡선]

03

토사사면과 암사면의 사면붕괴 형태를 쓰시오.

정답

토사사면의 사면붕괴 형태

• 사면천단부 붕괴 : 사면경사각이 53° 이상인 경우 발생되는 붕괴
• 사면중심부 붕괴 : 연약토지반에서 굳은 기반이 얕은 경우 발생
• 사면하단부 붕괴 : 연약토지반에서 굳은 기반이 깊은 경우 발생

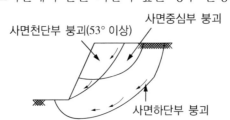

암반사면의 붕괴 형태

- 원형파괴 : 일정한 지질구조 형태를 보이지 않는 표토나 암반 등에서 발생
- 평면파괴 : 절리면과 사면의 지질구조가 질서정연한 경우 발생
- 쐐기파괴 : 2개 이상의 불연속면이 교차하는 암반에서 발생
- 전도파괴 : 불연속면과 경사면의 방향이 평행한 수직절리가 발달된 암반에서 발생

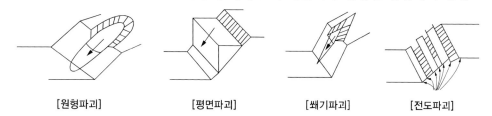

[원형파괴]　　　　[평면파괴]　　　　[쐐기파괴]　　　　[전도파괴]

04

크레인을 사용하여 작업할 때 안전사고 예방을 위한 근로자 준수사항 5가지를 쓰시오.

정답

- 인양할 자재를 바닥에서 끌어당기거나 밀어내지 말 것
- 유류드럼이나 가스통 등 운반 도중에 떨어져 폭발하거나 누출될 가능성이 있는 위험물 용기는 보관함에 담아 안전하게 매달아 운반할 것
- 고정된 물체를 직접 분리 · 제거하지 말 것
- 근로자의 출입을 통제하여 인양 중인 하물이 작업자의 머리 위로 통과하지 않도록 할 것
- 인양할 하물이 보이지 않는 경우에는 어떠한 동작도 하지 말 것

05

지진에 저항하는 구조의 형태 3가지와 그 의미를 간단히 쓰시오.

정답

내진구조
- 지진의 규모가 큰 경우 벽이나 기둥, 바닥 등에 손상을 가하므로 이들 자체를 더욱 튼튼하게 보강하여 무너져내리는 것을 방지하고자 하는 구조이다.
- 브레이싱 보강, 기둥이나 보 보강, 돌출벽 증설, 내진벽 증설 등으로 보강이 가능하다.

면진구조
- 건물과 지면 사이에 면진장치를 설치하여, 면진장치가 기존의 에너지를 흡수하여 건물에 흔들림이 직접 전달되지 않도록 하는 구조이다.
- 적층 고무 베어링, 슬라이딩 베어링 등의 면진장치를 이용한다.

제진구조
- 건물 자체의 지진 에너지 흡수 메커니즘에 의해 지진의 충격력을 흡수하는 구조이다.
- 제진장치의 설치장소에 따라 분산형과 집중형으로 구분된다.

06

콘크리트 공사에서 거푸집과 동바리 설계 시 고려하여야 할 하중과 구조검토 사항을 설명하시오.

정답

Ⅰ. 개요

콘크리트 공사에서 거푸집과 동바리는 중대재해가 발생하는 위험한 공종이다. 설계 시 구조검토를 충분히 하여 발생할 수 있는 사고를 예방해야 한다.

Ⅱ. 거푸집과 동바리 도해

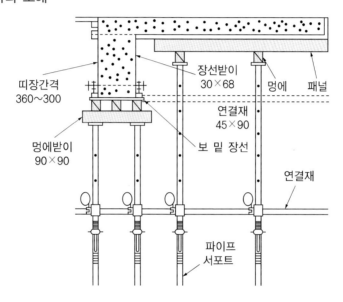

Ⅲ. 거푸집과 동바리 설계 시 고려하여야 할 하중(콘크리트공사표준안전작업지침 제4조)

구분	내용
연직방향 하중	거푸집, 지보공(동바리), 콘크리트, 철근, 작업원, 타설용 기계기구, 가설설비 등의 중량 및 충격하중
횡방향 하중	작업할 때의 진동, 충격, 시공오차 등에 기인되는 횡방향 하중 이외에 필요에 따라 풍압, 유수압, 지진 등
콘크리트의 측압	굳지 않은 콘크리트의 측압
특수하중	시공 중에 예상되는 특수한 하중
기타하중	상기 하중에 안전율을 고려한 하중

Ⅳ. 결론

- 거푸집과 동바리에 작용하는 하중은 연직하중, 횡하중, 측압, 특수하중, 안전율 고려하중 등이 있다.
- 하중에 대한 검토를 철저히 해서 안전한 현장이 되도록 해야 한다.

07

건설현장에서 작업 중 발생할 수 있는 화재 발생유형과 예방대책에 대하여 설명하시오.

정답

Ⅰ. 개요

건설현장에서 발생하는 화재는 중대재해로 이어질 수 있으므로 작업 전 위험요인을 파악하여 화재가 발생하지 않도록 안전관리를 철저히 하여야 한다.

Ⅱ. 화재

[불의 3요소]

Ⅲ. 건설현장 화재 발생유형

- 용접, 그라인더 절단작업 시 비산된 불꽃에 의한 화재 발생
- 아스팔트 방수 중 프라이머의 휘발성 물질에 담뱃불 등에 의해 화재 발생
- 밀폐공간에서 도장작업 중 화기사용으로 인해 화재 발생
- 우레탄, 스티로폼 등 단열재 설치작업 시 전기합선, 용접 불꽃에 의한 화재 발생

Ⅳ. 건설현장 화재 예방대책

- 화기를 이용한 작업을 할 때 사전에 화기작업 허가서를 작성하여야 한다.
- 인화성, 가연성 등 위험물질의 주변에서 화기사용을 금지해야 한다.
- 불꽃이 발생하는 작업을 할 때에는 화재감시인을 지정, 배치한 후 작업해야 한다.
- 용접작업을 할 경우 불티 비산방지 조치를 실시한 후 작업을 해야 한다.
- 화기작업 주변에는 소화기를 배치해야 한다.
- 바람의 영향으로 용접 및 용단 불티가 가연성 재료 부위로 비산할 가능성이 있을 때에는 용접·용단작업을 중단해야 한다.
- 탱크 내부 등 통풍이 불충분한 장소에서 용접·용단작업 시는 탱크 내부의 산소농도를 측정하여 산소농도가 18% 이상, 23.5% 미만이 되도록 유지하거나 공기호흡기 등 호흡용 보호구를 착용한다.
- 가설전기의 분전반에는 누전차단기를 설치하여 누전으로 인한 화재 발생을 방지한다.

- 전선 등 전기용품은 규격품을 사용하고 전기용량을 초과하는 등 과부하가 발생하지 않도록 해야 한다.
- 흡연장소, 난로 설치장소 등 화기를 사용하는 장소에 소화기를 설치하고, 화기를 사용한 사람은 불티가 남지 않도록 뒤처리를 확실하게 한다.
- 사업주는 화재 관련 교육 또는 훈련을 매 3개월마다 1회 이상 실시하고, 관리감독자 및 근로자를 대상으로 화재교육을 실시하여 비상사태 시 행동요령 등을 숙지토록 한다.

Ⅴ. 결론

- 화재는 예고 없이 발생하므로 사고 발생원인을 파악하여 예방대책을 수립해야 한다.
- 비상시 행동요령을 숙지하여 비상시에 발생되는 재해를 예방해야 한다.

08

최신설계비법(BIM ; Building Information Modeling)이 건설안전기술에 미치는 영향과 활용에 대하여 설명하시오.

정답

Ⅰ. BIM(Building Information Modeling)의 정의

기존의 캐드 등을 이용한 평면적 도면 설계에서 발전하여 3D 가상공간을 이용하여 건설분야의 설계, 시공 및 운영에 필요한 정보나 모델을 작성하는 기술이다.

Ⅱ. BIM의 종류

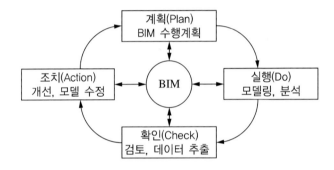

Ⅲ. BIM이 건설안전기술에 미치는 영향

- 안전관리부서와 연계하여 적절한 공정관리를 함으로써 안전한 현장 구성이 가능하다.
- 불안전 상태에 대한 사전 시뮬레이션 실시를 통해 작업의 위험성 전달이 용이하다.
- 불안전 행동을 한 근로자에 대해 모니터링을 통한 근로자 보호 조치를 취할 수 있다.

Ⅳ. BIM의 건설안전기술 활용

- 근로자 위치추적 기술 적용
- 스마트 안전고리가 장착된 안전대 사용
- 위험지역 접근 센서 알람 기능
- 유해가스 검측 센서
- 보디캠, 이동형 CCTV, 이상행동 감지 카메라를 통해 불안전 행동 근로자, 불안전 상태 작업자 등 모니터링 가능
- 기초안전보건교육에 교육 콘텐츠로 활용

Ⅴ. 결론
- BIM을 2030년까지 전 현장에 적용하도록 하겠다는 정부방침에 따라 안전관리와 긴밀한 협조를 통해 사고를 예방할 수 있다.
- BIM 기술을 발전시켜 안전관리를 선진화하여야 한다.

09

거푸집 및 거푸집 지보공의 해체공사에 대한 안전대책을 설명하시오

정답

Ⅰ. 개요

거푸집 및 거푸집 지보공은 설치뿐만 아니라 해체 시에도 재해가 많이 발생하므로 거푸집 및 거푸집 지보공 해체 안전대책을 준수하여 작업하여야 한다.

Ⅱ. 지보공의 종류

구분	내용	비고
강관 동바리	일반적으로 많이 사용하는 강관으로 된 동바리	
시스템 동바리	시스템으로 일체화된 동바리	
강관틀 동바리	강관을 틀 형식으로 제작하여 만든 동바리	
강재 동바리	H형강으로 된 대규모 동바리	대규모 교량에 사용

Ⅲ. 해체공사에 대한 안전대책
- 거푸집 및 지보공의 해체는 순서에 의하여 실시하고 안전관리자를 배치해야 한다.
- 거푸집 및 지보공은 콘크리트 자중 및 시공 중에 가해지는 기타하중에 충분히 견딜 만한 강도를 가질 때까지 해체해서는 안 된다.
- 해체작업을 할 때에는 안전모 등 안전 보호장구를 착용해야 한다.
- 거푸집 해체작업장 주위로는 출입을 금지시켜야 한다.
- 상하 동시작업은 금지하며 부득이한 경우에는 긴밀히 연락을 취하며 작업해야 한다.
- 거푸집 해체 시 구조체에 무리한 충격이나 큰 힘이 작용하지 않도록 해야 한다.
- 보 또는 슬래브 거푸집을 제거할 때 거푸집을 떨어뜨려서는 안 된다.
- 해체된 거푸집이나 각목 등에 박혀 있는 못 또는 날카로운 돌출물은 즉시 제거해야 한다.
- 해체된 거푸집이나 각목은 재사용 가능한 것과 보수하여야 할 것을 선별, 분리하여 적치하고 정리정돈을 해야 한다.

Ⅳ. 결론
- 거푸집 해체작업 시 안전수칙을 준수하여 작업을 해야 한다.
- 거푸집을 던지거나 떨어뜨리는 경우 중대재해가 발생할 수 있으므로 주의해야 한다.

| 다음 단답형 5문제를 모두 답하시오. (각 5점)

01

기대기 옹벽의 종류와 안전성 검토항목 5가지를 쓰시오.

정답

기대기 옹벽의 종류

- 합벽식 옹벽 : 앵커로 지지된 흙막이 구조물에 스터드를 설치하고 철근 콘크리트를 타설한 옹벽으로 옹벽 두께 최소 200mm 이상, 철근과 비탈면 표면과의 간격은 50mm로 유지해야 한다.
- 계단식 옹벽 : 비탈면이 전체적으로 이탈의 우려가 있는 경우 이탈하는 암괴를 지지하고 붕괴방지를 위해 콘크리트를 계단 형태로 타설하여 만든 옹벽으로 계단의 겹치는 너비는 총너비의 1/2 이상, 전면부 경사는 60~90° 범위를 유지해야 한다.

기대기 옹벽의 안전성 검토항목 5가지

- 전도
- 활동
- 지지력
- 전단파괴
- 휨파괴(모멘트)

02

철골 가우징(Gouging)을 정의하고, 종류 4가지를 쓰시오

정답

가우징의 정의

- 철골 용접작업 시 아크 절단기나 산소 절단기를 이용하여 홈을 파는 작업을 말한다.
- 비파괴검사에 의하여 발견된 결함을 제거하거나 기타 불필요한 부분 또는 유해한 부분을 도려내는 데 사용한다.

가우징의 종류 4가지

구분	내용
가스가우징	가스 화염과 산소 분출로 하는 홈파기 가공
백가우징	양면 맞대기 용접에서 편면의 용접이 일부 또는 전부 완료된 후에 뒷면 용접 전에 뒤쪽에서 앞면 용접의 용입 불량부나 초층용접 부위를 깎아내는 것
아크에어가우징	아크열로 녹인 금속을 압축 공기를 이용해서 연속적으로 불어 날려 금속 표면에 홈을 파는 방법
플레임가우징 (불꽃 홈파기)	가스 절단 기능에 의해 모재에 폭이 좁고 깊은 홈을 파는 방법

03

토공작업 시 흙의 상태에 따른 토량환산계수와 토량변화율에 대하여 쓰시오.

정답

토량환산계수

기준 토량의 변화율에 대하여 구하고자 하는 토량의 변화율에 대한 비율이다.

토량환산계수$(f = \dfrac{q}{Q})$

기준이 되는 q \\ 구하는 Q	자연 상태의 토량	흐트러진 상태의 토량	다져진 상태의 토량
자연 상태의 토량	1	L	C
흐트러진 상태의 토량	$1/L$	1	C/L
다져진 상태의 토량	$1/C$	L/C	1

토량변화율

자연 상태의 토량에 대한 흐트러진 상태의 토량, 다져진 상태의 토량에 대한 비율 L값과 C값이 있다.

$L = \dfrac{\text{흐트러진 상태의 토량}}{\text{자연 상태의 토량}}$

$C = \dfrac{\text{다져진 상태의 토량}}{\text{자연 상태의 토량}}$

04

항타기 및 항발기의 도괴 방지 방법 5가지를 쓰시오.

정답

산업안전보건기준에 관한 규칙 제209조

- 연약한 지반에 설치하는 경우에는 아웃트리거·받침 하부에 깔판·받침목 등을 설치한다.
- 시설 또는 가설물 등에 설치하는 경우 그 내력을 확인하고 내력이 부족하면 보강한다.
- 아웃트리거·받침 등 미끄러질 우려가 있는 경우 말뚝 또는 쐐기 등을 사용하여 해당 지지구조물을 고정시킨다.
- 궤도 또는 차로 이동하는 항타기 또는 항발기에 대해서는 불시에 이동하는 것을 방지하기 위하여 레일 클램프(Rail Clamp) 및 쐐기 등으로 고정시킨다.
- 상단 부분은 버팀대·버팀줄로 고정하여 안정시키고, 그 하단 부분은 견고한 버팀·말뚝 또는 철골 등으로 고정시킨다.

05

건축물의 부동침하(Unever Settlement) 발생원인 5가지를 쓰시오.

정답

- 연약지반에 구축
- 경사지반에 구조물 구축
- 이질지반
- 기초 상이
- 상부구조 증설 또는 규격 상이
- 인접 지역 구조물 공사로 인한 수위변화 및 압밀침하

06

건설현장의 밀폐공간 작업 시 사전안전조치 사항 및 재해 예방대책에 대하여 쓰시오.

정답

Ⅰ. 정의

- 밀폐공간이란 산소결핍, 유해가스로 인한 질식·화재·폭발 등의 위험이 있는 장소를 말한다.
- 산소결핍이란 공기 중의 산소농도가 18% 미만인 상태를 말한다.

Ⅱ. 밀폐공간 적정 공기농도

구분	기준	비고
산소	18.0~23.5%	O_2
탄산가스	1.5% 미만	CO_2
일산화탄소	30ppm 미만	CO
황화수소	10ppm 미만	H_2S

Ⅲ. 밀폐공간 작업 시 사전안전조치 사항

- 작업 일시, 기간, 장소 및 내용 등 작업 정보 등을 파악한다.
- 관리감독자, 근로자, 감시인 등 작업자 정보 등을 파악한다.
- 산소 및 유해가스 농도의 측정결과 및 후속조치 사항을 확인한다.
- 작업 중 불활성가스 또는 유해가스의 누출·유입·발생 가능성 검토 및 후속조치 사항을 확인한다.
- 작업 시 착용하여야 할 보호구의 종류를 파악한다.
- 비상연락체계를 구축한다.
- 밀폐공간에서의 작업이 종료될 때까지 상기 내용을 작업장 출입구에 게시한다.

Ⅳ. 밀폐공간 작업 시 재해 예방대책

- 밀폐공간에서 근로자에게 작업을 하도록 하는 경우 작업을 시작하기 전 밀폐공간의 산소 및 유해가스 농도를 측정하여 적정공기가 유지되고 있는지를 평가해야 한다.
- 산소측정은 관리감독자, 안전관리자, 보건관리자, 안전관리전문기관, 보건관리전문기관, 건설재해예방전문지도기관, 작업환경측정기관 등에서 행하여야 한다.
- 산소 및 유해가스 농도를 측정한 결과 적정공기가 유지되고 있지 아니하다고 평가된 경우에는 작업장을 환기시키거나, 근로자에게 공기호흡기 또는 송기마스크를 지급하여 착용하도록 하는 등 근로자의 건강장해 예방을 위하여 필요한 조치를 해야 한다.

- 밀폐공간에서 작업을 하는 경우에 작업을 시작하기 전과 작업 중에 해당 작업장을 적정공기 상태가 유지되도록 환기하여야 한다.
- 근로자는 제1항 단서에 따라 지급된 보호구를 착용하여야 한다.
- 근로자가 밀폐공간에서 작업을 하는 경우에 그 장소에 근로자를 입장시킬 때와 퇴장시킬 때마다 인원을 점검하여야 한다.
- 사업장 내 밀폐공간을 사전에 파악하여 밀폐공간에는 관계 근로자가 아닌 사람의 출입을 금지하고, 근로자 출입금지 표지를 밀폐공간 근처의 보기 쉬운 장소에 게시하여야 한다.
- 근로자는 출입이 금지된 장소에 사업주의 허락 없이 출입해서는 아니 된다.
- 근로자가 밀폐공간에서 작업을 하는 동안 작업상황을 감시할 수 있는 감시인을 지정하여 밀폐공간 외부에 배치하여야 한다.
- 감시인은 밀폐공간에 종사하는 근로자에게 이상이 있을 경우에 구조요청 등 필요한 조치를 한 후 이를 즉시 관리감독자에게 알려야 한다.
- 근로자가 밀폐공간에서 작업을 하는 동안 그 작업장과 외부의 감시인 간에 항상 연락을 취할 수 있는 설비를 설치하여야 한다.
- 밀폐공간에서 작업하는 근로자가 산소결핍이나 유해가스로 인하여 추락할 우려가 있는 경우에는 해당 근로자에게 안전대나 구명밧줄, 공기호흡기 또는 송기마스크를 지급하여 착용하도록 하여야 한다.
- 안전대나 구명밧줄을 착용하도록 하는 경우에 이를 안전하게 착용할 수 있는 설비 등을 설치하여야 한다.
- 근로자가 밀폐공간에서 작업을 하는 경우에 공기호흡기 또는 송기마스크, 사다리 및 섬유로프 등 비상시에 근로자를 피난시키거나 구출하기 위하여 필요한 기구를 갖추어 두어야 한다.
- 환기장치의 작동 및 사용 상태와 밀폐공간 내 적정공기 유지 상태를 월 1회 이상 정기적으로 점검하고, 이상이 발견된 경우에는 즉시 필요한 조치를 해야 한다.
- 점검결과(점검일자, 점검자, 환기장치 작동 상태, 적정공기 유지 상태 및 조치사항을 말한다)를 해당 밀폐공간의 출입구에 상시 게시해야 한다.

V. 결론
- 밀폐공간은 산소결핍으로 인해 관리가 필요하며 공기 중의 산소농도가 18% 이하인 경우 출입금지 조치를 하고 환기를 실시하여야 한다.
- 송기마스크, 공기호흡기 등 개인보호구를 지급하여 위험에 대비해야 한다.

07

건설현장에서 사용하는 차량계 건설기계의 종류, 재해 유형 및 안전대책에 대하여 쓰시오.

정답

I. 정의

차량계 건설기계란 동력원을 사용하여 특정되지 아니한 장소로 스스로 이동할 수 있는 건설기계를 말한다.

II. 차량계 건설기계별 콘지수

장비 종류	콘지수(qc, N/cm²)
초습지 Dozer	20 이상
습지 Dozer	30 이상
중형 Dozer	50~70
대형 Dozer	70~100
자주식 Scraper	100~130
덤프트럭	150 이상

III. 차량계 건설기계 종류

건설기계 종류

- 도저형 건설기계(불도저, 스트레이트도저, 틸트도저, 앵글도저, 버킷도저 등)
- 모터그레이더(Motor Grader, 땅 고르는 기계)
- 로더(포크 등 부착물 종류에 따른 용도 변경 형식을 포함한다)
- 스크레이퍼(Scraper, 흙을 절삭·운반하거나 펴 고르는 등의 작업을 하는 토공기계)
- 크레인형 굴착기계(크램쉘, 드래그라인 등)
- 굴착기(브레이커, 크러셔, 드릴 등 부착물 종류에 따른 용도 변경 형식을 포함한다)
- 항타기 및 항발기
- 천공용 건설기계(어스드릴, 어스오거, 크롤러드릴, 점보드릴 등)
- 지반 압밀침하용 건설기계(샌드드레인머신, 페이퍼드레인머신, 팩드레인머신 등)
- 지반 다짐용 건설기계(타이어롤러, 매커덤롤러, 탠덤롤러 등)
- 준설용 건설기계(버킷준설선, 그래브준설선, 펌프준설선 등)
- 콘크리트 펌프카
- 덤프트럭
- 콘크리트 믹서 트럭
- 도로포장용 건설기계(아스팔트 살포기, 콘크리트 살포기, 아스팔트 피니셔, 콘크리트 피니셔 등)

- 골재 채취 및 살포용 건설기계(쇄석기, 자갈채취기, 골재살포기 등)
- 위에서 명시한 건설기계와 유사한 구조 또는 기능을 갖는 건설기계로서 건설작업에 사용하는 것

Ⅳ. 차량계 건설기계 재해 유형

재해 유형	원인
전도 및 붕괴	건설기계 사용장소의 지반, 지질 등의 사전조사 미흡
충돌 및 협착	공사용 건설기계 자체의 구조 결함
추락	공사용 건설기계의 성능에 대한 인식 부족
낙하	공사의 종류와 규모에 맞지 않는 작업계획
감전	작업환경 및 작업조건에 대한 안전 미확보

Ⅴ. 차량계 건설기계 안전대책

- 차량계 건설기계에 전조등을 갖추어야 한다.
- 암석이 떨어질 우려가 있는 위험한 장소에서 작업하는 차량계 건설기계는 견고한 낙하물 보호구조를 갖춰야 한다.
- 유도하는 사람을 배치하고 지반의 부동침하 방지, 갓길의 붕괴 방지 및 도로 폭의 유지 등 필요한 조치를 해야 한다.
- 작업반경 내에 근로자를 출입시켜서는 안 된다.
- 차량계 건설기계를 이송하기 위해 자주 또는 견인에 의해 화물자동차 등에 싣거나 내리는 작업을 할 때는 평탄하고 견고한 장소에서 해야 한다.
- 발판을 사용하는 경우에는 충분한 길이·폭 및 강도를 가진 것을 사용하고 적당한 경사를 유지하기 위하여 견고하게 설치해야 한다.
- 승차석이 아닌 위치에 근로자를 탑승시켜서는 안 된다.
- 기계의 구조 및 사용상 안전도 및 최대사용하중을 준수해야 한다.
- 기계의 주된 용도에만 사용한다.
- 붐이나 암 등을 올리고 작업하는 경우 하부에 근로자의 접근을 금지시켜야 한다.
- 차량계 건설기계의 수리나 교환을 하는 경우 작업순서를 결정하고 작업지휘자를 두어야 한다.

Ⅵ. 결론

- 차량계 건설기계는 기계 자체의 목적에만 사용하고 운전석 외의 자리에 다른 사람을 태워서는 안 된다.
- 차량계 건설기계 작업 규칙을 준수하여 작업해야 한다.

08

도로터널에서 화재 예방 안전관리상 필요한 방재시설을 5가지로 분류하고 그 내용을 쓰시오.

정답

Ⅰ. 개요
- 도로터널은 이용자가 많기 때문에 화재 발생 시 대형사고로 이어질 수 있다.
- 도로터널에 화재가 발생하지 않도록 방재시설을 설치하고 관리를 철저히 하여야 한다.

Ⅱ. 터널의 계측관리

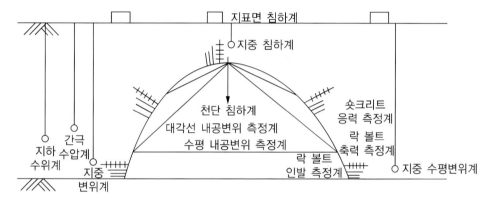

Ⅲ. 화재 예방 안전관리상 필요한 방재시설 5가지

소화시설
- 차량 화재 시 화재의 진압·소화를 위한 설비
- 소화기, 옥내소화전, 물분무 소화설비

경보설비
- 화재나 사고 등의 긴급상황을 관리자 및 소방대에 전달하는 동시에 도로이용자 등에게 사고의 발생을 통보하기 위한 설비
- 비상경보장치, 긴급전화 및 자동화재탐지설비, 비상방송설비 등

피난대비설비
- 터널 내에서 화재 등에 직면한 도로이용자를 안전지역으로 대피하도록 유도하기 위한 설비 또는 안전한 공간
- 대피소, 비상조명등, 유도등

소화활동설비
- 화재를 진압하거나 인명구조 활동을 위해서 사용하는 설비
- 제연설비, 무선통신 보조설비, 연결송수관, 비상콘센트 등

비상전원설비
- 터널 내 정전 상황에서 비상조명설비 등의 기능을 유지하기 위한 예비전원설비
- 비상전원전용설비, 자가발전설비, 축전기

IV. 결론
- 터널 내에는 소화시설, 경보설비, 피난대비시설, 소화활동설비, 비상전원설비 등의 방재설비를 설치해야 한다.
- 설치된 방재시설은 주기적인 점검을 통해 비상시에 대비해야 한다.

09
고층건물의 가설계획 수립 시 타워크레인의 설치 위치를 구분하고 각각에 대한 안전대책을 쓰시오.

정답

I. 개요
고층건물 가설계획 수립 시 타워크레인에 대한 안전관리를 철저히 하여야 한다.

II. 타워크레인의 구성

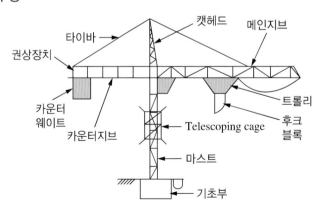

Ⅲ. 타워크레인의 설치 위치 계획
- 자립고 이상 설치할 경우 벽체에 연결하거나 와이어로프에 지지
- 가급적 평탄지를 선정
- 지브(Jib) 선회에 지장이 없는 곳으로 대지경계를 고려하여 선정
- 지휘자와 연락이 용이한 장소
- 자재운반 및 수급이 용이한 장소
- 흔들림을 방지하기 위하여 건축물 등에 연결 가능한 장소
- 다수의 크레인을 설치하는 경우 서로 부딪치지 않도록 작업반경을 고려한 장소

Ⅳ. 타워크레인 안전대책

벽체에 지지할 경우
- 서면심사에 관한 서류 또는 제조사의 설치작업설명서 등에 따라 설치하고, 없는 경우 전문기술자의 확인을 받아 설치해야 한다.
- 콘크리트 구조물에 고정시키는 경우 매립이나 관통의 방법으로 충분한 강도가 나오도록 지지해야 한다.
- 건축 중인 시설물에 지지하는 경우 그 시설물의 구조적 안정성에 영향이 없도록 검토해야 한다.

와이어로프에 지지할 경우
- 와이어로프를 고정하기 위한 전용 지지 프레임을 설치해야 한다.
- 와이어로프의 설치각도는 수평면에서 $60°$ 이내로 하되 지지점은 4개소 이상으로 하고, 같은 각도로 설치해야 한다.
- 와이어로프의 고정부위는 충분한 강도와 장력을 갖도록 설치하고, 와이어로프를 클립, 샤클 등의 고정기구를 사용하여 견고하게 고정해야 한다.
- 와이어로프는 가공전선에 근접하지 않도록 해야 한다.

Ⅴ. 결론
- 타워크레인 설치 시 벽체 지지, 와이어로프 지지 중 알맞은 방식을 선택해야 하며 지지방식에 따른 타워크레인 설치 규정을 준수하여야 한다.
- 불명확한 작업은 임의해석하지 말고 제조사나 전문가의 의견을 청취한 후 작업을 진행한다.

과년도 기출문제

| 다음 단답형 5문제를 모두 답하시오. (각 5점)

01
굴착공사 시 지하매설물로 인해 발생할 수 있는 사고 유형 5가지를 쓰시오.

정답

- 가스관 파손에 의한 가스폭발사고
- 상수도관 파손에 의한 지하수 유출 및 지반 함몰
- 송유관 파손에 의한 환경오염
- 전력구 손상에 의한 전력중단 및 감전사고
- 통신선 파손에 의한 통신두절 및 네트워크 중단

02
철근 피복두께 유지목적 5가지를 쓰시오.

정답

- 내화성
- 내구성
- 방청성
- 콘크리트와 철근의 부착성
- 콘크리트 치기 시 유동성 유지
- 소요강도 확보

03

철골공사에서 철골공사도에 포함되어야 할 안전시설 5가지를 쓰시오.

정답

- 외부비계받이 및 화물승강설비용 브래킷
- 기둥 승강용 트랩
- 구명줄 설치용 고리
- 건립에 필요한 와이어 걸이용 고리
- 난간 설치용 부재
- 기둥 및 보 중앙의 안전대 설치용 고리
- 방망 설치용 부재
- 비계 연결용 부재
- 방호선반 설치용 부재
- 양중기 설치용 보강재

04

말비계의 조립·사용 시 준수사항 5가지를 쓰시오.

정답

- 사다리의 각부는 수평하게 놓아서 상부가 한쪽으로 기울지 않도록 해야 한다.
- 각부에는 미끄럼 방지장치를 하여야 하며, 제일 상단에 올라서서 작업하지 말아야 한다.
- 지주부재의 하단에는 미끄럼 방지장치를 하고, 근로자가 양측 끝부분에 올라서서 작업하지 않도록 해야 한다.
- 지주부재와 수평면의 기울기를 75° 이하로 하고, 지주부재와 지주부재 사이를 고정시키는 보조부재를 설치해야 한다.
- 말비계의 높이가 2m를 초과하는 경우에는 작업발판의 폭을 40cm 이상으로 해야 한다.

05

산업안전보건법령상 추락방지를 위한 안전방망(추락방지망)을 설치해야 할 경우에 설치기준을 쓰시오.

정답

산업안전보건기준에 관한 규칙 제42조

- 추락방호망의 설치 위치는 가능하면 작업면으로부터 가까운 지점에 설치해야 하며, 작업면으로부터 망의 설치지점까지의 수직거리는 10m를 초과하지 아니할 것
- 추락방호망은 수평으로 설치하고 망의 처짐은 짧은 변 길이의 12% 이상이 되도록 할 것
- 건축물 등의 바깥쪽으로 설치 시 추락방호망의 내민 길이는 벽면으로부터 3m 이상 되도록 할 것

06

보강토 옹벽의 구성요소, 공법의 장단점, 파괴형태와 안전대책을 쓰시오.

정답

I. 정의

- 보강토란 Reinforced Earth로 인장력이 큰 합성섬유 등으로 제조된 보강재를 뒤채움재 다짐층 내에 일정 간격으로 설치하여 내부응력 및 외력에 대한 저항성을 증가시키도록 보강한 흙을 말한다.
- 이러한 보강토를 이용하여 보강된 벽체를 보강토 옹벽이라 한다.

II. 옹벽의 종류

옹벽의 구분	특징	종류
석축 옹벽	• 자연석을 그대로 사용하여 옹벽을 쌓는 구조 • 소규모 옹벽에 적합	메쌓기, 찰쌓기
콘크리트 옹벽	• 콘크리트를 이용하여 옹벽을 쌓는 구조 • 수직으로 시공 가능	• 무근 콘크리트(중력식, 반중력식) • 철근 콘크리트(역T형, L형, 부벽식)
보강토 옹벽	• 옹벽 뒷면에 그물망 등을 사용하여 흙 자체의 무게로 그물망을 눌러 벽체를 잡아주는 옹벽 • 가장 많이 사용	

III. 보강토 옹벽의 구성요소

- 전면판 : 보강재와 긴결하여 뒤채움재 유실을 방지하는 부분으로 콘크리트 블록 등을 사용
- 보강재 : 인장력을 부담하는 부분으로 지오그리드 등이 있음
- 배수재 : 배수성능을 향상시키기 위해 설치하는 자갈층
- 뒤채움재 : 전면판 내부를 채우는 재료로 마찰각이 크고 배수성능이 우수한 재료

Ⅳ. 보강토 옹벽의 장단점

보강토 옹벽의 장점

- 양생기간이 필요 없으므로 시공이 빠르다.
- 수직으로 올라가므로 공간활용성이 높다.
- 주변 환경에 적합한 디자인이 가능하여 미관이 수려하다.
- 동절기에도 시공이 가능하다.
- 간단한 공종, 빠른 시공성, 경제성과 무관하지 않다고 할 수 있다.

보강토 옹벽의 단점

- 보강재의 내구성이 약하다.
- 보수가 곤란하다.
- 우각부의 처리가 어렵다.
- 뒤채움 시 시공관리가 필요하다.

Ⅴ. 보강토 옹벽의 파괴형태

외적 안정해석

- 저면활동으로 인한 파괴
- 전도에 의한 파괴
- 지반지지력 파괴
- 전체 사면활동에 의한 파괴

내적 안정해석

- 보강재의 인발에 의한 파괴
- 보강재의 파단에 의한 파괴

Ⅵ. 보강토 옹벽의 안전대책

- 사전에 기초지반 조사 및 전체 안전성을 검토하여야 한다.
- 배수시설을 설치하여 배수를 원활히 하여야 한다.
- 옹벽 상부에 임시 사용을 위한 건축 시공을 금지하여야 한다.
- 연약지반에 시공 시에는 지반 보강 후 시공하여야 한다.
- 뒤채움재는 밀실하게 다짐해야 한다.

Ⅶ. 결론

- 보강토 옹벽을 연약지반에 시공할 경우에는 연약지반 보강공법을 통해 연약지반을 보강한 후 보강토 옹벽을 시공해야 한다.
- 뒤채움재는 다짐을 철저히 하여 균열이 발생하지 않도록 해야 한다.

07

산업안전보건법령상 타워크레인을 자립고 이상으로 설치하는 경우에 다음 지지방법별 준수사항을 쓰시오.

1) 벽체에 지지하는 방법
2) 와이어로프에 지지하는 방법

정답

Ⅰ. 개요

- 타워크레인 설치 시 자립고 이상으로 설치하는 경우 벽체 지지, 와이어로프 지지방식이 있다.
- 상황에 맞게 지지방식을 선정하고 각각의 준수사항을 준수해야 한다.

Ⅱ. 타워기초의 앵커볼트 매립 방법

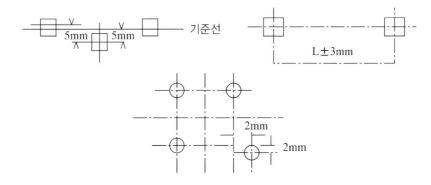

Ⅲ. 타워크레인 벽체 지지 시 준수사항(산업안전보건기준에 관한 규칙 제142조)

- 서면심사에 관한 서류 또는 제조사의 설치작업설명서 등에 따라 설치해야 한다.
- 서면심사서류 등이 없거나 명확하지 아니한 경우에는 건축구조·건설기계·기계안전·건설안전기술사 또는 건설안전분야 산업안전지도사의 확인을 받아 설치하거나 기종별·모델별 공인된 표준방법으로 설치해야 한다.
- 콘크리트 구조물에 고정시키는 경우에는 매립이나 관통 또는 이와 같은 수준 이상의 방법으로 충분히 지지되도록 해야 한다.
- 건축 중인 시설물에 지지하는 경우에는 그 시설물의 구조적 안정성에 영향이 없도록 해야 한다.

Ⅳ. 타워크레인 와이어로프 지지 시 준수사항(산업안전보건기준에 관한 규칙 142조)

- 와이어로프를 고정하기 위한 전용 지지 프레임을 사용해야 한다.
- 와이어로프 설치각도는 수평면에서 60° 이내로 하되, 지지점은 4개소 이상으로 하고 같은 각도로 설치해야 한다.
- 와이어로프와 그 고정부위는 충분한 강도와 장력을 갖도록 설치하고, 와이어로프를 클립·샤클(Shackle) 등의 고정기구를 사용하여 견고하게 고정시켜 풀리지 않도록 하며, 사용 중에는 충분한 강도와 장력을 유지하도록 해야 한다.
- 클립·샤클 등의 고정기구는 한국산업표준 제품이거나 한국산업표준이 없는 제품의 경우에는 이에 준하는 규격을 갖춘 제품이어야 한다.
- 와이어로프가 가공전선에 근접하지 않도록 해야 한다.

Ⅴ. 결론

- 타워크레인 벽체 지지방식인 경우 서면심사를 통해 기준사항을 결정하고, 없는 경우 전문가의 의견을 따라야 한다.
- 와이어로프 지지방식인 경우 4면을 같은 각도로 설치하고 샤클 등으로 철저히 고정해야 한다.

08

안전모의 종류를 구분하여 설명하고, 사용 시 유의사항과 성능 시험방법들을 쓰시오.

정답

Ⅰ. 개요
- 안전모는 현장에서 없으면 안 되는 개인보호구로서 머리를 보호하는 가장 중요한 역할을 한다.
- 안전모는 작업하는 근로자에 맞게 선택하여 착용해야 한다.

Ⅱ. 안전모의 명칭

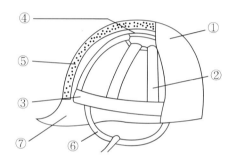

번호	명칭	
①	모체	
②	착장체	머리받침끈
③		머리고정대
④		머리받침고리
⑤	충격흡수재	
⑥	턱끈	
⑦	챙(차양)	

Ⅲ. 안전모의 종류(보호구 안전인증고시 별표 1)

종류(기호)	사용 구분
AB	물체의 낙하 또는 비래 및 추락에 의한 위험을 방지 또는 경감시키기 위한 것
AE	물체의 낙하 또는 비래에 의한 위험을 방지 또는 경감하고, 머리부위 감전에 의한 위험을 방지하기 위한 것
ABE	물체의 낙하 또는 비래 및 추락에 의한 위험을 방지 또는 경감하고, 머리부위 감전에 의한 위험을 방지하기 위한 것

Ⅳ. 안전모 사용 시 유의사항
- 정기적으로 점검하여 손상된 보호구는 교체해야 한다.
- 작업장에 필요한 수량을 비치해야 한다.
- 안전인증을 확인해야 한다.
- 올바른 사용방법을 교육해야 한다.

V. 안전모의 성능시험 방법(보호구 안전인증고시 별표 1)

항목	시험 성능 기준
내관통성	AE, ABE종 안전모는 관통거리가 9.5mm 이하이고, AB종 안전모는 관통거리가 11.1mm 이하이어야 한다.
충격흡수성	최고전달충격력이 4,450N을 초과해서는 안 되며, 모체와 착장체의 기능이 상실되지 않아야 한다.
내전압성	AE, ABE종 안전모는 교류 20kV에서 1분간 절연파괴 없이 견뎌야 하고, 이때 누설되는 충전전류는 10mA 이하이어야 한다.
내수성	AE, ABE종 안전모는 질량증가율이 1% 미만이어야 한다.
난연성	모체가 불꽃을 내며 5초 이상 연소되지 않아야 한다.
턱끈풀림	150N 이상 250N 이하에서 턱끈이 풀려야 한다.

Ⅵ. 결론

- 안전모 성능 기준에 따라 내관통성, 충격흡수성, 내전압성, 내수성, 난연성 등에 부합하는 안전모를 착용해야 한다.
- 현장 내 모든 근로자 및 관리자는 반드시 안전모를 착용하여야 한다.

09

터널갱구부의 기능과 붕괴원인 및 안전대책을 쓰시오.

정답

I. 정의

- 갱구부는 터널의 입구를 말하며 갱문 구조물 배면으로부터 터널의 길이 방향으로 터널 직경의 1~2배 범위를 말한다.
- 터널의 갱구부는 터널 구조상 중요한 역할을 하므로 붕괴되지 않도록 관리를 철저히 하여야 한다.

Ⅱ. 터널 갱구 암질의 분류

시험방법 암질의 분류	R.Q.D(%)	R.M.R(%)	일축압축강도(kg/cm^2)	탄성파 속도(km/sec)
풍화암	<50	<40	<125	<1.2
연화암	50~70	40~60	125~400	1.2~2.5
보통암	70~85	60~80	400~800	2.5~3.5
경암	>85	>80	>800	>3.5

Ⅲ. 터널 갱구의 기능
- 지표수의 내부 유입 차단
- 사면활동에 대한 보호
- 지반의 이완현상 발생 방지
- 이상응력 발생에 대한 대응

Ⅳ. 터널 갱구의 붕괴원인
- 기초지반의 침하로 인한 붕괴
- 지표수의 유입으로 뒤채움재 유실
- 갱구 자체의 활동
- 이질지반으로 인한 부동침하 발생
- 연약지반 개량 없이 시공
- 편토압의 발생
- 라이닝의 균열
- 사면의 기울기나 길이 등에 대한 설계 부정확
- 갱문의 붕괴 또는 변형
- 토피 부족으로 인한 불안정

Ⅴ. 터널 갱구의 안전대책
- 압성토 공법에 의한 토피고 보강으로 편토압 발생 시 상쇄해야 한다.
- 록볼트와 같은 지보공으로 갱구를 보강해야 한다.
- 돌출식 갱문구조로 변경하여 갱문의 붕괴 또는 변형을 막아야 한다.
- 사면보호 및 구배완화를 통해 사면을 보호해야 한다.
- 갱문 상부에 숏크리트를 타설하여 갱문을 보호해야 한다.
- 기초를 확대하고 연약지반을 개량해야 한다.
- 지보공이나 스트럿을 설치하여 무너짐에 대비해야 한다.
- 뒤채움재는 양질의 토사로 하고 록앵커를 설치하여 붕락을 대비해야 한다.

Ⅵ. 결론
- 터널 갱구는 터널의 초입으로 붕괴현상이 자주 발생하는 부분이다. 붕괴 발생 시 원인을 분석하여 대책을 수립해야 한다.
- 갱구 및 터널 전체에 대한 안전관리를 철저히 하여 중대재해를 예방해야 한다.

2016년 제 6 회 과년도 기출문제

| 다음 단답형 5문제를 모두 답하시오. (각 5점)

01

굳지 않은 콘크리트에서 물-결합재 비와 물-시멘트 비의 정의를 쓰시오.

정답

• 물-결합재 비란 혼화재로 플라이애시 등을 사용한 모르타르나 콘크리트에서 골재가 표면건조포화 상태에 있을 때의 시멘트 페이스트 중에 있는 물과 시멘트 및 플라이애시 등과의 중량비이다.

• 물-시멘트 비란 시멘트 중량에 대한 유효수량의 중량 백분율이다.

02

흙의 다짐 시 영공기간 간극곡선(Zero Air Void Curve)이 형성되는 조건과 구성요소 2가지를 쓰시오.

정답

영공기간 간극곡선이 형성되는 조건

• 다짐에 의해 간극 속 공기가 완전히 배출되어 공기 부피가 0이 될 경우

• 간극이 물로 100% 포화될 경우

구성요소

• 건조밀도 : 건조한 흙의 질량을 흙의 전체 체적으로 나눈 값

• 함수비 : 흙의 무게에서 물의 무게가 차지하는 비율

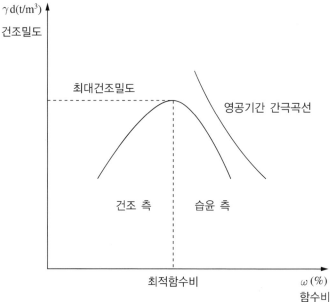

03

배수형식에 따른 배수형 터널과 비배수형 터널의 적용조건을 모두 쓰시오.

정답

배수형 터널 : 집수정과 같은 배수시설을 설치하여 지하수를 배출하는 방식이다.

〈적용 조건〉

• 지하수위가 낮아야 한다.

• 터널 굴착구간의 인근 지반에 시설물이 없어야 한다.

• 양질의 토질에 적용한다.

비배수형 터널 : 지하수의 배수를 위해 별도의 배수로를 설치하지 않고 방수 등의 방법으로 지하수가 유입되지 못하도록 적극적으로 차단하는 방식이다.

〈적용 조건〉

• 지하수위가 높아야 한다.

• 터널 굴착구간 주변에 중요 구조물이 있어야 한다.

• 토질이 불량한 경우에 적용한다.

04

터널이나 비탈면 등을 보강하는 록볼트(Rock Bolt)를 설치했을 때 록볼트가 어떤 작용을 하는지 기능 5가지를 쓰시오.

정답

지반의 봉합기능, 보형성 효과, 내압기능, 아치 형성 효과, 지반개량 효과

05

구조물의 강도와 하중관계식을 참고하여 다음 용어의 정의를 쓰시오(구조물의 강도와 하중관계식 : $R_d = \phi R_n \geq U = \Sigma r_i L_i$).

1) 공칭강도(R_n)
2) 설계강도(R_d)
3) 소요강도(U)
4) 강도감수계수(ϕ)
5) 하중계수(r_i)

정답

- **공칭강도(R_n)** : 설계도에 표시된 재료의 치수와 강도에 의해 산정된 강도를 말하는 것으로 물리적·환경적 변수를 고려하지 않은 순수한 강도를 말한다.
- **설계강도(R_d)** : 구조물 설계 시 강도기준으로 콘크리트 구조물의 경우 28일 재령일 기준 압축강도로서 설계상 가정된 허용응력을 기본으로 산정된 부재의 내하응력을 말한다.
- **소요강도(U)** : 외부에서 부재에 가해지는 하중을 말하는 것으로 설계강도가 소요강도 이상이 되어야 안전한 구조물이다.
- **강도감수계수(ϕ)** : 공칭강도와 실제강도에 발생되는 불가피한 오차를 감안하기 위해 반영하는 안전계수이다.
- **하중계수(r_i)** : 설계하중과 실제하중 간의 차이 및 하중을 작용외력으로 변환시키는 해석상 불확실성과 환경작용 등의 변동요인을 감안하기 위한 안전계수이다.

06

작업발판 일체형 거푸집의 종류와 조립·이동·양중·해체 등의 작업 시 필요한 안전조치를 쓰시오.

정답

Ⅰ. 정의(산업안전보건기준에 관한 규칙 제331조의3)

작업발판 일체형 거푸집이란 거푸집의 설치·해체, 철근 조립, 콘크리트 타설, 콘크리트 면처리 작업 등을 위하여 거푸집을 작업발판과 일체로 제작하여 사용하는 거푸집을 말한다.

Ⅱ. 작업발판 일체형 거푸집의 측압 작용도

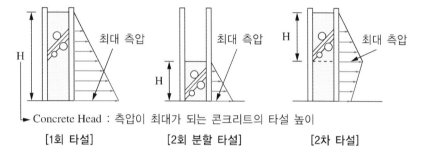

► Concrete Head : 측압이 최대가 되는 콘크리트의 타설 높이

[1회 타설]　　　　　[2회 분할 타설]　　　　　[2차 타설]

Ⅲ. 작업발판 일체형 거푸집의 종류

- 갱폼(Gang Form)
- 슬립폼(Slip Form)
- 클라이밍폼(Climbing Form)
- 터널 라이닝폼(Tunnel Lining Form)

Ⅳ. 작업발판 일체형 거푸집의 조립, 이동, 양중, 해체 시 필요한 안전조치

- 조립 등의 범위 및 작업절차를 미리 근로자에게 주지시켜야 한다.
- 근로자가 내부에서 갱폼의 작업발판으로 출입할 수 있는 이동통로를 설치해야 한다.
- 갱폼의 지지 또는 고정철물의 이상 유무를 수시점검하고 이상이 발견된 경우에는 교체해야 한다.
- 갱폼을 조립하거나 해체하는 경우에는 갱폼을 인양장비에 매단 후에 작업을 실시하도록 하고, 인양장비에 매달기 전에 지지 또는 고정철물을 미리 해체해서는 안 된다.
- 갱폼 인양 시 케이지에 근로자가 탑승한 상태에서 인양작업을 해서는 안 된다.
- 조립 등 작업 시 거푸집 부재의 변형 여부와 연결 및 지지재의 이상 유무를 확인해야 한다.

- 조립, 이동·양중·운반 등의 작업을 하는 장소에는 근로자의 출입을 금지해야 한다.
- 거푸집이 콘크리트면에 지지될 때에 콘크리트의 강도를 확인하고 견고하게 지지해야 한다.

Ⅴ. 결론
- 갱폼 인양 및 조립, 해체 작업은 매우 위험한 공종으로 작업 시 안전관리를 철저히 하여야 한다.
- 작업발판 일체형 거푸집의 준수사항을 근로자에게 숙지시켜야 한다.

07
지하철 및 터널공사의 수직구 작업 시 위험성평가 방법을 활용한 공정별 위험요인(작업방법 및 기계장비)을 쓰시오.

정답

Ⅰ. 개요
- 터널의 수직구는 대심도 터널에서 시공 중 내부 자재반입 및 운반, 시공 후 흡배기 시스템을 가동하는 수직통로를 말한다.
- 지하철 및 터널공사의 수직구 작업 시에는 사전에 위험성평가를 철저히 하여 작업 중 발생되는 위험요인을 제거하고 작업을 진행해야 한다.

Ⅱ. 터널의 종류

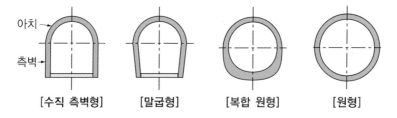

[수직 측벽형]　　[말굽형]　　[복합 원형]　　[원형]

Ⅲ. 수직구 작업 시 공정별 위험요인
천공작업
- 장비의 전도
- 근로자와의 충돌 협착

발파작업
- 발파 후 잔류화약 조치 불량으로 인한 추가 폭발
- 비산 방지조치 미실시

장비인양

• 장비인양 중 초과인양으로 인한 낙하

굴착 및 토사반출

• 굴착토사 인양작업 중 토사 및 부석 낙하

• 지반 불량으로 인한 장비 전도

숏크리트 타설

• 분진 등에 의한 호흡기 질환 사고

지보공 설치

• 작업발판 미설치로 근로자 추락

Ⅳ. 수직구 작업 시 공정별 위험요인에 대한 대책

천공작업

• 연약지반에 설치 금지

• 지반을 보강 후 아웃트리거 등 전도 방지조치 실시

• 작업과 관계없는 근로자의 출입통제

발파작업

• 발파 후 발파되지 않은 폭양이 있는지 확인

• 전기 뇌관에 의한 발파의 경우 5분 이내 접근 금지, 그 외 발파는 15분간 접근 금지

• 30m 이상 떨어진 곳에서 도통시험 실시

• 발파석이 비산되지 않도록 방책 및 고무매트 설치

장비인양

• 인양장비의 능력 확인 후 적재하중을 초과한 인양 금지

• 장비를 인양장비에 2줄걸이 이상 안전하게 매달아 인양

• 인양 하부에 근로자 출입금지

굴착 및 토사반출

• 근로자 위험구역 내 통제

• 장비 유도자 배치

• 과적재 금지

• 운전원 안전보건교육 및 자격 확인

숏크리트 타설

• 작업에 적합한 보호구 착용

• 내부에 환기장치 설치

• 작업환경 측정 실시

지보공 설치

- 작업발판 설치
- 안전대 등 보호구 착용

V. 결론

- 터널의 수직구에서 천공, 발파, 숏크리트 타설, 지보공 설치 등의 작업을 하는 경우 주의해서 작업을 해야 한다.
- 터널은 환기시설이 중요한 만큼 주기적인 점검으로 환기사고를 예방해야 한다.

08

지하철 공사장과 같은 밀폐된 지하공간에서 금속의 용접·용단 또는 가열작업 중 발생 가능한 화재 및 폭발사고의 원인과 안전대책을 쓰시오.

정답

Ⅰ. 개요

　지하철 공사장 등의 밀폐된 지하공간에서 용접이나 가열작업을 할 경우 화재사고가 많이 발생하고 또한 산소농도가 부족해지므로 주의하여 작업하여야 한다.

Ⅱ. 밀폐공간 작업절차

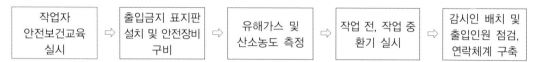

작업자 안전보건교육 실시	⇨	출입금지 표지판 설치 및 안전장비 구비	⇨	유해가스 및 산소농도 측정	⇨	작업 전, 작업 중 환기 실시	⇨	감시인 배치 및 출입인원 점검, 연락체계 구축

Ⅲ. 밀폐공간에서 가열작업 중 가능한 화재 및 폭발사고의 원인

- 용접 용단 시 불티 비산
- 밀폐공간 작업 시 환기 부족
- 교류용접기 사용 시 자동전격방지기, 누전차단기, 접지 미설치
- 화재감시자 미배치

Ⅳ. 밀폐공간에서 가열작업 중 가능한 화재 및 폭발사고의 안전대책

- 용접작업 시 불티 비산방지덮개 및 비산방지망을 설치한 후 작업을 하여야 한다.
- 터널 내 환기시설을 설치하여 주기적으로 환기를 실시해야 한다.
- 용접기에 누전차단기 및 접지시설을 설치하여 감전사고를 대비해야 한다.
- 밀폐공간 보건작업 프로그램을 실행하고 근로자에게 숙지시켜야 한다.
- 화재감시자를 지정하고 배치한 후 작업에 임해야 한다.
- 밀폐공간 용접작업에 대한 특별안전보건교육을 실시해야 한다.

Ⅴ. 결론

- 밀폐공간에서 가열작업 중 가능한 화재 및 폭발사고의 원인 및 대책을 철저히 하여 중대재해를 예방해야 한다.
- 화재감시자를 배치하고 불티 비산방지덮개 등을 설치한 후 안전하게 작업해야 한다.

09

건설현장의 가설공사와 관련하여 다음 사항을 쓰시오.

1) 가설구조물의 특징
2) 가설구조물의 문제점
3) 가설공사의 일반적인 안전수칙

정답

Ⅰ. 개요

- 건설현장의 가설공사는 본공사를 위한 것으로 본공사 완료 후 반드시 제거하여야 한다.
- 가설구조물의 특징을 파악하고 문제점이 무엇인지 확인한 후 대책을 수립하여 안전하게 작업해야 한다.

Ⅱ. 구조적 안전성 확인 대상 가설구조물

구분	세부사항
높이가 31m 이상인 비계, 브래킷(Bracket) 비계	
작업발판 일체형 거푸집 또는 높이가 5m 이상인 거푸집 및 동바리	
터널의 지보공(支保工) 또는 높이가 2m 이상인 흙막이 지보공	
동력을 이용하여 움직이는 가설구조물	높이 10m 이상에서 외부작업을 하기 위하여 작업발판 및 안전시설물을 일체화하여 설치하는 가설구조물
	공사현장에서 제작하여 조립·설치하는 복합형 가설구조물
그 밖에 발주자 또는 인허가기관의 장이 필요하다고 인정하는 가설구조물	

Ⅲ. 가설구조물의 특징

- 연결재가 부족한 구조가 되기 쉽다
- 부재 간 결합이 간단하여 불안전하다.
- 통상의 구조물이라는 개념이 부족하여 정밀도가 약하다.
- 과소단면이거나 결함이 있는 재료를 사용할 가능성이 있다.
- 전체 구조에 대한 구조계산이 부족하다.

Ⅳ. 가설구조물의 문제점

붕괴 재해 위험성
- 풍압에 의한 좌굴 및 붕괴
- 동바리 좌굴에 의한 붕괴
- 안전율 관리 부족에 의한 전도 및 붕괴

근로자 추락 및 낙하·비래 재해
- 부재 변위 및 변형에 의한 추락 및 낙하 재해
- 안전난간, 추락방망, 방호선반 등 안전방호설비 미설치에 의한 재해 발생
- 이동식 가설구조물 작업 시 가공전선에 의한 감전
- 이동식 가설구조물에 탑승한 채로 이동 시 장애물과 충돌 또는 추락 재해 발생

구조적 문제점
- 영구시설물이 아니므로 안전성 부족

Ⅴ. 가설공사의 일반적인 안전수칙
- 경험이 많은 책임자를 배치하고, 책임자가 직접 작업을 지휘하도록 한다.
- 재료, 기구 등 불량품이 없도록 반입 시 검사를 하고 안전인증을 확인한다.
- 조립 변경, 해체 시기·범위·순서 등은 사전에 작업자에게 알려야 한다.
- 작업장 주변은 작업자 이외의 출입을 금지시키고 안전표지는 적절하게 부착한다.
- 강풍, 호우, 폭설 등 악천후 시에는 작업을 중지한다.
- 고소작업 시에는 안전망을 설치하고 안전대를 사용한다.
- 상하에서 동시작업은 금지하며, 필요시 상하 긴밀하게 연락하며 작업한다.
- 재료, 기구, 공구 등을 오르내릴 때는 달줄 달포대를 이용한다.
- 부근에 전력선은 절연 및 방호조치를 해야 한다.
- 통로는 항상 사용 가능한 상태로 정리정돈하고 정비해야 한다.
- 조립 및 해체작업은 순서에 의해 실시해야 한다.

Ⅵ. 결론
- 가설구조물은 정리정돈을 해서 이용하는 데 불편함이 없도록 해야 한다.
- 가설구조물의 해체 역시 조립만큼 중요하므로 해체 시 안전수칙을 준수하여 작업해야 한다.

| 다음 단답형 5문제를 모두 답하시오. (각 5점)

01

흙막이벽을 구조체를 시공한 다음 점차 지하로 진행하면서 동시에 지상구조물을 축조해 가는 것으로 안전관리에 유의해야 하는 공법을 쓰시오.

정답

톱다운 공법(역타공법) : 구조물의 지하기둥 및 외벽 흙막이를 먼저 시공하고 지상 1층 구조물을 완성한 후 지상 1층 구조물 하부에서 지하 1층 깊이까지 굴토를 하여 지하 1층 바닥구조물을 공사한다. 이러한 순서로 점차로 지하 2층, 지하 3층 등의 하부구조물을 완성시켜 가며 동시에 지상 2층, 지하 3층 등의 상부구조물도 병행하여 시공해 나가는 공법이다.

02

교각 시공 후 교각 위에서 이동식 거푸집 작업차(Form Traveller)를 이용하여 교각을 중심으로 좌우대칭을 유지하면서 상부구조를 전진 가설해나가는 교량건설공법을 쓰시오.

정답

FCM 공법 : FCM 공법은 Free Cantilever Method의 약자로 동바리 없이 기시공되어 있는 교각을 이용하여 교각의 좌우로 하중의 균형을 맞추면서 이동식 거푸집 작업차(Form Traveller)나 이동식 가설 트러스(Moving Gantry)를 이용하여 3~5m 길이의 segment를 순차적으로 완성하고 다음 과정을 반복하여 교각과 교각 사이의 상부구조를 완성하는 공법이다.

03

언더피닝(Underpinning)공법 적용을 필요로 하는 경우 3가지를 쓰시오.

정답

- 기존 기초를 그대로 두고 기초를 보완, 보강하는 경우
- 기존 기초와 별개로 완성된 구조물 하부에 다른 구조물을 신설하는 경우
- 구조물이 이동하거나 침하, 기울어져 구조물을 원상태로 복구시키는 경우

04

지하연속벽 공사에 사용하는 안정액에서 요구되는 성능 3가지를 쓰시오.

정답

정의

안정액이란 본 굴착을 할 경우 굴착벽면에 불투수층을 형성하고 액압으로 토압 및 수압에 저항함으로써 굴착벽면의 붕괴를 막기 위한 벤토나이트(Bentonite) 수용액이다.

요구성능

- 적정비중 : 비중이 증가하면 압력차로 인해 안정성 증가
- 물리적 안정성 : 장시간 방치 시 중력에 의해 성능 저하
- 화학적 안정성 : 안정액 반복 사용 시 지하수 등에 의해 성질 변화
- 굴착벽면에 대한 불투수막 형성 : 굴착면 공극 사이로 차수층 형성

05

흙막이 공사의 가시설에서 안전을 확보하기 위하여 설치하는 계측기의 종류 5가지를 쓰시오.

- 지중경사계(Inclinometer) : 지반 변위의 위치, 방향, 크기 및 속도를 계측하여 지반의 이완 영역 및 흙막이 구조물의 안전성을 계측하는 기구
- 지하수위계(Water Level Meter) : 지하수위 변화를 계측하는 기구
- 간극수압계(Piezometer) : 굴착공사에 따른 간극수압의 변화를 측정하는 기구
- 토압계(Soil Pressure Meter) : 주변 지반의 하중으로 인한 토압 변화를 측정하는 기구
- 하중계(Load Cell) : 스트럿(Strut) 또는 어스앵커(Earth Anchor) 등의 축 하중 변화를 측정하는 기구
- 변형률계(Strain Gauge) : 흙막이 구조물 각 부재와 인접 구조물의 변형률을 측정하는 기구
- 건물경사계(Tiltmeter) : 인접한 구조물에 설치하여 구조물의 경사 및 변형 상태를 측정하는 기구
- 지표침하계(Surface Settlement System) : 지표면의 침하량을 측정하는 기구
- 층별침하계(Differential Settlement System) : 지반의 각 지층별 침하량을 측정하는 기구
- 균열계(Crack Gauge) : 주변 구조물 및 지반 등의 균열 발생 시에 균열의 크기와 변화 상태를 정밀 측정하여 균열속도 등을 파악하는 기구

| 다음 논술형 2문제를 모두 답하시오. (각 25점)

06

산업안전보건법령상 정하고 있는 도급사업 시의 안전·보건조치에 관하여 다음 사항을 쓰시오.

1) 산업재해를 예방하기 위한 조치 3가지
2) 합동안전·보건점검반의 구성방법
3) 건설업에서의 정기안전점검 실시 횟수

정답

Ⅰ. 개요

• 도급이란 명칭에 관계없이 물건의 제조·건설·수리 또는 서비스의 제공, 그 밖의 업무를 타인에게 맡기는 계약을 말하는 것으로 수급인에 대해 의무를 다해야 한다.
• 산업안전보건법령상 도급자의 안전보건조치를 준수하여야 한다.

Ⅱ. 산업안전보건 관리체제

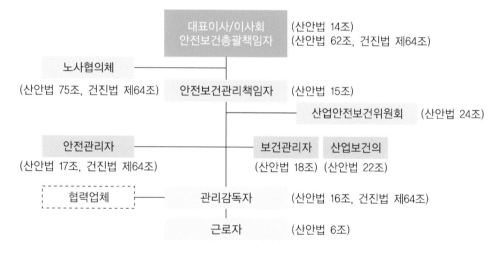

Ⅲ. 산업재해를 예방하기 위한 조치 3가지(산업안전보건법 제64조)

• 도급인과 수급인을 구성원으로 하는 안전 및 보건에 관한 협의체의 구성 및 운영
• 작업장 순회점검
• 관계수급인이 근로자에게 하는 안전보건교육을 위한 장소 및 자료의 제공 등 지원
• 관계수급인이 근로자에게 하는 안전보건교육의 실시 확인
• 발파작업, 작업장소에서 화재·폭발, 토사·구축물 등의 붕괴 또는 지진 등의 발생에 대비한 경보체계 운영과 대피방법 등 훈련
• 위생시설 등을 위하여 필요한 장소의 제공 또는 도급인이 설치한 위생시설 이용의 협조

- 같은 장소에서 이루어지는 도급인과 관계수급인 등의 작업에 있어서 관계수급인 등의 작업시기·내용, 안전조치 및 보건조치 등의 확인
- 작업 혼재로 인하여 화재·폭발 등의 위험이 발생할 우려가 있는 경우 관계수급인 등의 작업시기·내용 등의 조정
- 자신의 근로자 및 관계수급인 근로자와 함께 정기적으로 또는 수시로 작업장의 안전 및 보건에 관한 점검

Ⅳ. 합동 안전·보건점검반의 구성방법(산업안전보건법 시행규칙 제82조, 제79조)

도급사업의 합동 안전·보건점검반 구성
- 도급인
- 관계수급인
- 도급인 및 관계수급인의 근로자 각 1명

안전 및 보건에 관한 협의체 협의 내용
- 작업의 시작 시간
- 작업 또는 작업장 간의 연락방법
- 재해 발생 위험이 있는 경우 대피방법
- 작업장에서의 위험성평가 실시에 관한 사항
- 사업주와 수급인 또는 수급인 상호 간의 연락방법 및 작업공정의 조정

기록 보존
- 협의체는 매월 1회 이상 정기적으로 회의를 개최하고 결과 기록·보존

Ⅴ. 건설업에서 정기안전점검의 실시 횟수(산업안전보건법 시행규칙 제82조)
- 건설업, 선박 및 보트 건조업 : 2개월에 1회 이상
- 위의 사업을 제외한 사업 : 분기에 1회 이상

Ⅵ. 결론
- 도급자는 근로자를 보호하고 쾌적한 환경에서 작업할 수 있도록 최선을 다하여야 한다.
- 도급사업 시 재해예방을 위해 작업장 순회점검을 실시하고 관계수급인들에 대한 교육을 실시하여야 한다.

07

기성콘크리트 말뚝공사 시 말뚝머리(두부) 파손에 관하여 다음 사항을 쓰시오.

1) 원인 5가지

2) 대책 5가지

정답

Ⅰ. 개요

- 기성콘크리트 말뚝은 기초공사를 진행하는 현장에서 가장 많이 사용하는 공법이다.
- 기성콘크리트 말뚝공법의 특징을 파악하고 작업방법을 터득하여 안전하게 작업하도록 해야 한다.

Ⅱ. 두부 파손

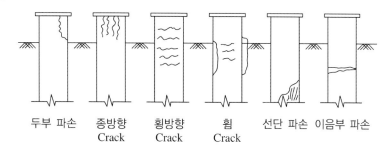

두부 파손　종방향　횡방향　휨　선단 파손 이음부 파손
　　　　　Crack　Crack　Crack

Ⅲ. 두부 파손의 원인 5가지

시공적 측면

- 항타 시 항타 높이 미준수
- 항타 시 해머 무게 미준수
- 두부 보호용 쿠션재 부족
- 말뚝 중심이 아닌 편심 항타

관리적 측면

- 자재 야적 시 2단 이상 적재
- 말뚝 주변에서 진공 작업 실시

재료적 측면

- 말뚝 양생기간 미준수
- 말뚝 이동 시 충격

Ⅳ. 두부 파손 대책 5가지

시공적 측면

• 적정 용량의 해머 선정

• 항타 높이 및 항타 무게에 관한 기준 준수

• 쿠션재 기준 준수

• 말뚝 중심 타설

관리적 측면

• 자재 야적 시 1단 적재

• 말뚝 항타작업 시 주변 작업 중지

• 작업장 주변 접근금지 조치 실시

재료적 측면

1) 말뚝 생산 공장을 방문하여 상태 점검

2) 말뚝 이동 시 최대한 보양을 실시한 후 이동

Ⅴ. **결론**

• 기성콘크리트 말뚝공사 시 두부 파손의 원인은 시공적 원인, 자재 자체의 원인, 관리적 원인이 각각 존재한다.

• 두부 파손에 대한 시공적, 관리적, 재료적 측면의 대책을 준수하여 두부 파손이 발생하지 않도록 해야 한다.

08

타워크레인의 인상작업(Telescoping Work)과 관련하여 다음 사항을 쓰시오

1) 작업방법
2) 붕괴원인 및 문제점
3) 안전대책

정답

I. 정의

- 인상작업이란 Telescoping Work로 마스트를 유압장치 및 실린더를 이용하여 위로 연장하는 작업이다.
- 인상작업 시 중대재해가 많이 발생하고 있기 때문에 관리를 철저히 하여야 한다.

II. 타워크레인 인상작업 순서

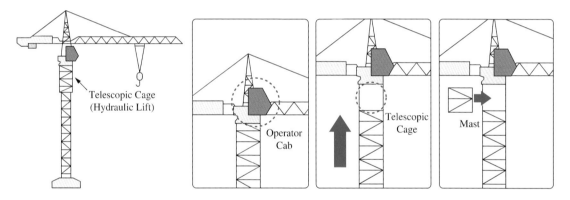

III. 작업방법

작업 준비

- 텔레스코픽 케이지의 유압장치가 있는 방향에 카운터 지브가 위치하도록 카운터 지브의 방향을 맞춘다.
- 텔레스코핑 작업 전 올려질 마스트를 메인 지브 방향으로 운반한다.
- 전원공급 케이블을 텔레스코핑 장치에 연결한다.
- 유압펌프의 오일량을 점검한다.
- 모터의 회전 방향을 점검한다.
- 유압장치의 압력을 점검한다.
- 유압실린더의 작동 상태를 점검한다.
- 텔레스코핑 작업 중 에어벤트는 열어둔다.

- 올리고자 하는 마스트를 롤러에 끼워 가이드 레일 위에 올려놓는다. 이때 타워크레인의 메인 지브 길이에 따라 기종 매뉴얼에서 제시하는 하중을 들어 트롤리를 메인 지브의 안쪽 또는 바깥쪽으로 이동시키면서 타워크레인 좌우 지브의 균형을 유지한다.
- 균형을 유지하기 위해 트롤리를 천천히 움직여야 하며, 선회 링 서포트 볼트 구멍과 마스트 구멍의 일치 상태 또는 가이드 롤러가 마스트에 접촉하는 상태로 균형 여부를 확인할 수 있으며, 텔레스코핑 작업 전에는 좌우 균형을 일치시키는 것이 중요하다.

Ⅳ. 붕괴원인 및 문제점
- 풍속 10m/s 이상에서 무리하게 작업 진행
- 작업 계획서상의 순서를 준수하지 않고 임의로 작업 진행
- 작업 장소 주변 정리정돈 불량으로 인해 충분한 공간 미확보
- 주변 진동 발생 작업에 의한 간섭사항 발생
- 인상작업 근로자 팀 단위 작업 중 상호 연락체계 미비로 인한 의사소통 문제

Ⅴ. 안전대책
- 타워크레인의 구조 및 종류에 따라 작업방법에 다소 차이가 있기 때문에 반드시 해당 매뉴얼을 참고하여 작업한다.
- 텔레스코픽 케이지는 4개의 핀 또는 볼트로 연결되는데 설치가 용이하도록 보조 핀이 있는 경우가 있으므로 텔레스코핑 작업 시 사용하고 작업이 종료되면 정상 핀 또는 볼트로 교체해야 한다.
- 보조 핀이 체결된 상태에서는 어떠한 권상작업도 해서는 안 된다.
- 텔레스코핑 유압펌프가 작동 시에는 타워크레인을 작동해서는 안 된다.
- 마스트를 체결하는 핀은 정확히 조립하고, 볼트 체결인 경우는 토크렌치 등으로 해당 토크 값이 되도록 체결한다.
- 설치가 완료되면 작업책임자는 설치확인서를 받아야 한다.
- 텔레스코핑 작업은 해당 위치에서 순간풍속이 10m/s를 초과하면 작업을 중지한다.

Ⅵ. 결론
- 타워크레인 인상작업은 고위험 작업으로 관리를 철저히 하여야 한다.
- 인상작업을 진행하는 근로자는 작업 순서를 준수하고 작업자 간 연락체계를 구축하여 안전하게 작업을 진행해야 한다.

09

산업안전보건법령상에서 정하고 있는 건설공사 중 가설구조물의 설계변경 요청에 관하여 다음 사항을 쓰시오.

1) 대상 가설구조물 4가지
2) 수급인이 의견을 들어야 하는 전문가 자격 4가지
3) 설계변경요청서의 첨부서류 4가지

정답

Ⅰ. 개요
- 가설구조물은 근로자들의 작업을 위해 설치하는 것으로 비계, 동바리, 발판 등이 해당된다.
- 가설구조물은 현장 여건에 따라 설계변경이 많이 이루어지는데 설계변경 요청 절차에 따라 설계변경을 신청하여야 한다.

Ⅱ. 가설구조물 중 가새의 역할

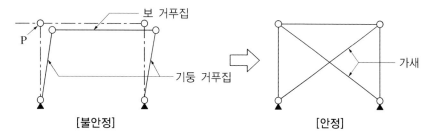

Ⅲ. 대상 가설구조물 4가지(산업안전보건법 시행령 제58조 1항)
- 높이 31m 이상인 비계
- 작업발판 일체형 거푸집 또는 높이 5m 이상인 거푸집 동바리
- 터널의 지보공 또는 높이 2m 이상인 흙막이 지보공
- 동력을 이용하여 움직이는 가설구조물

Ⅳ. 수급인이 의견을 들어야 하는 전문가 자격 4가지(산업안전보건법 시행령 제58조 2항)
- 건축구조기술사
- 토목구조기술사
- 토질 및 기초기술사
- 건설기계기술사

Ⅴ. 설계변경요청서의 첨부서류 4가지(산업안전보건법 시행규칙 제88조)

- 설계변경 요청 대상 공사의 도면
- 당초 설계의 문제점 및 변경요청 이유서
- 가설구조물의 구조계산서 등 당초 설계의 안전성에 관한 전문가의 검토 의견서 및 그 전문가의 자격증 사본
- 그 밖에 재해 발생의 위험이 높아 설계변경이 필요함을 증명할 수 있는 서류

Ⅵ. 결론

- 높이 31m 이상인 비계, 작업발판 일체형 거푸집, 높이 5m 이상인 거푸집 동바리, 동력을 이용하여 움직이는 가설구조물은 현장 여건에 따라 변경될 경우 설계변경을 신청하여야 한다.
- 기술사 등 전문가의 검토를 받아 증빙서류를 첨부하여 신청하여야 한다.

과년도 기출문제

2018년 제 8 회

| 다음 단답형 5문제를 모두 답하시오. (각 5점)

01

철골 건립작업 시 철골승강용 트랩의 안전대책 5가지를 쓰시오.

> **정답**

- 철골부재에는 답단 간격이 30cm 이내인 고정된 승강로를 설치하고, 수평방향 철골과 수직방향 철골이 연결되는 부분에는 연결작업을 위하여 작업발판 등을 설치하여야 한다.
- 고소작업에 따른 추락방지를 위하여 추락방지용 방망을 설치하고 작업자는 안전대를 사용해야 하며 안전대 사용을 위해 안전대 부착설비를 설치해야 한다.
- 구명줄은 1가닥의 구명줄을 여러 명이 동시에 사용하지 않도록 하고 마닐라 로프 직경 16mm를 기준하여 설치해야 한다.
- 외부비계가 없는 경우 낙하비래 및 비산방지 설비를 철골보 등에 설치해야 한다.
- 기둥 제작 시 D16 철근 등을 이용하여 30cm 이내의 간격, 30cm 이상의 폭으로 트랩을 설치하고 안전대 부착설비 구조를 겸용해야 한다.

02

암반분류법 중 Q-System(Q-분류법)의 요소 5가지를 쓰시오.

> **정답**

- 암질지수(Rock Quality Designation)
- 불연속면 수
- 불연속면의 거칠기
- 불연속면의 변화 정도
- 지하수에 의한 감소계수
- 응력감소계수

03

기초지반의 하중-침하 거동에서 파괴의 종류 3가지를 쓰시오.

정답

• 국부전단파괴 : 약한 사질토 지반에서 발생되는 침하를 동반한 부분적 파괴

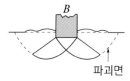

• 전반전단파괴 : 단단한 사질토에서 활동면을 따라 발생되는 전반적인 파괴

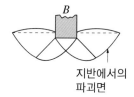

• 관입전단파괴 : 액상화된 지반에서 지표의 변화 없이 관입되는 파괴

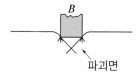

04

건설기술진흥법령상 가설구조물의 구조적 안전성 확인 사항 5가지를 쓰시오.

정답

건설기술진흥법 시행령 제101조의 2

• 높이가 31m 이상인 비계 및 브래킷(Bracket) 비계
• 작업발판 일체형 거푸집 또는 높이가 5m 이상인 거푸집 및 동바리
• 터널의 지보공 또는 높이가 2m 이상인 흙막이 지보공
• 동력을 이용하여 움직이는 가설구조물, 높이 10m 이상에서 외부작업을 하기 위하여 작업발판 및 안전시설물을 일체화하여 설치하는 가설구조물 및 공사현장에서 제작하여 조립·설치하는 복합형 가설구조물
• 발주자 또는 인허가기관의 장이 필요하다고 인정하는 가설구조물

05

콘크리트 타설 시 철근 하부의 수막(水膜)현상 방지대책 5가지를 쓰시오.

정답

- 오랜 기간 방치하여 녹이 슨 철근은 사용을 금지한다.
- 철근 조립 전 철근에 에폭시 코팅을 하여 사용한다.
- 철근 야적 시 철근에 방청제 등을 도포하여 철근의 녹을 방지한다.
- 녹이 슨 철근은 와이어브러시, 샌드페이퍼 등을 이용하여 녹을 제거한 후 사용한다.
- 철근이 비에 맞지 않도록 야적 시 천막 등으로 보호조치한다.

06

건축골조공사 갱폼 해체 및 반출작업 시 위험성평가의 위험요인과 관련하여 다음 사항을 쓰시오.

1) 인적 요인
2) 물적 요인
3) 작업방법
4) 기계장비

정답

Ⅰ. 개요

- 갱폼이란 외부에서 견출 등의 마감작업을 진행할 수 있도록 작업발판을 설치한 작업발판 일체형 거푸집이다.
- 갱폼 해체 및 반출작업은 고위험작업으로 집중적인 안전관리가 필요하다.

Ⅱ. 위험성평가의 실시시기별 종류

구분	내용	해당 작업
최초평가	착공 후 최초로 실시하는 평가	전체 작업 대상
수시평가	위험작업 착수 전, 재해 발생 작업 재개 전	위험작업 대상
정기평가	최초평가 후 매년 정기적으로 실시	전체 작업 대상

Ⅲ. 갱폼 해체 및 반출작업 시 위험성평가의 위험요인

인적 요인
- 안전대 미착용 및 고리 미체결로 인한 떨어짐
- 근로자의 작업 숙련도 미숙으로 인한 떨어짐
- 작업자들 간의 신호체계 미흡으로 인한 갱폼 떨어짐
- 작업발판 외부로 나와 무리하게 작업하다가 떨어짐
- 작업장 주변 출입금지 조치 미실시로 하부 작업자가 출입하다가 떨어지는 자재에 맞음

물적 요인
- 인양용 보조로프가 파단되면서 갱폼이 떨어짐
- 갱폼 해체 시 발판 상부에 있던 자재가 떨어짐
- 전기공구 사용 시 전기에 의한 감전

작업방법

- 작업지휘자 미배치 상태에서 작업 중 자재가 떨어짐
- 갱폼 해체 부위 단부 막음 조치 작업을 하다가 갱폼이 흔들리며 아래로 떨어짐
- 정해진 해체 순서 미준수로 인해 작업 혼란이 발생하여 자재가 떨어짐

기계장비

- 해체된 갱폼 반출을 위해 절단 시 3단 쌓기 한 갱폼이 무너짐
- 타워크레인으로 갱폼 해체 시 무리한 회전으로 인해 하부 작업자를 피하다가 넘어짐
- 지게차로 화물차에 싣던 중 자재가 떨어져 작업자가 깔림

Ⅳ. 결론

- 갱폼 해체 및 반출 시 위험성평가를 철저히 하고 인적 요인, 물적 요인, 작업방법에 관한 사항, 기계장비에 관한 사항에 대한 대책을 충분히 세워야 한다.
- 위험성평가 내용은 근로자 및 관리자에게 숙지하도록 하여야 한다.

07

골조공사 철근작업 중 발생하는 사고와 관련하여 다음 사항을 쓰시오.

1) 철근 운반 시 안전사고 발생원인
   - 인력 운반
   - 기계 운반
2) 철근 가공 시 안전사고 발생원인
3) 철근 조립 시 안전사고 발생원인
4) 철근 작업 중 안전대책

정답

Ⅰ. 개요

- 철근작업 중 근로자들의 불안전한 행동 및 불안전한 상태로 인해 중대재해가 많이 발생하고 있기 때문에 안전관리를 철저히 하여야 한다.
- 철근 관련 사고 발생 시 사고의 원인을 파악하고 대책을 세워 재발을 방지해야 한다.

Ⅱ. 철근 기둥, 슬래브의 피복 두께

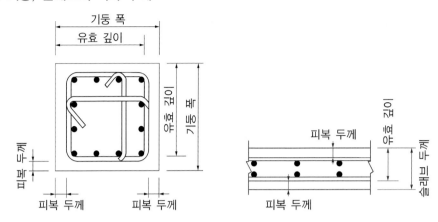

Ⅲ. 철근 운반 시 안전사고 발생원인

인력 운반

- 무게가 무거운 철근을 한 번에 무리하여 운반
- 2인 1조가 아닌 단독으로 운반
- 장철근을 묶지 않고 운반
- 근로자 간의 신호연락체계 미흡

기계 운반

- 지게차로 철근 하역 중 2단 이상 쌓은 철근이 무너짐
- 신호수 및 유도자 미배치 상태에서 지게차를 후진
- 지게차 후면에 경광등 미설치로 작업자 인지 부족
- 크레인으로 인양 시 가까운 거리를 1줄로 걸어서 인양하다 균형을 유지하지 못하여 떨어짐
- 인양작업 중인 하부 공간에 작업자의 출입 통제 미흡

Ⅳ. 철근 가공 시 안전사고 발생원인

- 철근 가공기로 철근 절단, 절곡작업을 하던 중 접지시설 미설치로 인한 감전
- 안전모, 안전화 등 개인보호구를 미착용하고 작업 중 철근에 부딪히거나 깔림
- 철근 가공장 울타리 미설치로 밴딩 작업 중 주변 근로자와 충돌
- 철근 절단기의 풋 스위치 커버 미설치로 인한 오작동

Ⅴ. 철근 조립 시 안전사고 발생원인

- 조립된 벽, 기둥 철근에 무리하게 올라서서 작업 중 추락
- 배근작업 시 철근에 주변 근로자가 찔림
- 각재 등을 얹고 그 위에 올라서서 작업 중 각재가 부러지면서 추락
- 가스 압접기 사용 중 토치(Torch)에 화상
- 가스 압접작업 시 압접기에 손가락 협착

Ⅵ. 철근작업 중 안전대책

- 철근 가공 작업장 주위는 작업책임자가 상주하여야 하고 정리정돈이 되어 있어야 하며, 작업원 이외는 출입을 금지하여야 한다.
- 가공 작업자는 안전모 및 개인보호구를 착용해야 한다.
- 해머 절단을 할 때에는 해머 부분이 마모되거나 훼손된 것은 사용을 금지해야 한다.
- 가스 절단작업 시 호스는 겹치거나 구부러지거나 밟히지 않도록 하고 전선의 경우에는 피복이 손상되어 있지 않은지를 확인해야 한다.
- 호스, 전선 등은 다른 작업장을 거치지 않는 직선 배선으로 최단거리로 한다.
- 작업장에서 용접작업을 할 때에는 소화기를 비치해야 한다.
- 인력으로 운반 시 1인당 무게는 25kg 정도가 적절하며, 무리한 운반을 삼가야 한다.
- 철근 운반은 2인 1조로 어깨메기를 하여 운반해야 한다.
- 긴 철근을 부득이 한 사람이 운반할 때에는 한쪽을 어깨에 메고 한쪽 끝을 끌면서 운반해야 한다.
- 운반할 때에는 양끝을 묶어 운반해야 한다.
- 달아 올리는 부근에는 관계근로자 이외 사람의 출입을 금지시켜야 한다.
- 철근 운반작업을 하는 주변의 전선은 사용 철근의 최대길이 이상의 높이에 배선되어야 하며, 이격거리는 최소한 2m 이상이어야 한다.

Ⅶ. 결론

- 철근 운반작업은 반드시 2인 1조로 무게 25kg 이내의 규정을 준수해서 이동해야 한다.
- 철근 가공 시 발생되는 안전사고는 반드시 원인분석을 해서 재발을 방지해야 한다.
- 철근 조립 시 작업장 주변은 출입금지 조치를 하여 다른 근로자의 찔림이나 부딪힘 사고를 예방해야 한다.

08

건축물 외벽에 설치하는 금속 커튼월의 설치 시 안전조치 사항에 관하여 설명하시오.

정답

Ⅰ. 정의

- 커튼월(Curtain Wall)이란 공장에서 생산한 부재를 구조물의 외벽에 조립, 설치하여 마감 처리하는 비내력벽을 말한다.
- 건물의 초고층화로 금속 커튼월이 많이 사용되고 있으며 커튼월 설치 시 안전관리를 철저히 하여야 한다.

Ⅱ. 커튼월의 외관 형태

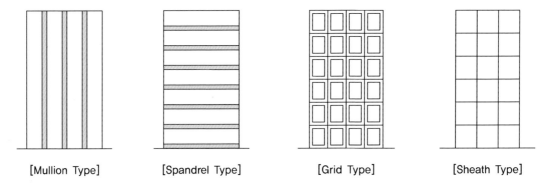

[Mullion Type]　　[Spandrel Type]　　[Grid Type]　　[Sheath Type]

Ⅲ. 커튼월 설치 시 안전관리 대책

- 설치작업 전 세부 작업공정 단위별 위험성평가를 실시하여 안전작업계획서를 작성하고 이에 따라 작업해야 한다.
- 커튼월의 형식, 규모, 기상조건, 휴일, 작업범위 등을 고려하여 작업 일정을 수립해야 한다.
- 양중장비의 종류, 규격, 설치장소, 양중방법을 선정한 후 착수해야 한다.
- 부재 설치 시 구조체 콘크리트의 압축강도가 설계기준강도 이상일 때 실시해야 한다.
- 폭 40cm 이상의 작업발판을 설치하고 안전대 부착설비 설치 및 안전대를 착용하고 작업해야 한다.
- 타워크레인이나 이동식크레인으로 부재를 양중할 때에는 반드시 전담 신호수를 배치하고 작업 전 양중용 로프의 이상 유무를 점검해야 한다.
- 리프트를 이용하여 부재를 양중 시에는 적재 중량 확인, 출입문 닫힘 상태 및 통로발판 설치가 양호한지 확인한다.
- 부재 설치용 공구는 낙하 위험이 있으므로 공구함을 만들고 사용한 공구는 반드시 공구함에 넣어 관리한다.

Ⅳ. 결론

- 커튼월 설치 시 적정한 작업방법을 선정하고 철저한 사전계획을 수립한 후 작업에 착수해야 한다.
- 커튼월은 근로자 떨어짐과 자재 떨어짐 사고가 많이 발생하고 있기 때문에 낙하물방지망, 추락방지망 등을 설치하여 떨어짐 사고에 대비해야 한다.

09

건설현장에서 건설기계 작업 시 발생되는 사고와 관련하여 다음 사항을 쓰시오.

1) 충돌 발생원인
2) 전도 발생원인
3) 추락 발생원인
4) 낙하·비래 발생원인
5) 감전 발생원인

정답

Ⅰ. 개요

- 건설현장에서 이루어지는 모든 작업은 건설기계에 의해 실시되고 있기 때문에 건설기계 작업에 대한 계획을 철저히 수립해야 한다.
- 건설기계 작업 전 기계에 대해 점검을 실시하고 이상이 있을 시는 보수 후 작업을 진행해야 한다.

Ⅱ. 사고다발 5대 건설기계

건설기계	재해 유형	대책
굴착기	깔림, 전도, 충돌, 협착	안전장치 부착 및 작동 유무 확인
트럭류	충돌, 깔림, 추락	운전자 자격 확인 및 교육 실시
고소작업대	추락, 협착, 전도, 감전	고소작업대 용도 외 사용 금지
크레인	추락, 전도, 비래, 협착	유도자 및 신호수 배치
지게차	충돌, 깔림, 협착	안전장치 부착 및 작동 유무 확인

Ⅲ. 건설기계 작업 시 발생되는 사고원인

충돌 발생원인
- 작업반경 내 근로자 출입
- 유도자 미배치
- 신호수 미배치 또는 신호체계 부정확

전도 발생원인
- 지반 다짐작업 미실시
- 건설기계의 아웃트리거 설치, 깔판 설치 등 전도방지조치를 하지 않음
- 갓길의 붕괴
- 도로 폭 미확보
- 동절기 지반융해현상 등으로 지반침하 발생

추락 발생원인
- 운전석 외 근로자 탑승
- 고소작업 시 안전벨트 미착용
- 추락방지망 등 안전시설 미설치
- 안전대 등 보호구 미착용 및 안전대 고리 미체결

낙하 · 비래 발생원인
- 지게차의 헤드가드 미설치 또는 기준 미달
- 근로자 개인보호구 미착용
- 작업장 내 출입금지 조치 미실시
- 양중작업 중 하부통제 미실시
- 신호수 미배치 또는 신호수의 신호 미숙으로 인한 낙하재해 발생

감전 발생원인
- 고압전로 이설 또는 방호조치 미실시
- 절연보호구 미지급
- 접지 미실시
- 과전류방지기 미설치

Ⅳ. 결론

- 건설기계 작업 중 충돌, 전도, 추락, 낙하, 비래, 감전사고가 많이 발생하고 있기 때문에 발생원인을 철저히 분석하고 대책을 수립한 후 작업에 착수해야 한다.
- 건설기계와 관련된 중대재해는 계속 증가하고 있는 추세이기 때문에 작업계획서를 작성하고, 이를 철저히 준수하여야 한다.

| 다음 단답형 5문제를 모두 답하시오. (각 5점)

01

건설업 재해예방전문지도기관의 기술지도 횟수를 공사금액 40억원 이하, 40억원 이상으로 구분해서 쓰시오.

정답

기술지도 횟수

〈40억원 이하인 경우〉

- 기술지도 횟수(회) = 공사기간(일)/15일(소수점은 버림)
- 공사 시작 후 15일 이내마다 1회 실시

〈40억원 이상인 경우〉

- 기술지도 횟수는 40억 이하 공사와 동일
- 산업안전지도사(건설분야), 건설안전기술사, 건설산업안전기사 실무경력 5년, 건설안전산업기사 실무경력 7년 이상인 사람이 8회마다 한 번 이상 방문하여 기술지도

02

건설업 유해·위험방지계획서 작성 대상공사 5가지를 쓰시오.

- 지상높이가 31m 이상인 건축물 또는 인공구조물
- 연면적 3만m^2 이상인 건축물
- 연면적 5천m^2 이상인 시설 중 문화 및 집회시설(전시장 및 동물원·식물원 제외), 판매시설, 운수시설(고속철도의 역사 및 집배송시설 제외), 종교시설, 의료시설 중 종합병원, 숙박시설 중 관광숙박시설, 지하도상가, 냉동·냉장 창고시설
- 연면적 5천m^2 이상인 냉동·냉장 창고시설의 설비공사 및 단열공사
- 최대 지간길이(다리의 기둥과 기둥 중심 사이의 거리)가 50m 이상인 다리의 건설 등 공사
- 터널의 건설 등 공사
- 다목적댐, 발전용댐, 저수용량 2천만ton 이상의 용수 전용 댐 및 지방상수도 전용 댐의 건설 등 공사
- 깊이 10m 이상인 굴착공사

03

건설현장에서 근로자가 상시 작업하는 장소의 작업면 조도(照度)기준 4가지를 쓰시오.

- 초정밀작업 : 750lx(럭스) 이상
- 정밀작업 : 300lx 이상
- 보통작업 : 150lx 이상
- 그 밖의 작업 : 75lx 이상

04

건설공사현장에서 공사 전 안전을 확보하기 위하여 안전작업허가서(Permit to Safety Work)를 작성해야 하는 작업종류 5가지를 쓰시오.

정답

- 화기작업
- 밀폐공간 출입작업
- 정전작업
- 굴착작업
- 방사선 사용작업
- 고소작업
- 중장비 사용작업

05

대규모 암반 비탈면활동 검토방법 3가지를 쓰시오.

정답

- **평사투영법** : 절리, 단층 등 암반사면에 존재하는 불연속면의 주향 및 경사, 전단저항각 등을 평면 투영도상에 2차원적으로 도시하여 암반사면의 안정성 여부를 평가하는 방법
- **SMR(Slope Mass Rating)에 의한 평가** : 암반평가인 RMR에 사면과 불연속면의 기하학적 형태와 굴착방법을 고려하여 전체 사면의 안전성을 평가하는 방법
- **한계평형해석법** : 암반의 자중, 절리면의 마찰각 및 점착력, 절리면의 간극수압 등을 고려하여 잠재 활동 파괴면을 따라 미끄러지려는 순간의 암반에 대한 안정성을 비탈면의 안전율로 나타내는 방법

06

건설공사용 차량계 고소작업대에 관하여 다음 사항을 설명하시오.

1) 작업 시 재해유형 4가지와 각각의 유형에 따른 원인 1가지씩
2) 설치 시 기준 5가지
3) 이동 시 기준 3가지

정답

I. 개요

- 차량계 고소작업대는 높이가 2m 이상인 장소에서 작업을 위해 작업자가 플랫폼에 탑승하여 작업대를 승가시켜 사용하는 장비이다.
- 차량계 고소작업대로 인한 중대재해가 자주 발생하고 있으므로 작업 시 안전관리를 철저히 해야 한다.

II. 차량계 고소작업대의 종류

구분	내용	비고
차량탑재형	화물자동차에 지브로 작업대를 연결한 형태	
시저형	작업대가 시저장치에 의해서 수직으로 승강하는 형태	
자주식	작업대를 연결하는 지브가 굴절되는 형태	굴절식

III. 차량계 고소작업대 재해 유형 및 설치기준

작업 시 재해 유형 4가지와 각각의 유형에 따른 원인 1가지씩

재해 유형	원인
떨어짐	작업자가 안전모·안전대 등의 보호구 미착용
끼임	고소작업대 높이 미준수로 인해 천장과 장비 사이에 끼임
넘어짐	고소작업대 이동 시 높이를 낮추지 않아 넘어짐
감전	고압선 주변 작업 시 안전거리 미확보로 감전

설치 시 기준 5가지

- 작업대를 와이어로프 또는 체인으로 올리거나 내릴 경우에는 와이어로프 또는 체인이 끊어져 작업대가 떨어지지 않는 구조로 하고, 와이어로프 또는 체인의 안전율은 5 이상으로 해야 한다
- 작업대를 유압에 의해 올리거나 내릴 경우에는 작업대를 일정한 위치에 유지할 수 있는 장치를 갖추고 압력의 이상저하를 방지할 수 있는 구조로 해야 한다.
- 권과방지장치를 갖추거나 압력의 이상상승을 방지할 수 있는 구조로 해야 한다.
- 붐의 최대지면경사각을 초과 운전하여 전도되지 않도록 해야 한다.

- 작업대에 안전율 5 이상의 정격하중을 표시해야 한다.
- 작업대에 끼임·충돌 등 재해를 예방하기 위한 가드 또는 과상승방지장치를 설치해야 한다.
- 조작반의 스위치는 눈으로 확인할 수 있도록 명칭 및 방향표시를 유지해야 한다.

이동 시 기준 3가지

- 작업대를 가장 낮게 내리고 이동해야 한다.
- 작업대를 올린 상태에서 작업자를 태우고 이동하면 안 되고 부득이 이동해야 하는 경우는 전도 등의 위험예방을 위하여 유도하는 사람을 배치해야 한다.
- 이동통로의 요철 상태 또는 장애물의 유무 등을 확인해야 한다.

Ⅳ. 결론

- 차량계 고소작업대는 이동 시, 설치 시 재해가 많이 발생하는 장비로 안전관리에 대한 기준을 철저히 세우고 작업을 진행해야 한다.
- 이동 시 작업대를 가장 낮게 하고, 근로자를 태우고 이동하는 것은 금지해야 한다.

07

건설구조물의 부등침하(Uneven Settlement, 부동침하)에 관하여 다음 사항을 설명하시오.
1) 구조물의 손상유형 3가지
2) 구조물의 손상원인 5가지
3) 방지대책 5가지

정답

Ⅰ. 정의

- 부등침하란 구조물의 기초지반이 침하함에 따라 구조물의 여러 부분에서 불균등하게 침하가 일어나는 현상을 말한다.
- 부등침하는 발생 시 중대재해로 이어질 가능성이 높기 때문에 관리를 철저히 하여야 한다.

Ⅱ. 부등침하 도해

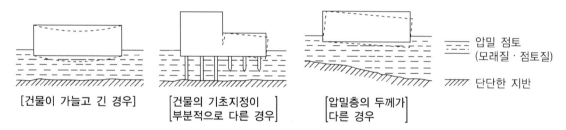

[건물이 가늘고 긴 경우]   [건물의 기초지정이 부분적으로 다른 경우]   [압밀층의 두께가 다른 경우]   압밀 점토 (모래질·점토질)   단단한 지반

Ⅲ. 구조물의 손상유형 및 손상원인

구조물의 손상유형 3가지

- 기존의 구조물에 인접하여 같은 규모의 구조물을 신축할 경우 건물 사이의 지반에 응력이 중첩되어 침하가 커져서 서로 근접하는 방향으로 기울어진다.
- 기존의 큰 구조물에 인접하여 작은 구조물을 신축하면 경계 부분에서는 작은 구조물의 하부지반이 이미 큰 구조물의 영향을 받아 압축이 일어난 상태이므로 침하가 적게 일어나서 구조물의 간격이 벌어진다.
- 기존의 작은 구조물에 접하여 큰 구조물을 신축하면 기존 구조물 하부의 지반이 큰 신축구조물의 영향을 받아 추가로 침하가 일어나 기존의 작은 구조물이 손상될 수 있다.

구조물의 손상원인 5가지

- 연약지반이거나 이질지반인 경우
- 연약층의 두께 차이
- 경사지반
- 지하매설물
- 이질기초
- 지하수위의 변동
- 증축

방지대책 5가지

- 기초에 작용하는 하중을 균등하게 받을 수 있도록 한다.
- 기초구조를 한 가지로 통일하고 지지층을 같은 곳에 둔다.
- 기초의 적당한 곳에 신축이음을 설치한다.
- 건물의 자중을 최대한 줄인다.
- 연약지반인 경우 개량 공법을 통해 지반을 개량한다.

Ⅳ. 결론

- 건설구조물의 부등침하가 발생하지 않도록 연약지반은 개량을 한 후 구조물을 축조해야 한다.
- 건물의 자중을 최대한 줄이고 기초 설계 시 동일한 기초로 설계하여 이질기초에 의한 부등침하를 방지해야 한다.

08

도심지 건설공사 중 톱다운(Top Down) 공법에 관하여 다음 사항을 설명하시오.

1) 공법의 장점 3가지
2) 공법의 종류 3가지
3) 작업공종 5가지와 각 공종별 안전관리 요인 1가지씩

정답

Ⅰ. 정의

- 톱다운 공법이란 굴착작업 전에 지하 외부 벽체와 기둥을 선 시공한 후 1개 층씩 단계별로 지하층 토공사와 구조물공사를 위에서 아래로 반복해가면서 지하구조물을 형성하는 공법을 말한다.
- 공기단축 및 협소공간에 유효한 공법으로 도심지에서 많이 적용하고 있다.

Ⅱ. 톱다운 공법의 도해

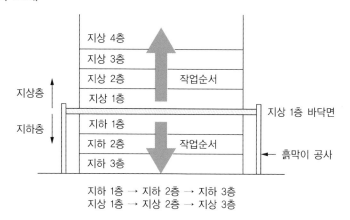

Ⅲ. 톱다운 공법의 장점, 종류 및 안전관리사항

공법의 장점 3가지

- 공기단축이 가능하다.
- 상부 슬래브를 작업공간으로 사용할 수 있다.
- 연약지반 굴착에 유리하고, 날씨의 영향을 안 받는다.

공법의 종류 3가지

구분	내용
완전역타	지하 각층을 완전하게 시공한 후 다음 층 시공
부분역타	지하층을 부분적으로 시공
Beam & Girder식 역타	빔과 거더만을 시공하여 지하층 굴착 후 슬래브 시공

작업공종 5가지와 각 공종별 안전관리 요인 1가지씩

구분	안전관리 요인
지하연속벽 작업	트레미관은 지중에 콘크리트를 타설하기 위한 것으로 지상에서 관을 통하여 콘크리트를 자유낙하시켜 타설하므로, 관 접합부의 막힘으로 인한 터짐을 방지하도록 콘크리트 재료, 타설관리를 철저히 하여 비산 및 낙하, 비래 사고를 방지하여야 한다.
R.C.D 작업	케이싱 상부에 덮개를 설치하거나 주위에 방호울 등의 안전시설물을 설치하여야 한다.
굴착작업	지하에서 토사를 굴착하고 운반차량에 굴착된 흙을 상차하여 반출하는 작업으로서 상차방법과 사용 장비별로 낙하, 비래 방지 등의 대책을 수립하여야 하며 골조작업과 복합적으로 안전관리를 수행하여야 한다.
골조작업	개인보호구 착용을 철저히 하고 타설 시 접근금지 등의 조치를 하여야 한다.
철골작업	구조물에 작용하는 하중은 작업 중 하중과 골조공사 완료 후 하중 전달이 서로 상이하므로, 구조물의 붕괴 등을 방지하기 위해서 구조전문가와 지속적으로 검토 및 보강작업을 확인하여야 한다

Ⅳ. 결론

- 톱다운 공법 작업 중 지하연속벽 작업, R.C.D 작업, 굴착작업, 골조작업, 철골작업 등에 대한 사전조사를 철저히 하고 계획을 수립하여야 한다.
- 톱다운 공법은 최근에 도심지 공사에 많이 사용하는 공법으로 공정별 안전관리를 철저히 하여 재해를 예방해야 한다.

09

최근 심각하게 발생하는 미세먼지가 건설현장 옥외작업자의 시야 미확보, 장시간 노출 시 중작업(重作業) 근로자의 안전 위협, 건설기계·기구 오작동 등에 따라 건설현장별 안전대응 매뉴얼이 필요하게 되었다. 다음 사항을 설명하시오.

1) 미세먼지의 농도에 따른 경보 발령기준
2) 건설현장의 3단계별 미세먼지 예방조치

정답

Ⅰ. 개요(환경부 제정, 초미세먼지 재난 위기관리 표준 매뉴얼)

미세먼지 경보제는 고농도 미세먼지가 발생하였을 때 이를 신속하게 국민에게 알려, 행동요령이나 조치사항을 실천하도록 하여 미세먼지로 인한 피해를 줄이기 위한 제도이다.

Ⅱ. 미세먼지 농도에 따른 경보 발령기준

단계	발령기준(하나만 해당되면 발령)	
관심	초미세먼지 농도가 오늘 $50\mu g/m^3$을 초과하고 내일도 $50\mu g/m^3$가 초과할 것으로 예상되거나, 내일 $75\mu g/m^3$를 초과할 것으로 예상되는 경우	
주의	$150\mu g/m^3$ 이상 2시간 지속 (다음날 $75\mu g/m^3$ 초과 예보)	관심단계 2일 연속 + 1일 지속 예상
경계	$200\mu g/m^3$ 이상 2시간 지속 (다음날 $150\mu g/m^3$ 초과 예보)	주의단계 2일 연속 + 1일 지속 예상
심각	$400\mu g/m^3$ 이상 2시간 지속 (다음날 $200\mu g/m^3$ 초과 예보)	경계단계 2일 연속 + 1일 지속 예상

Ⅲ. 건설현장의 3단계별 미세먼지 예방조치

사전준비단계

- 비상연락망 구축
- 마스크 비치
- 미세먼지 농도 수시 확인
- 폐질환자, 심장질환자, 고령자 사전 확인

주의보단계

- 미세먼지 농도 정보 제공
- 마스크 지급 및 착용
- 민감군에 대해 중작업을 줄이거나 휴식시간 추가 배정
- 중작업 : 중량물 옮기기, 해머질, 톱질, 도끼작업

경보단계

- 미세먼지 농도 정보 제공
- 마스크 지급 및 착용
- 적절한 휴식 및 물 제공
- 중작업 일정 조정 및 단축
- 민감군 작업 단축 또는 휴식시간 추가 부여

Ⅳ. 결론

- 미세먼지는 건설현장에서 근무하는 근로자들에게 여러 가지 건강장해를 일으키는 물질로서 사전에 계획을 철저히 하여 건강관리에 힘써야 한다.
- 미세먼지 경보 발생 시 마스크 착용, 적절한 휴식 등으로 미세먼지로 인한 피해를 막아야 한다.

과년도 기출문제

| 다음 단답형 5문제를 모두 답하시오. (각 5점)

01

건설재료 양중용 와이어로프(Wire Rope)의 폐기기준 5가지를 쓰시오.

정답

산업안전보건기준에 관한 규칙 제63조

- 이음매가 있는 것
- 와이어로프의 한 꼬임에서 끊어진 소선의 수가 10% 이상인 것
- 지름의 감소가 공칭지름의 7%를 초과하는 것
- 꼬인 것
- 심하게 변형되거나 부식된 것
- 열과 전기충격에 의해 손상된 것

02

건축구조물 해체공사 전 해체 대상구조물의 조사사항 5가지를 쓰시오.

정답

해체공사표준안전작업지침 제14조

- 구조(철근콘크리트조, 철골철근콘크리트조 등)의 특성 및 층수, 건물높이, 기준층 면적
- 평면 구성 상태, 폭, 층고, 벽 등의 배치 상태
- 부재별 치수, 배근 상태, 해체 시 주의하여야 할 구조적으로 약한 부분
- 해체 시 전도의 우려가 있는 내외장재
- 설비기구, 전기배선, 배관설비 계통의 상세 확인
- 구조물의 설립연도 및 사용목적
- 구조물의 노후 정도, 재해(화재, 동해 등) 유무
- 증설, 개축, 보강 등의 구조변경 현황

- 해체공법의 특성에 의한 비산각도, 낙하반경 등의 사전 확인
- 진동, 소음, 분진의 예상치 측정 및 대책방법
- 해체물의 집적 운반방법
- 재이용 또는 이설을 요하는 부재 현황
- 기타 당해 구조물 특성에 따른 내용 및 조건

03

굴착공사 안전을 위한 계측기 배치 위치 선정 시 고려사항 5가지를 쓰시오.

정답

- 원위치 시험 등에 의해서 지반조건이 충분히 파악되어 있는 곳에 배치
- 흙막이 구조물의 전체를 대표할 수 있는 곳에 배치
- 중요 구조물이 인접한 곳에 배치
- 주변 구조물에 따라 선정된 계측항목에 대해서는 그 구조물의 위치를 중심으로 계기를 배치
- 공사가 선행하는 위치에 배치
- 흙막이 구조물이나 지반에 특수한 조건이 있어서 공사에 영향을 미칠 것으로 예상되는 곳에 배치
- 교통량이 많은 곳(단, 교통흐름의 장해가 되지 않으며, 계측기 보호가 가능한 곳)에 배치
- 하천 주변 등 지하수가 많고, 수위의 변화가 심한 곳에 배치
- 가능한 한 시공에 따른 계측기의 훼손이 적은 곳에 배치
- 예측관리를 하는 경우, 필요한 항목의 계측치가 연속해서 얻어지도록 배치
- 연관된 계측항목에 따른 계기는 집중 배치
- 계기의 설치 및 배선을 확실히 할 수 있는 곳에 배치

04

거푸집 및 지보공(동바리) 설계 시 고려하는 하중의 종류 5가지를 쓰시오.

정답

콘크리트공사표준안전작업지침 제4조

- 연직방향 하중 : 거푸집, 지보공(동바리), 콘크리트, 철근, 작업원, 타설용 기계기구, 가설설비 등의 중량 및 충격하중
- 횡방향 하중 : 작업할 때의 진동, 충격, 시공오차 등에 기인되는 횡방향 하중 이외에 필요에 따라 풍압, 유수압, 지진 등
- 콘크리트의 측압 : 굳지 않은 콘크리트의 측압
- 특수하중 : 시공 중에 예상되는 특수한 하중
- 상기 명시한 하중에 안전율을 고려한 하중

05

커튼월(Curtain Wall)의 조립방식 분류 3가지와 구조방식 분류 2가지를 쓰시오.

정답

조립방식 분류

- Unit Wall 방식 : 공장에서 커튼월을 생산, 조립까지 하고 현장으로 이동하여 바로 설치하는 방식
- Stick Wall 방식 : 공장에서 커튼월을 생산, 현장으로 이동하여 조립, 설치하는 방식
- Window Wall 방식 : 독립창을 설치하는 방식

구조방식 분류

- Mullion 방식 : 멀리온을 수직부재로 활용하여 수직선을 강조한 방식
- Panel 방식 : 가장 많이 사용하는 방식으로 벽에 패널을 끼워 넣는 방식

06

매스(Mass)콘크리트 타설에 관하여 다음을 설명하시오.

1) 매스콘크리트의 정의
2) 매스콘크리트의 내부구속과 외부구속
3) 매스콘크리트의 온도균열 방지대책
   - 설계 측면
   - 콘크리트 생산(재료 및 배합) 측면
   - 콘크리트의 시공 측면

정답

Ⅰ. 매스콘크리트의 정의

매스콘크리트란 부재 혹은 구조물의 치수가 커서 시멘트의 수화열에 의한 온도상승 및 강하를 고려하여 설계·시공해야 하는 콘크리트로서 부재치수를 고려하면 넓이가 넓은 평판구조의 경우 두께 0.8m 이상, 하단이 구속된 벽체의 경우 두께 0.5m 이상, 프리스트레스트 콘크리트 구조물 등 부배합의 콘크리트가 쓰이는 경우에는 더 얇은 부재라도 구속조건에 따라 이 기준의 적용대상이 된다.

Ⅱ. 매스콘크리트 Post-Cooling 양생

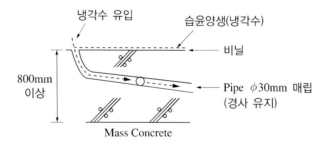

Ⅲ. 매스콘크리트의 내부구속과 외부구속

내부구속

- 내부구속(Internal Restraint)이란 콘크리트 단면 내의 온도차이에 의한 변형의 부등분포에 의해 발생하는 구속작용이다.

외부구속

- 외부구속(External Restraint)이란 새로 타설된 콘크리트 블록의 온도에 의한 자유로운 변형이 외부로부터 구속되는 작용이다.

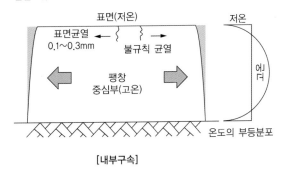

발열 시(타설 후 1~2일)

표면(저온)

표면균열
0.1~0.3mm
불규칙 균열

팽창
중심부(고온)

저온

열근

온도의 부등분포

[내부구속]

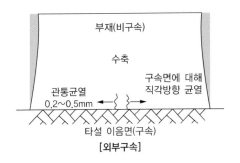

냉각 시(타설 후 1~2주)

부재(비구속)

수축

구속면에 대해
직각방향 균열

관통균열
0.2~0.5mm

타설 이음면(구속)

[외부구속]

Ⅳ. 매스콘크리트의 온도균열 방지대책

설계 측면

- 기능을 고려하여 구조물의 적당한 위치에 신축이음, 수축이음을 계획한다.
- 배근, 지수판, 충전재를 설계한다.
- 외부구속을 많이 받는 벽체 구조물의 경우에는 수축이음을 설치하여 균열 발생 위치를 제어한다.

콘크리트 생산(재료 및 배합) 측면

- 저온의 배합수를 사용하고 얼음을 적절히 배합한다.
- 단위수량을 감소한다.
- AE감수제, 지연제, 유동화제 등의 혼화제를 사용한다.
- 플라이애시, 고로슬래그 등을 사용한다.

콘크리트의 시공 측면

- 포스트쿨링 양생을 위해 파이프를 미리 매스콘크리트에 삽입하여 차가운 물을 통과시켜 구조물 온도를 낮춘다.
- 프리쿨링을 위해 철근, 거푸집 등을 덮어 온도를 낮춘다.
- 수축·온도 철근을 조립한다.

Ⅴ. 결론

- 매스콘크리트의 가장 큰 취약점은 내부에서 발생되는 수화열이므로 냉각수 등을 이용하여 내외부 온도차를 최소화하여야 한다.
- 온도차에 의한 균열을 억제하기 위해 프리쿨링, 포스트쿨링 등의 양생을 실시한다.

07

토목 터널공사에 대하여 다음을 설명하시오.

1) 숏크리트(Shotcrete)의 기능 4가지
2) 배수 및 지수(차수) 공법 5가지
3) 기계굴착 방법 5가지

정답

Ⅰ. 개요

- 숏크리트란 콘크리트 혼합물을 압축공기를 이용하여 호스를 통해 분사시켜 타설하는 콘크리트이다.
- 숏크리트는 터널의 이완을 방지하는 역할을 하므로 타설 시 결함이 발생하지 않도록 시공을 철저히 하여야 한다.

Ⅱ. 터널 NATM 공법 도해

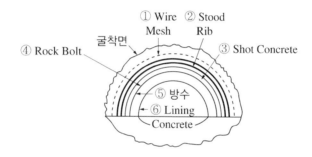

Ⅲ. 터널공사 관리

숏크리트(Shotcrete)의 기능 4가지

- 터널 굴착 시 터널의 이완 방지
- 록볼트 와이어메시 스틸 립과 함께 굴착 단면의 자체 지력을 유지
- 외력을 지반에 분산시키고 암괴를 지지
- 굴착면 피복으로 풍화 방지 및 토사 유출 방지

배수 및 지수(차수) 공법 5가지

- Deep Well 공법 : 지하수위를 줄이고자 하는 부분에 깊은 우물을 만든 후 케이싱(Casing)을 삽입하여 양수하는 방식
- Well Point 공법 : 갱내나 지표에 집수관을 매립하고 진공펌프를 이용하여 지하수위를 저하시키는 방식
- 약액주입공법 : 균열이 발생하기 쉬운 지반에 주입관을 통해 약액(Cement Mortar, 접착제, 화학약액 등)을 주입하여 역학적 강도를 증가시키고 지표 침하를 방지하는 공법

- 압기공법 : 터널 갱내의 막장에 압축공기를 가압하여 지하수 용출을 막고 지반을 안정시키는 공법
- 동결공법 : 적용범위가 넓은 경우 지반을 일시적으로 인공 동결시켜 지반을 안정화시키는 공법

기계굴착 방법 5가지

- 쇼벨(Shovel) 방식 : 디퍼를 아래에서 위로 조작하여 굴착하는 방식
- 브레이커(Breaker) 방식 : 브레이커를 이용하여 굴착하는 방식으로 현재는 거의 사용 안 함
- 로드헤더(Road Header) 방식 : 장비이동에 따른 정밀도 확보 가능
- 터널용 브레이커(ITC) : 도심지 터널에서 효과적으로 사용
- TTM(Tracked Tunnel Machine) : 로드헤더와 TBM의 단점을 보완하여 만든 기계를 트랙을 이용하여 전후진하며 굴착하는 방식

Ⅳ. 결론

- 터널은 공법 선정이 매우 중요하기 때문에 숏크리트 타설, 기계굴착 등에 대해 검토하여 적정한 공법을 선정해야 한다.
- 공법 적용과 함께 시공관리를 철저히 하여 안전한 작업이 되도록 하여야 한다.

08

건축물 외벽 치장벽돌의 정의, 탈락의 원인 및 방지대책에 대하여 설명하시오.

정답

Ⅰ. 치장벽돌의 정의

치장벽돌이란 건물의 외장재로 사용하는 벽돌로 유약을 사용하지 않고 착색을 하여 미관상 보기 좋게 만든 벽돌을 말한다.

Ⅱ. 벽돌의 크기 분류

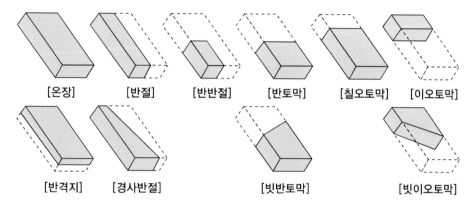

| [온장] | [반절] | [반반절] | [반토막] | [칠오토막] | [이오토막] |

| [반격지] | [경사반절] | [빗반토막] | [빗이오토막] |

Ⅲ. 치장벽돌 탈락의 원인

- 내외부 온도 변화로 인해 치장벽돌에 수축 팽창이 발생되어 탈락
- 치장벽돌 보강 철물의 노후화 및 부식으로 인해 팽창되어 탈락
- 모르타르 접착력 부족으로 인한 탈락
- 신축 줄눈 미반영으로 인한 탈락
- 일일 쌓기 높이 미준수로 인한 탈락
- 보양 기간 미준수로 인한 탈락
- 모르타르의 오픈타임(Open Time) 미준수로 접착력 상실에 의한 탈락

Ⅳ. 치장벽돌 탈락 방지대책

설계적 측면
- 알맞은 위치에 신축 줄눈 설치
- 벽체의 길이가 긴 경우 설계를 통해 변경

재료적 측면
- 모르타르의 오픈타임 준수
- 조적 보강 철물 자재 우수성이 입증된 자재 사용

시공적 측면
- 양생 시간을 철저하게 준수한 후 다음 작업 진행
- 일기예보를 참고하여 기상 악화인 경우 작업 중지
- 일일 쌓기 높이 준수

Ⅴ. 결론
- 치장벽돌은 외장재로 미관상 우수하지만 탈락, 붕괴 등의 위험이 발생하므로 쌓기 시방을 준수하여야 한다.
- 안전상 문제가 발생했을 경우 문제점을 철저히 연구하여 대책을 수립하여야 한다.

09

강구조공사 안전에 관한 내용으로 다음을 설명하시오.

1) 유효좌굴길이의 정의
2) 세장비의 정의
3) 부재의 좌굴내력을 저감시키는 요인 3가지
4) 단면의 형상에 따른 좌굴 종류 3가지

정답

Ⅰ. 개요
- 현장의 대형화, 고층화로 인해 현재 강구조공사가 많이 진행되고 있다.
- 강구조공사는 작업 특성상 중대재해가 발생하기 쉬운 공사이기 때문에 안전관리에 철저하게 대비하여야 한다.

Ⅱ. 강구조 좌굴길이

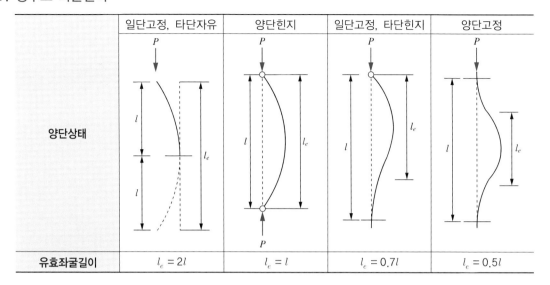

양단상태	일단고정, 타단자유	양단힌지	일단고정, 타단힌지	양단고정
유효좌굴길이	$l_e = 2l$	$l_e = l$	$l_e = 0.7l$	$l_e = 0.5l$

Ⅲ. 유효좌굴길이의 정의

유효좌굴길이(Effective Length)란 압축재 좌굴공식에 사용되는 등가좌굴길이로서, 좌굴해석으로부터 결정된다.

Ⅳ. 세장비의 정의

세장비(Slenderness Ratio)란 기둥에 있어서 휨 축과 동일한 축의 단면 2차 반경에 대한 기둥 유효길이의 비를 말한다.

Ⅴ. 부재의 좌굴내력을 저감시키는 요인 3가지

- 초기변형
- 잔류응력 존재
- 편심 축 하중

Ⅵ. 단면의 형상에 따른 좌굴 종류 3가지

- 휨좌굴 : 단면의 비틀림이나 형상의 변화 없이 압축부재가 휘는 좌굴
- 비틀림좌굴 : 압축부재의 전단 중심축에 대해 비틀림이 발생하는 좌굴
- 휨비틀림좌굴 : 압축부재에 휨과 비틀림 변형이 발생하는 좌굴

Ⅶ. 결론

- 유효좌굴길이, 세장비 등의 정의를 숙지하고 좌굴내력의 감소가 발생하지 않도록 강구조공사 관리를 철저히 하여야 한다.
- 강구조공사의 좌굴이 발생했을 경우 이에 대한 대책을 충분히 수립하여 재해로 이어지지 않도록 하여야 한다.

| 다음 단답형 5문제를 모두 답하시오. (각 5점)

01

원지반의 굴착 또는 절토작업 시 토량의 변화를 평가하는 토량변화율에 대한 팽창률(L), 압축률(C)과 토량환산계수(f)를 설명하시오.

정답

- 팽창률(L)은 자연 상태의 토량 중 흐트러진 상태의 토량의 비율

$$팽창률(L) = \frac{흐트러진\ 상태의\ 토량(\text{m}^3)}{자연\ 상태의\ 토량(\text{m}^3)}$$

- 압축률(C)은 자연 상태의 토량 중 다져진 상태의 토량이 차지하는 비율

$$압축률(C) = \frac{다져진\ 상태의\ 토량(\text{m}^3)}{자연\ 상태의\ 토량(\text{m}^3)}$$

- 토량환산계수(f)는 토량작업 기준이 되는 흙의 상태로 환산한 값으로 토량의 각 상태별로 아래와 같이 바꿔 계산할 수 있도록 정해진 계수

$$토량환산계수(f) = \frac{q}{Q}$$

기준이 되는 q ＼ 구하는 Q	자연 상태의 토량	흐트러진 상태의 토량	다져진 상태의 토량
자연 상태의 토량	1	L	C
흐트러진 상태의 토량	$\dfrac{1}{L}$	1	$\dfrac{C}{L}$
다져진 상태의 토량	$\dfrac{1}{C}$	$\dfrac{L}{C}$	1

02

절토면에 설치되는 기대기(계단식)옹벽의 안정조건 5가지를 쓰시오.

정답

- 옹벽의 전도
- 옹벽의 활동
- 옹벽의 지지력
- 옹벽 자체의 전단
- 옹벽 자체의 모멘트

03

터널 콘크리트 라이닝의 구조적 역할(기능) 5가지를 쓰시오.

정답

- 굴착면의 풍화 방지
- 토압과 수압 등의 외력에 대한 저항
- 내구성 및 내수성 향상
- 시설물 보호
- 상부하중 지지

04

GHS(Globally Harmonized System of Classification and Labelling of Chemicals)의 경고표지 구성요소 5가지만 쓰시오.

정답

- 제품 명칭
- 신호어(위험, 경고)
- GHS 픽토그램
- 유해성, 위험성 문구
- 예방조치 문구 및 응급조치
- 제조업체(공급자) 정보

05

교량 상부구조 형식 분류 중 트러스교의 종류 5가지를 쓰시오.

정답

- Warren 트러스
- Howe 트러스
- Pratt 트러스
- Parker 트러스
- K 트러스
- Baltimore 트러스

06

산업안전보건기준에 관한 규칙상 붕괴 등에 의한 위험 방지에 관하여 다음 물음에 답하시오.

1) 사업주가 지반의 붕괴, 구축물의 붕괴 또는 토석의 낙하 등에 의하여 근로자가 위험해질 우려가 있는 경우 그 위험을 방지하기 위한 조치사항 3가지를 쓰시오.

2) 사업주가 구축물 또는 이와 유사한 시설물에 대하여 자중(自重), 적재하중, 적설, 풍압(風壓), 지진이나 진동 및 충격 등에 의하여 전도·폭발하거나 무너지는 등의 위험을 예방하기 위한 조치사항 3가지를 쓰시오.

3) 사업주가 구축물 또는 이와 유사한 시설물의 안전진단 등 안전성 평가를 해야 하는 경우 6가지를 쓰시오.

정답

Ⅰ. 개요

- 사업주는 산업안전보건기준에 관한 규칙에 따라 붕괴 등의 위험이 있는 곳에는 안전관리를 철저히 하여 사고가 발생하지 않도록 하여야 한다.
- 현장 작업 중 붕괴위험이 있는 경우 작업을 중단하고 조치를 취한 후 작업을 이어가야 한다.

Ⅱ. 산업안전보건법상 사업주의 의무(산업안전보건법 제5조)

구분	내용
사업주	근로자를 사용하여 사업을 하는 자
사업주의 의무	산업재해 예방을 위한 기준
	근로자의 신체적 피로와 정신적 스트레스 등을 줄일 수 있는 쾌적한 작업환경의 조성 및 근로조건 개선
	해당 사업장의 안전 및 보건에 관한 정보를 근로자에게 제공

Ⅲ. 사업주의 조치사항(산업안전보건기준에 관한 규칙 제50조)

토사·암석 등(토사 등), 구축물의 붕괴 또는 토석의 낙하 등에 의하여 근로자가 위험해질 우려가 있는 경우 방지 조치사항 3가지

- 지반은 안전한 경사로 하고 낙하의 위험이 있는 토석을 제거하거나 옹벽, 흙막이 지보공 등을 설치해야 한다.
- 토사 등의 붕괴 또는 낙하의 원인이 되는 빗물이나 지하수 등을 배제해야 한다.
- 갱내의 낙반·측벽 붕괴의 위험이 있는 경우에는 지보공을 설치하고 부석을 제거하는 등 필요한 조치를 해야 한다.

  ※ 산업안전보건기준에 관한 규칙의 개정(2023.11.14.)에 따라 문제의 '지반'이 '토사 등'으로 변경되었음을 알려드립니다.

사업주가 구축물, 건축물, 그 밖의 시설물 등(이하 구축물 등)이 고정하중, 적재하중, 시공·해체 작업 중 발생하는 하중, 적설, 풍압, 지진이나 진동 및 충격 등에 의하여 전도·폭발하거나 무너지는 등의 위험을 예방하기 위해 해야 하는 조치사항(산업안전보건기준에 관한 규칙 제51조)

설계도면, 시방서, 구조설계도서, 해체계획서 등 설계도서를 준수하여 필요한 조치를 해야 한다.

※ 산업안전보건기준에 관한 규칙의 개정(2023.11.14.)에 따라 문제와 답을 변경했음을 알려드립니다.

사업주가 구축물 등에 대한 구조검토, 안전진단 등 안전성 평가를 해야 하는 경우(산업안전보건기준에 관한 규칙 제52조)

- 구축물 등의 인근에서 굴착·항타작업 등으로 침하·균열 등이 발생하여 붕괴의 위험이 예상될 경우
- 구축물 등에 지진, 동해, 부동침하 등으로 균열·비틀림 등이 발생하였을 경우
- 구조물 등이 그 자체의 무게·적설·풍압 또는 그 밖에 부가되는 하중 등으로 붕괴 등의 위험이 있을 경우
- 화재 등으로 구축물 등의 내력이 심하게 저하되었을 경우
- 오랜 기간 사용하지 아니하던 구축물 등을 재사용하게 되어 안전성을 검토하여야 하는 경우
- 구축물 등의 주요구조부에 대한 설계 및 시공 방법의 전부 또는 일부를 변경하는 경우
- 그 밖의 잠재위험이 예상될 경우

※ 산업안전보건기준에 관한 규칙의 개정(2023.11.14.)에 따라 문제의 '구축물 또는 이와 유사한 시설물'이 '구축물 등에 대한 구조검토'로 변경되었음을 알려드립니다.

Ⅳ. 결론

- 사업주는 현장에서 근로자를 보호하고 근로조건을 개선하여 근로자들이 작업하는 데 문제가 없도록 해야 하며 산업안전보건법에서 규정한 의무를 다하여 안전한 일터가 되도록 하여야 한다.
- 안전사고 발생 예상 지역에는 출입을 금지시키고 근로자들을 재해로부터 보호해야 한다.

07

보강토 옹벽의 안정성 검토에 관하여 다음 물음에 답하시오.

1) 내적안정성 검토사항 5가지를 쓰시오.
2) 외적안정성 검토사항 4가지를 쓰시오.

정답

Ⅰ. 정의

보강토 옹벽이란 성토체 내부에 설치된 띠형, 그리드형, 전면포설형 보강재의 인장저항력 및 주변 흙과의 결속력에 의하여 전단강도가 향상된 보강토체에 의하여 배면토압에 저항하는 일종의 중력식 옹벽이다.

Ⅱ. 보강토 옹벽 도해

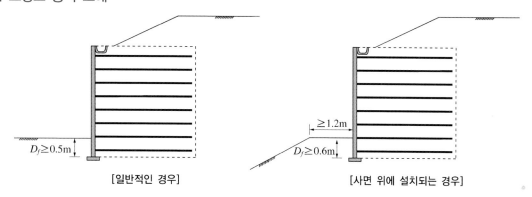

[일반적인 경우]　　　　　　　　　[사면 위에 설치되는 경우]

Ⅲ. 보강토 옹벽의 안정성 검토

내적 안정성 검토 5가지

- 비탈면 보강재의 파단파괴에 대한 안정성 검토
- 보강재의 인발파괴에 대한 안정성 검토
- 가상파괴면에 대한 안정성 검토
- 각 층별 보강재의 최대작용하중(최대인발하중)
- 각 층별 보강재의 인발저항력
- 전면 벽체/보강재 연결부 안정성 검토

외적 안정성 검토사항 4가지

- 저면활동에 대한 안정성 검토
- 전도에 대한 안정성 검토
- 지반지지력에 대한 안정성 검토
- 비탈면 활동에 대한 안정성 검토

Ⅳ. 결론

- 보강토 옹벽의 내적 안정성 및 외적 안정성에 대한 검토를 충분히 하고 안정성 해석을 통해 전도, 붕괴 등의 사고가 발생하지 않도록 하여야 한다.
- 보강토 옹벽은 일반적인 경우와 사면에 설치되는 경우에 따라 각각의 기준에 맞게 안전관리를 해야 한다.

08

도로공사의 노상 성토작업 시 안전 상태를 확인하기 위한 다짐도 판정방법 5가지를 설명하시오.

정답

I. 정의

- 다짐도란 실험실 최대건조밀도에 대한 현장 건조밀도의 비를 나타내는 것으로 시공 정도를 규정하는 척도로 사용되고 있다.
- 성토작업 후에는 다짐을 철저히 하여야 한다.

II. 다짐 곡선

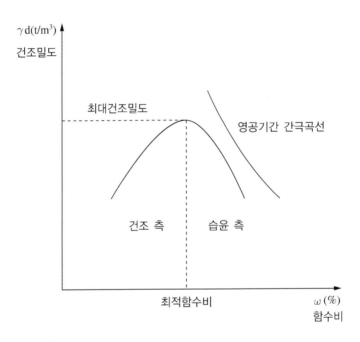

III. 다짐도 판정방법 5가지

상대다짐도로 판정

- 건조밀도로 규정하는 방법으로 현장 건조밀도/실내 최대건조밀도로 상대다짐도를 구한다.
- 노상은 최대건조밀도 95% 이상이면 합격이다.

상대밀도로 판정

- 점성이 없는 사질토의 경우에 상대밀도로 판정한다.
- 시방서 기준 이상 시 합격이다.

포화도로 규정하는 방법

- 주로 고함수비 점토 등과 같이 건조밀도로 규정하기 어렵거나 토질 변화가 현저한 곳에 적용한다.
- 포화도 기준은 85~95%이다.

강도로 규정하는 방법

- CBR을 이용하여 판정한다.
  - ① 노상토의 지지력 상태파악 및 재료 선정, 포장설계에서 사용되는 데이터를 얻기 위해 시험실에서 준비한 시료로서 규정의 관입시험을 실시하는 것을 CBR 시험이라 한다.
  - ② CBR = 시험하중 / 표준하중 × 100
- 지반지지력 계수 K치를 이용하여 판정한다.
- 콘(Cone)지수를 이용하여 판정한다.

프루프 롤링(Proof Rolling), 벤켈만 빔(Benkelman Beam)을 이용하여 판정

- 노상·노반에 일정 하중의 차량이나 롤러를 주행시키고 하중에 의한 침하량을 측정하여 지지력이나 시공의 균일성을 시험하는 것

Ⅳ. **결론**

현장의 안전한 작업을 위해 다짐을 철저히 하여야 하며 작업 전 다짐도에 대한 판정을 철저히 하여 발생할 수 있는 사고를 예방하여야 한다.

09

건설기술진흥법 시행규칙에서 정하고 있는 총괄 안전관리계획의 수립기준에 관하여 다음 물음에 답하시오.

1) 건설공사의 개요에 관하여 설명하시오.
2) 현장특성분석 4가지를 쓰시오.
3) 현장운영계획 5가지를 쓰시오.
4) 비상시 긴급조치계획 2가지를 쓰시오.

정답

Ⅰ. **개요**

- 총괄 안전관리계획의 수립은 현장에서 발생되는 사고를 예방하기 위해 반드시 작성하여야 하며 작성 내용은 공사개요, 현장특성분석, 현장운영계획, 비상시 긴급조치계획 등이 포함되어야 한다.
- 안전관리계획서는 현장에서 중요한 부분이므로 계획을 철저히 세우고 계획서에 따라 공사를 진행해야 한다.

Ⅱ. 총괄 안전관리계획 작성기준(건설기술진흥법 시행규칙 제58조 및 별표 7)

구분	작성기준	제출기한
1) 총괄 안전관리계획	제2호에 따라 건설공사 전반에 대하여 작성	건설공사 착공 전까지
2) 공종별 세부 안전관리계획	제3호 각 목 중 해당하는 공종별로 작성	공종별로 구분하여 해당 공종의 착공 전까지

Ⅲ. 총괄 안전관리계획 내용(건설기술진흥법 시행규칙 제58조 및 별표 7)

건설공사 개요

공사 전반에 대한 개략을 파악하기 위한 위치도, 공사개요, 전체 공정표 및 설계도서를 말한다.

현장특성분석 4가지

- 현장여건분석

  주변 지장물, 지하매설물, 인접 시설물 제원, 지반조건(지질특성, 지하수위, 시추주상도), 현장시공조건, 주변 교통여건 및 환경요소 등

- 시공단계의 위험요소, 위험성 및 그에 대한 저감대책

  ① 핵심관리가 필요한 공정으로 선정된 공정의 위험요소, 위험성 및 저감대책

  ② 시공단계에서 반드시 고려해야 하는 위험요소, 위험성 및 저감대책

  ③ ①, ② 외에 시공자가 시공단계에서 위험요소 및 위험성을 발굴한 경우에 대한 저감대책 마련 방안

- 공사장 주변 안전관리대책

  공사 중 지하매설물의 방호, 인접 시설물 및 지반의 보호 등 공사장 및 공사현장 주변에 대한 안전관리에 관한 사항, 주변 시설물에 대한 안전 관련 협의서류 및 지반침하 등에 대한 계측계획 포함

- 통행안전시설의 설치 및 교통소통계획

  ① 공사장 주변의 교통소통대책, 교통안전시설물, 교통사고예방대책 등 교통안전관리에 관한 사항(현장차량 운행계획, 교통 신호수 배치계획, 교통안전시설물 점검계획 및 손상·유실·작동이상 등에 대한 보수관리계획 포함)

  ② 공사장 내부의 주요 지점별 건설기계·장비의 전담유도원 배치계획

현장운영계획 5가지

- 안전관리조직

  공사관리조직 및 임무에 관한 사항으로서 시설물의 시공안전 및 공사장 주변 안전에 대한 점검·확인 등을 위한 관리조직표

- 공정별 안전점검계획

  ① 자체안전점검, 정기안전점검의 시기·내용, 안전점검 공정표, 안전점검 체크리스트 등 실시계획 등에 관한 사항

② 계측장비 및 폐쇄회로 텔레비전 등 안전 모니터링 장비의 설치 및 운용계획에 관한 사항

- 안전관리비 집행계획

  안전관리비의 계상, 산출·집행계획, 사용계획 등에 관한 사항

- 안전교육계획

  안전교육계획표, 교육의 종류·내용 및 교육관리에 관한 사항

- 안전관리계획 이행보고계획

  위험한 공정으로 감독관의 작업허가가 필요한 공정과 그 시기, 안전관리계획 승인권자에게 안전관리계획 이행 여부 등에 대한 정기적 보고계획 등

비상시 긴급조치계획 2가지

- 공사현장에서의 사고, 재난, 기상이변 등 비상사태에 대비한 내부·외부 비상연락망, 비상동원조직, 경보체제, 응급조치 및 복구 등에 관한 사항

- 건축공사 중 화재 발생을 대비한 대피로 확보 및 비상대피훈련계획에 관한 사항(단열재 시공 시점부터는 월 1회 이상 비상대피훈련을 실시)

Ⅳ. 결론

건설기술진흥법 시행규칙 [별표 7]에 따라 현장에서는 총괄 안전관리계획을 수립하여야 하며 계획에 따른 진행 여부를 확인하여 모니터링한 후 피드백을 통해 안전사고를 예방하여야 한다.

과년도 기출문제

| 다음 단답형 5문제를 모두 답하시오. (각 5점)

01
근로자의 추락위험방지를 위한 안전난간의 구조 및 설치요건 5가지를 쓰시오.

정답

안전난간의 구조
- 상부 난간대
- 중간 난간대
- 발끝막이판
- 난간기둥

안전난간의 설치요건(산업안전보건기준에 관한 규칙 제13조)
- 상부 난간대는 바닥면·발판 또는 경사로의 표면으로부터 90cm 이상 지점에 설치해야 한다.
- 상부 난간대를 120cm 이하에 설치하는 경우에는 중간 난간대는 상부 난간대와 바닥면 등의 중간에 설치하여야 하며, 120cm 이상 지점에 설치하는 경우에는 중간 난간대를 2단 이상으로 균등하게 설치해야 한다.
- 난간의 상하 간격은 60cm 이하로 하고 난간기둥 간의 간격이 25cm 이하인 경우에는 중간 난간대 생략이 가능하다.
- 발끝막이판은 바닥면 등으로부터 10cm 이상의 높이를 유지해야 한다.
- 난간기둥은 상부 난간대와 중간 난간대를 견고하게 떠받칠 수 있도록 적정한 간격을 유지해야 한다.
- 상부 난간대와 중간 난간대는 난간 길이 전체에 걸쳐 바닥면 등과 평행을 유지해야 한다.
- 난간대는 지름 2.7cm 이상의 금속제 파이프나 그 이상의 강도가 있는 재료를 사용해야 한다.
- 안전난간은 구조적으로 가장 취약한 지점에서 가장 취약한 방향으로 작용하는 100kg 이상의 하중에 견딜 수 있는 튼튼한 구조로 해야 한다.

02

콘크리트 구조물의 내구성능 평가 시 고려해야 하는 성능저하 인자 5가지를 쓰시오.

정답

- 탄산화(중성화) : 공기 중의 탄산가스와 콘크리트 중의 수산화칼슘이 화학반응하여 서서히 탄산 칼슘이 되면서 콘크리트가 알칼리성을 상실하는 현상
- 동결융해 : 콘크리트 속의 수분이 외부기온에 의해 동결되고 융해되어 재료파괴가 발생하는 현상
- 화학적 침식 : 어떤 화학반응에 의해 콘크리트에 변화를 가져오는 현상
- 알칼리 골재반응 : 포틀랜드 시멘트 중 알칼리 성분이 골재의 실리카 종류의 광물과 반응하여 체적팽창으로 균열이 발생하는 현상
- 염해 : 철근 콘크리트에 침입한 염분이 철근이나 강재를 부식시켜 콘크리트의 능력을 저하시키는 현상

03

산업안전보건기준에 관한 규칙상 지반 등의 굴착 시 위험방지를 위한 굴착면의 기울기 기준을 쓰시오.

1) 보통흙의 습지
2) 보통흙의 건지
3) 암반의 풍화암
4) 암반의 연암
5) 암반의 경암

정답

산업안전보건기준에 관한 규칙 [별표 11]

지반의 종류	굴착면의 기울기
모래	1 : 1.8
연암 및 풍화암	1 : 1.0
경암	1 : 0.5
그 밖의 흙	1 : 1.2

※ 산업안전보건기준에 관한 규칙의 개정(2023.11.14)에 따라 답이 변경되었음을 알려드립니다.

04

건설기계 중 항타기 또는 항발기 조립 시 점검해야 할 사항 5가지를 쓰시오.

정답

산업안전보건기준에 관한 규칙 제207조

- 본체 연결부의 풀림 또는 손상 유무
- 권상용 와이어로프·드럼 및 도르래의 부착 상태 이상 유무
- 권상장치의 브레이크 및 쐐기장치 기능의 이상 유무
- 권상기 설치 상태의 이상 유무
- 리더(Leader)의 버팀 방법 및 고정 상태의 이상 유무
- 본체·부속장치 및 부속품의 강도가 적합한지 여부
- 본체·부속장치 및 부속품에 심한 손상·마모·변형 또는 부식이 있는지 여부

05

철골공사에서 제3자의 위해방지를 위한 비래낙하 및 비산방지 설비 5가지를 쓰시오.

정답

방호철망, 방호울타리, 방호시트, 방호선반, 안전망, 가설앵커설비, 석면포

06

해체공사에 관하여 다음 물음에 답하시오.

1) 해체 대상구조물 조사사항 10가지를 쓰시오

2) 부지상황 조사사항 5가지를 쓰시오.

3) 해체공법의 종류 중 기계력에 의한 공법 5가지를 쓰시오.

4) 해체공법의 종류 중 유압력에 의한 공법 3가지를 쓰시오.

정답

I. 개요

- 해체공사는 재개발 재건축과 맞물려 도심지에서 많이 행해지는 공사이다.
- 해체공사 시 중대재해가 많이 발생하고 있으므로 해체공사에 대한 계획을 철저히 수립하여 안전한 작업이 되도록 해야 한다.

II. 해체공사용 기계기구

구분	내용
압쇄기	쇼벨에 설치, 유압조작에 의해 콘크리트에 압축력을 가해 파쇄
대형 브레이커	쇼벨에 설치하여 사용하며, 유압식을 많이 사용
철제 해머	해머를 크레인에 부착하여 구조물에 충격을 주어 파쇄
핸드 브레이커	압축공기, 유압의 급속한 충격력에 의해 콘크리트 해체
절단톱	회전날 끝에 다이아몬드를 혼합한 톱으로 기둥, 보 등을 절단
재키	구조물의 부재 사이에 설치, 국소부에 압력을 가해 해체
쐐기타입기	직경 30~40mm 구멍 속에 쐐기를 박아 구멍을 확대하며 파쇄
화염방사기	구조체를 고온으로 용융시키면서 해체

III. 해체 대상구조물 조사사항 10가지(해체공사표준안전작업지침 제14조)

- 구조(철근콘크리트조, 철골철근콘크리트조 등)의 특성 및 층수, 건물높이, 기준층 면적
- 평면 구성 상태, 폭, 층고, 벽 등의 배치 상태
- 부재별 치수, 배근 상태, 해체 시 주의하여야 할 구조적으로 약한 부분
- 해체 시 전도의 우려가 있는 내외장재
- 설비기구, 전기배선, 배관설비 계통의 상세 확인
- 구조물의 설립연도 및 사용목적
- 구조물의 노후 정도, 재해(화재, 동해 등) 유무
- 증설, 개축, 보강 등의 구조변경 현황

- 해체공법의 특성에 의한 비산각도, 낙하반경 등의 사전 확인
- 재이용 또는 이설을 요하는 부재 현황

Ⅳ. 부지상황 조사사항 5가지(해체공사표준안전작업지침 제15조)

- 부지 내 공지 유무, 해체용 기계설비 위치, 발생재 처리장소
- 해체공사 착수에 앞서 철거, 이설, 보호해야 할 필요가 있는 공사 장애물 현황
- 접속도로의 폭, 출입구 개수 및 매설물의 종류, 개폐 위치
- 인근 건물 동수 및 거주자 현황
- 도로 상황조사, 가공 고압선 유무
- 차량 대기장소 유무 및 교통량(통행인 포함)
- 진동, 소음 발생 영향권 조사

Ⅴ. 해체공법의 종류 중 기계력에 의한 공법 5가지

핸드 브레이커에 의한 공법

- 핸드 브레이커는 기기가 무거우므로 작업환경에 대한 정리, 정돈이 필요하다.
- 안전사고를 방지하기 위하여 작업자는 항상 하향 자세를 유지한다.
- 급유는 항상 충분히 하고 공기 호스의 상태를 점검한다.

대형 브레이커에 의한 공법

- 대형 브레이커는 중량을 고려하여 차체의 붐, 프레임에 무리가 없는 것을 부착한다.
- 대형 브레이커의 설치, 해체, 운전 시에는 자격이 있는 자 또는 유경험자가 취급한다.
- 작업 장소의 슬래브 내력 및 지반 내력을 확인한다.

절단기에 의한 공법

- 절단기의 절단작업 또는 이동 시의 바닥판은 항상 평탄하게 유지한다.
- 절단기용 전기, 급배수시설 등을 수시로 정비, 점검한다.
- 톱날 주위는 접촉방지용 덮개를 설치한다.
- 톱날은 안전하게 부착되어 있는지 작업 전에 점검한다.
- 절단 도중 톱날의 열을 제거시키는 냉각수는 충분한지, 공급은 잘되는지 확인한다.
- 절단 도중 불꽃 비산이 많거나 수증기가 발생하여 과열될 위험이 있을 때에는 작업을 일시 중단하였다가 냉각 후 재개한다.
- 절단작업은 직선으로 하고 최소 단면으로 절단한다.

강구에 의한 공법

- 강구의 크기는 해체 대상물의 구조와 형상 등을 고려하여 적당한 것을 선정한다.
- 강구의 기종을 선정할 때에는 강구의 중량, 작업반경 등을 고려하여 붐, 프레임 및 차체에 무리가 없고 충분한 충격력을 가할 수 있는 것으로 한다.
- 수평진동에 의한 파쇄를 할 때에는 크레인의 전복에 주의한다.

- 강구를 결속한 와이어로프의 종류와 직경 등은 작업지시서에 지시된 것을 사용한다.
- 와이어로프의 결속부는 항상 점검한다.

다이아몬드 와이어쏘 공법
- 절단작업 중 와이어가 끊어지거나 수명이 다할 경우 와이어 교체가 곤란하므로 수시로 점검한다.
- 절단 대상물의 절단면적을 고려하여 와이어 길이를 결정한다.
- 절단면에 고온이 발생하므로 냉각수를 공급한다.

Ⅵ. 해체공법의 종류 중 유압력에 의한 공법 3가지

유압식 확대기에 의한 공법
- 천공된 구멍이 구부려져 있으면 기계 자체에 큰 응력이 생겨 부러지거나 파손될 염려가 있으므로 일직선을 유지해야 한다.
- 기계의 삽입구를 구멍에 완전히 밀착되도록 밀어넣어야 한다.

잭에 의한 공법
- 잭의 설치는 숙련공이 수행한다.
- 오일이 새지 않도록 배관 및 접속부 부분을 철저히 점검한다.
- 오랜 시간 작업할 경우에는 호스의 커플링과 접속부에 균열이 생길 우려가 있기 때문에 적시에 교체한다.

압쇄기에 의한 공법
- 압쇄기의 중량 등 시방에 따라 붐, 프레임 및 차체에 무리가 없는 압쇄기를 설치한다.
- 압쇄기의 설치와 해체 시에는 숙련공이 수행한다.
- 윤활유를 수시로 주입하고 보수, 점검에 유의한다.
- 기름이 새는지 확인하고 배근 부분의 접속부가 안전한지 점검한다.
- 절단 날은 마모가 심하기 때문에 수시로 교체한다.

Ⅶ. 결론
- 해체공사는 공법 선정이 중요한데 사전조사를 충분히 하여 현장여긴에 밎는 해체공법을 선정해야 한다.
- 해체공사 진행 시 안전관리자와 관리감독자는 철저한 점검을 통해 중대재해를 예방하고 안전관리를 철저히 해야 한다.

07

콘크리트공사의 안전작업에 관하여 다음 물음에 답하시오.

1) 거푸집 및 지보공(동바리) 설계(구조검토) 시 고려해야 할 하중 5가지에 관하여 설명하시오.
2) 거푸집 등을 조립할 때 준수사항 5가지를 쓰시오.
3) 펌프카에 의해 콘크리트를 타설할 때 안전수칙 준수사항 5가지를 쓰시오.

정답

Ⅰ. 개요

- 거푸집 및 동바리는 콘크리트공사의 가장 중요한 부분을 차지하고 있으므로 철저히 관리해야한다.
- 콘크리트 타설 시 타설방법, 타설순서 등에 대한 계획을 수립하고 수립된 계획에 따라 작업을 진행해야 한다.

Ⅱ. 콘크리트의 내구성 저하 원인

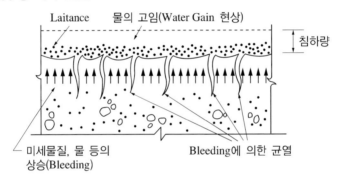

Ⅲ. 거푸집 및 지보공(동바리) 설계(구조검토) 시 고려해야 할 하중 5가지(콘크리트공사표준안전작업지침 제4조)

- 연직방향 하중 : 거푸집, 지보공(동바리), 콘크리트, 철근, 작업원, 타설용 기계기구, 가설설비 등의 중량 및 충격하중
- 횡방향 하중 : 작업할 때의 진동, 충격, 시공오차 등에 기인되는 횡방향 하중 이외에 필요에 따라 풍압, 유수압, 지진 등
- 콘크리트의 측압 : 굳지 않은 콘크리트의 측압
- 특수하중 : 시공 중에 예상되는 특수한 하중
- 상기 명시한 하중에 안전율을 고려한 하중

Ⅳ. 거푸집 등을 조립할 때 준수사항 5가지(콘크리트공사표준안전작업지침 제6조)

- 거푸집 지보공을 조립할 때에는 안전담당자를 배치해야 한다.
- 거푸집의 운반, 설치 작업에 필요한 작업장 내의 통로 및 비계가 충분한지 확인해야 한다.
- 재료, 기구, 공구를 올리거나 내릴 때에는 달줄, 달포대 등을 사용해야 한다.
- 강풍, 폭우, 폭설 등의 악천후에는 작업을 중지해야 한다.
- 작업장 주위에는 작업원 이외의 통행을 제한하고 슬래브 거푸집을 조립할 때에는 많은 인원이 한곳에 집중되지 않도록 해야 한다.
- 사다리 또는 이동식 틀비계를 사용하여 작업할 때에는 항상 보조원을 대기시켜야 한다.
- 거푸집을 현장에서 제작할 때는 별도의 작업장에서 제작해야 한다.

Ⅴ. 펌프카에 의해 콘크리트를 타설할 때 안전수칙 준수사항 5가지(콘크리트공사표준안전작업지침 제14조)

- 레디믹스 콘크리트(레미콘) 트럭과 펌프카를 적절히 유도하기 위하여 차량안내자를 배치해야 한다.
- 펌프 배관용 비계를 사전점검하고 이상이 있을 때에는 보강 후 작업을 해야 한다.
- 펌프카의 배관 상태 및 레미콘트럭과 펌프카와 호스 선단의 연결작업을 확인하여야 하며, 장비 사양의 적정 호스 길이를 초과해서는 안 된다.
- 호스 선단이 요동하지 아니하도록 확실히 붙잡고 타설해야 한다.
- 공기압송 형식의 펌프카를 사용할 때에는 콘크리트가 비산하는 경우가 있으므로 주의하여 타설해야 한다.
- 펌프카의 붐대를 조정할 때에는 주변 전선 등 지장물을 확인하고 이격거리를 준수해야 한다.
- 아웃트리거를 사용할 때 지반의 부동침하로 펌프카가 전도되지 않도록 해야 한다.
- 펌프카의 전후에는 식별이 용이한 안전표지판을 설치해야 한다.

Ⅵ. 결론

- 콘크리트 타설 시 펌프카를 이용할 경우에는 펌프카 주변 접근금지 조치를 실시한 후 타설해야 한다.
- 거푸집 동바리는 수직도를 유지하고 2인 1조로 안전하게 작업을 해야 한다.

08

흙막이공법 작업 시 안전계획 및 관리에 관하여 다음 물음에 답하시오.

1) 흙막이공법 선정 시 고려사항 5가지를 쓰시오.
2) 흙막이 및 굴착공사 계측기의 종류 10가지를 쓰시오.
3) 흙막이 지보공을 설치하였을 때 정기적으로 점검할 사항 4가지를 쓰시오.

정답

I. 개요

- 흙막이공법은 사전조사를 충분히 하여 현장에 맞는 공법을 선정하는 것이 중요하다.
- 흙막이공사는 중대재해가 발생하기 쉬운 고위험 공정으로 안전관리자를 배치하여 안전한 작업이 되도록 해야 한다.

II. 흙막이 계측관리

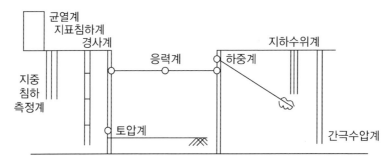

III. 흙막이공법 선정 시 고려사항 5가지

- 설계목적의 파악 : 지형 지질의 적합 여부, 시공의 난이도와 경제성, 설계모델 선정
- 지형에 관한 검토 : 지반의 형상, 지형의 고저차, 자재의 운반로
- 굴착지반의 토질조건 : 지층의 지내력, 굴착토의 성질, 지하수위, 지하수 양
- 인접 구조물 상태 : 기초의 깊이 및 형식, 가설구조물과 이격거리, 하중의 상호작용
- 시공환경 : 지하매설물, 소음, 진동 등 건설공해, 교통량
- 공정에 관한 사항 : 전후 공정과의 관계, 설치 해체에 소요되는 공기

Ⅳ. 흙막이 및 굴착공사 계측기의 종류 10가지

- 지중경사계(Inclinometer) : 토류벽 또는 배면 지반에 설치하며 토류 구조물 각 지점의 응력 상태 판단
- 지하수위계 (Water Level Meter) : 토류벽 배면 지반에 설치하며 지하수위의 변화 원인 분석 및 관련된 대책 수립
- 간극수압계(Piezometer) : 배면 연약지반에 설치하며 과잉간극수압의 변화 측정
- 토압계(Soil Pressure Meter) : 토류벽 배면에 설치하며 토압의 변화 측정
- 변형률계(Strain Gauge) : 토류벽 심재, 스트럿, 띠장 등에 설치하며 인근 구조물의 변형 파악
- 하중계(Load Cell) : 스트럿, 앵커 부위에 설치하며 축하중 변화 상태 측정
- 벽면경사계(Tiltmeter) : 인접 구조물의 골조나 벽체에 설치하며 경사 변형 상태를 확인하여 구조물 안전진단에 활용
- 지중침하계 : 토류벽 배면 또는 인접 구조물 주변에 설치하며 층별 침하량의 변동 상태 파악
- 지표침하계(Measuring Settlement of Surface) : 토류벽 배면 또는 인접 구조물 주변에 설치하며 지표면의 침하량 변화 측정
- 균열측정기(Crack Meter) : 균열 부위에 설치하며 주변 구조물, 지반 등 균열 크기와 변화 측정
- 진동 및 소음측정기(Vibration Monitor) : 필요한 장소에 설치하며 작업에 따른 진동과 소음을 측정

Ⅴ. 흙막이 지보공을 설치하였을 때 정기적으로 점검할 사항 4가지(산업안전보건기준에 관한 규칙 제347조)

- 부재의 손상·변형·부식·변위 및 탈락의 유무와 상태
- 버팀대의 긴압(緊壓) 정도
- 부재의 접속부·부착부 및 교차부의 상태
- 침하 정도

Ⅵ. 결론

- 흙막이공사 완료 후 계측관리를 철저히 하고 점검을 통해 흙막이에서 발생되는 재해를 예방해야 한다.
- 흙막이 지보공을 설치한 경우 규정에 맞는 자재를 사용해야 하고 수시로 점검하여 흙막이 지보공의 이상 유무를 파악하고 이상 발생 시 바로 조치를 해야 한다.

09

시스템 동바리의 안전성 확보를 위한 시공에 관하여 다음 물음에 답하시오.

1) 지주 형식 동바리 시공 시 준수사항 8가지를 쓰시오.

2) 보 형식 동바리 시공 시 준수사항 5가지를 쓰시오

정답

Ⅰ. 개요

- 시스템 동바리는 자재를 공장에서 시스템화하여 생산하고 현장에서 조립하는 동바리이다.
- 시스템 동바리는 강관 동바리에 비해 장점이 많으므로 현장 공정 진행상 많이 사용하고 있다.

Ⅱ. 거푸집과 동바리

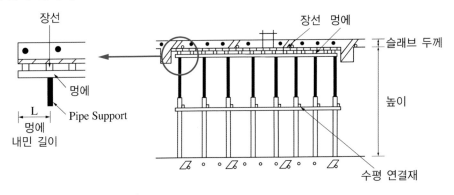

Ⅲ. 지주 형식 동바리 시공 시 준수사항 8가지

- 동바리 시공 시 공급자가 제시한 설치 및 해체 방법과 안전수칙을 준수해야 한다.
- 동바리는 구조설계 결과를 반영한 시공상세도에 따라 정확히 설치한 후 검사하여 안전성을 확인해야 한다.
- 동바리를 지반에 설치할 경우에는 연직하중에 견딜 수 있도록 지반의 지지력을 검토하고 침하 방지조치를 해야 한다.
- 수직재와 수평재는 직교되게 설치하여야 하며 이음부나 접속부 등은 흔들림이 없도록 체결해야 한다.
- 수직재, 수평재 및 가새재 등의 여러 부재를 연결한 경우에는 수직도를 유지하도록 시공해야 한다.
- 시스템 동바리는 연직 및 수평하중에 대해 구조적 안전성이 확보되도록 구조설계에 의해 작성된 조립도에 따라 수직재 및 수평재에 가새재를 설치하고 연결부는 견고하게 고정해야 한다.

- 동바리를 설치하는 높이는 단변길이의 3배를 초과하지 말아야 하며, 초과 시에는 주변 구조물에 지지하는 등 붕괴 방지조치를 하여야 한다.
- 콘크리트 두께가 0.5m 이상일 경우에는 동바리 수직재 상단과 하단의 경계조건 및 U헤드와 조절형 받침철물의 나사부 유격에 의한 수직재 좌굴하중의 감소를 방지하기 위하여, U헤드 밑면으로부터 최상단 수평재 윗면, 조절형 받침철물 윗면으로부터 최하단 수평재 밑면까지의 순간격이 400mm 이내가 되도록 설치해야 한다.
- 수직재를 설치할 때에는 수평재와 수평재 사이에 수직재의 연결 부위가 2개소 이상 되지 않도록 해야 한다.
- 가새재는 수평재 또는 수직재에 핀 또는 클램프 등의 결합방법에 의해 견고하게 결합되어 이탈되지 않도록 해야 한다.
- 동바리 최하단에 설치하는 수직재는 받침철물의 조절너트와 밀착하게 설치하여야 하며, 편심하중이 발생하지 않도록 수평을 유지해야 한다.
- 멍에는 편심하중이 발생하지 않도록 U헤드의 중심에 위치하여야 하며, 멍에가 U헤드에서 전도되거나 이탈되지 않도록 고정해야 한다.
- 동바리 자재의 반복 사용으로 인한 변형 및 부식 등 심하게 손상된 자재는 사용해서는 안 된다.
- 경사진 바닥에 설치할 경우 고임재 등을 이용하여 동바리 바닥이 수평이 되도록 하여야 하며, 고임재는 미끄러지지 않도록 바닥에 고정해야 한다.

Ⅳ. 보 형식 동바리 시공 시 준수사항 5가지

- 동바리 시공 시 공급자가 제시한 설치 및 해체방법과 안전수칙을 준수해야 한다.
- 동바리는 구조설계 결과를 반영한 시공상세도에 따라 정확히 설치한 후 검사하여 안전성을 확인해야 한다.
- 보 형식 동바리의 양단은 지지물에 고정하여 움직임 및 탈락을 방지해야 한다.
- 보와 보 사이에는 수평연결재를 설치하여 움직임을 방지해야 한다.
- 보조 브래킷 및 핀 등의 부속장치는 소정의 성능과 안전성을 확보할 수 있도록 시공해야 한다.
- 보 설치지점은 콘크리트의 연직하중 및 보의 하중을 견딜 수 있는 견고한 곳으로 해야 한다.
- 보는 정해진 지점 이외의 곳을 지점으로 이용해서는 안 된다.

Ⅴ. 결론

- 시스템 동바리는 안전성 확보가 중요하므로 시공 시 준수사항을 철저히 이행해야 한다.
- 보 형식 동바리 시공 시 준수사항을 이행하여 현장에서 발생하는 사고를 예방해야 한다.

| 다음 단답형 5문제를 모두 답하시오. (각 5점)

01

구조물의 해체공사에서 대형브레이커 설치, 사용 시 준수사항 5가지를 쓰시오.

정답

해체공사표준안전작업지침 제4조

- 대형 브레이커는 중량, 작업 충격력을 고려, 차체 지지력을 초과하는 중량의 브레이커 부착을 금지하여야 한다.
- 대형 브레이커의 부착과 해체에는 경험이 많은 사람으로서 선임된 자에 한하여 실시하여야 한다.
- 유압작동구조, 연결구조 등의 주요구조는 보수점검을 수시로 하여야 한다.
- 유압식일 경우에는 유압이 높기 때문에 수시로 유압 호스가 새거나 막힌 곳이 없는지 점검하여야 한다.
- 해체대상물에 따라 적합한 형상의 브레이커를 사용하여야 한다.

02

사업장에 설치하는 국소배기장치(이동식은 제외) 덕트(Duct)의 설치기준 5가지를 쓰시오.

정답

산업안전보건기준에 관한 규칙 제73조

- 가능하면 길이는 짧게 하고 굴곡부의 수는 적게 할 것
- 접속부의 안쪽은 돌출된 부분이 없도록 할 것
- 청소구를 설치하는 등 청소하기 쉬운 구조로 할 것
- 덕트 내부에 오염물질이 쌓이지 않도록 이송속도를 유지할 것
- 연결 부위 등은 외부 공기가 들어오지 않도록 할 것

03

기계에 의한 굴착작업 시 작업 전에 기계의 정비상태를 정비기록표 등에 의해 확인하고 점검하여야 할 사항 3가지만 쓰시오.

정답

굴착공사표준안전작업지침 제10조 2항

- 낙석, 낙하물 등의 위험이 예상되는 작업 시 견고한 헤드가이드 설치 상태
- 브레이크 및 클러치의 작동 상태
- 타이어 및 궤도차륜 상태
- 경보장치 작동 상태
- 부속장치의 상태

04

콘크리트 타설 작업에서 거푸집과 동바리의 존치기간에 영향을 미치는 요인 3가지만 쓰시오.

정답

거푸집 및 동바리 해체 가이드라인(국토교통부) 2장 거푸집 및 동바리 존치기간

- 시멘트의 성질
- 콘크리트의 배합
- 구조물의 종류와 중요도
- 부재의 종류 및 크기
- 부재가 받는 하중
- 콘크리트 내부 온도와 표면 온도의 차이

05

철골공사에서 외압에 대한 내력 설계 검토대상 구조물 5가지만 쓰시오.

정답

철골공사표준안전작업지침 제3조 7항

- 높이 20m 이상의 구조물
- 구조물의 폭과 높이의 비가 1 : 4 이상인 구조물
- 단면구조에 현저한 차이가 있는 구조물
- 연면적당 철골량이 50kg/m² 이하인 구조물
- 기둥이 타이플레이트(Tie Plate)형인 구조물
- 이음부가 현장용접인 구조물

06

강재구조물의 용접 결함을 찾기 위해서 시행하는 비파괴검사법에 관하여 다음 물음에 답하시오.

1) 비파괴검사법 종류 5가지를 쓰시오.
2) 비파괴검사법 종류 5가지 방법에 대하여 각각 설명하시오.
3) 비파괴검사법 종류 5가지의 특성을 각각 2가지만 쓰시오.

정답

Ⅰ. 개요
- 비파괴검사법은 파괴과정 없이 용접 결함을 발견할 수 있기 때문에 현장에서 필수적으로 사용하고 있다.
- VT, PT, RT ,UT, MT 등 목적과 환경에 맞게 선택하여 사용하여야 한다.

Ⅱ. RT(Radiographic Test) 도해

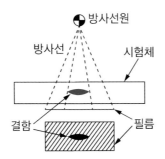

Ⅲ. 비파괴검사법 종류 5가지
- VT(Visual Test) : 육안검사법
- PT(Penetration Test) : 침투탐상법
- RT(Radiographic Test) : 방사선투과법
- UT(Ultrasonic Test) : 초음파탐상법
- MT(Magnetic Test) : 자분탐상법

Ⅳ. 비파괴검사법 종류 5가지 방법에 대하여 각각 설명

구분	방법
VT	육안으로 직접 용접 표면을 검사한다.
PT	침투제를 용접 부위 등 시험체에 침투시켜 충분한 시간이 경과한 후 침투제를 제거하고 그 위에 현상제를 도포하여 침투제를 빨아들인 모양을 보고 결함을 확인한다.
RT	방사선을 시험체에 투과시켜 반대쪽 필름에 촬영한 후 결함을 검출한다.
UT	시험체에 초음파를 전달하여 내부에 존재하는 결함의 위치 및 크기 등을 파악한다.
MT	시험체에 자분을 적용시켜 자분이 모이거나 붙어 있는 부분을 분석한 후 결함을 판단한다.

Ⅴ. 비파괴검사법 종류 5가지의 특성을 각각 2가지

구분	방법
VT	• 사용이 간편하다. • 개인의 판단에 좌우된다.
PT	• 검사비용이 저렴하다. • 부재형상에 한계가 없다.
RT	• 검사비용이 고가이다. • 슬래브의 경우 필름 붙이기가 힘들다.
UT	• 검사결과가 정확하다. • 결함 종류 판별이 개인적 판단에 좌우된다.
MT	• 부재의 형상에 관계없이 실시가 가능하다. • 판독이 빠르다.

Ⅵ. 결론

비파괴검사 5가지 VT, PT, RT ,UT, MT에 대한 장단점을 파악하여 원하고자 하는 결과를 얻을 수 있도록 선택하여야 한다.

07

건설현장에서 발생하는 추락을 방지하기 위한 조치에 대하여 다음 물음에 답하시오.

1) 개구부 등의 방호 조치(안전난간, 울타리, 수직형 추락방망 또는 덮개 등) 시 준수해야 할 사항 3가지만 쓰시오.

2) 추락하거나 넘어질 위험이 있는 장소에서 작업발판을 설치하기 곤란한 경우 추락방호망의 설치기준 3가지를 쓰시오.

정답

Ⅰ. 개요

- 건설현장에서 일어나는 사고의 많은 부분이 추락에서 발생된다. 단부조치를 제대로 하지 않거나 방지망을 설치하지 않아 발생하는 사고가 많다.
- 특히 개구부의 커버를 설치하지 않아 추락하는 사고가 많이 발생되고 있다.

Ⅱ. 안전난간 구조

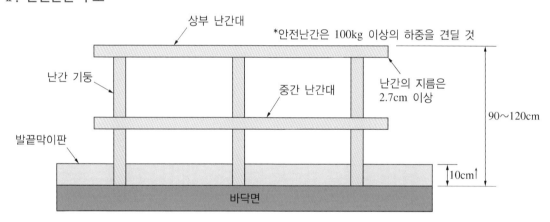

Ⅲ. 개구부 등의 방호 조치 시 준수사항 3가지(산업안전보건기준에 관한 규칙 제43조)

- 방호 조치는 충분한 강도를 가진 구조로 튼튼하게 설치해야 한다.
- 덮개를 설치하는 경우에는 뒤집히거나 떨어지지 않도록 설치하여야 한다.
- 덮개는 어두운 장소에서도 알아볼 수 있도록 개구부임을 표시해야 한다.
- 수직형 추락방망은 한국산업표준에서 정하는 성능기준에 적합한 것을 사용해야 한다.
- 난간등을 설치하는 것이 매우 곤란하거나 작업의 필요상 임시로 난간등을 해체하여야 하는 경우 추락방호망을 설치하여야 한다.
- 추락방호망을 설치하기 곤란한 경우에는 근로자에게 안전대를 착용하도록 하는 등 추락할 위험을 방지하기 위하여 필요한 조치를 하여야 한다.

Ⅳ. 작업발판을 설치하기 곤란한 경우 추락방호망의 설치기준 3가지(산업안전보건기준에 관한 규칙 제42조)

- 설치위치는 가능하면 작업면으로부터 가까운 지점에 설치한다.
- 작업면으로부터 망의 설치지점까지의 수직거리는 10m를 초과해서는 안 된다.
- 추락방호망은 수평으로 설치하고, 망의 처짐은 짧은 변 길이의 12% 이상이 되도록 한다.
- 건축물 등의 바깥쪽으로 설치하는 경우 추락방호망의 내민 길이는 벽면으로부터 3m 이상 되도록 한다.
- 그물코가 20mm 이하인 추락방호망을 사용한 경우에는 낙하물 방지망을 설치한 것으로 본다.
- 추락방호망을 설치하는 경우에는 한국산업표준에서 정하는 성능기준에 적합한 추락방호망을 사용하여야 한다.

Ⅴ. 결론

- 개구부 등은 커버를 견고하게 설치해야 하며 개구부 주변에 안전난간대를 설치하여 근로자의 추락을 방지해야 한다.
- 개구부 주변 작업 시는 감시자를 배치하여 개구부로 추락하지 않도록 해야 한다.

08

다음 콘크리트 교량 건설공법을 설명하고, 각 건설공법의 경제적 장점을 쓰시오.

1) 동바리(완전지보) 공법(FSM ; Full Staging Method)

2) 연속 압출공법(ILM ; Incremental Launching Method)

3) 캔틸레버 공법(FCM ; Free Cantilever Method)

4) 이동식 비계공법(MSS ; Movable Scaffolding System)

5) 프리캐스트 세그먼트 공법(PSM ; Precast Segment Method)

정답

Ⅰ. 개요

- 콘크리트 교량 건설공법은 여러 종류가 있으나 목적에 맞는 공법을 사용하는 것이 좋다.
- 동바리 공법, 연속 압출공법, 캔틸레버 공법, 이동식 비계공법, 프리캐스트 세그먼트 공법의 각 공법을 분석하여 경제적인 공법을 찾아내야 한다.

Ⅱ. 트러스교의 종류

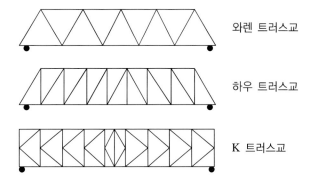

와렌 트러스교

하우 트러스교

K 트러스교

Ⅲ. 각 공법 설명 및 공법별 경제적 장점

구분	설명	경제적 장점
동바리(완전지보) 공법	콘크리트를 타설하는 경간 전체에 동바리 등을 설치하여 콘크리트 강도가 발현될 때까지 동바리를 그대로 유지하는 공법	• 특수한 거푸집 장비가 필요 없어 비용이 저렴 • 공사방법이 간단
연속 압출 공법	교대 후방의 작업장에서 세그먼트를 제작한 후 바로 앞의 세그먼트에 포스트텐션을 가하여 연결하고 압출하여 교량을 설치하는 공법	• 동바리 설치가 불필요함 • 거푸집의 반복 사용이 가능 • 같은 제작장에서 작업하므로 효율적임
캔틸레버 공법	상부구조를 지보공 없이 교각의 주두부에서부터 트래블러 폼을 이용하여 연속적으로 건설하는 공법	• 하부 동바리 작업이 어려운 높은 곳의 작업이 가능 • 지보공 설치 불필요 • 경간이 긴 경우 효과적
이동식 비계 공법	동바리 없이 거푸집이 부착된 이동식 지보를 이용하여 교각 위를 이동하면서 교량을 건설하는 공법	• 교량 하부의 작업조건에 상관없이 작업 가능 • 시공으로 인한 단순반복작업
프리캐스트 세그먼트 공법	PSC 거더를 제작장에서 제작한 후 운반하여 교량을 건설하고 포스트텐션으로 세그먼트를 일체화시키는 공법	• 거더 공장 제작에 의해 공기단축 • 상하부 동시 작업 가능 • 단면의 변화 가능 • 하부 작업조건 제약 경미

Ⅳ. 결론

- 현장에설 실시하는 작업환경을 판단하여 적절한 공법을 선정해야 한다.
- 교량 건설 작업 시 안전관리를 철저히 하여 사고를 예방해야 한다.

09

건설현장에서 사용되는 이동식 크레인에 관하여 다음 물음에 답하시오.

1) 이동식 크레인의 종류 3가지만 쓰시오.
2) 이동식 크레인 선정 시 고려해야 할 사항 3가지만 쓰시오.
3) 이동식 크레인 작업 전 확인해야 할 사항 3가지만 쓰시오.

정답

Ⅰ. 개요

- 이동식 크레인이란 원동기를 내장하고 있는 것으로서 불특정 장소에 스스로 이동할 수 있는 크레인으로 동력을 사용하여 중량물을 매달아 상하 및 좌우로 운반하는 설비이다.
- 기중기 또는 화물특수자동차의 작업부에 탑재하여 화물운반 등에 사용하는 기계 또는 기계장치를 말한다.

Ⅱ. 크레인 인양 능력에 대한 안전성 검토 절차

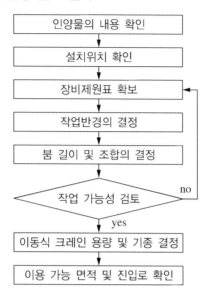

Ⅲ. 이동식 크레인의 종류 3가지

- 트럭 크레인(Truck Crane)
- 크롤러 크레인(Crawler Crane)
- 트럭 탑재형(Cago Crane)
- 험지형 크레인(R/T Crane ; Rough Terrain Crane)
- 전지형 크레인(A/T Crane ; All Terrain Crane)

Ⅳ. 이동식 크레인 선정 시 고려사항 3가지

- 이동식 크레인의 중량물 작업계획 등 작업과 관련된 위험성평가를 수행하여 장비를 선정하여야 한다.
- 작업조건, 주변의 환경, 공간 확보, 제작사의 사용기준 등을 사전에 검토하여 적합한 장비를 선정하여야 한다.
- 크레인 반출·입로와 장비 조립 및 설치 장소, 작업장 지지력과 작업장 주변의 장애물, 지하매설물 등을 확인하여야 한다.
- 지브와 인양물 및 기존 구조물의 상호 간섭을 고려하여 크레인의 설치 위치를 선정하여야 한다.

Ⅴ. 이동식 크레인 작업 전 확인사항 3가지

- 이동식 크레인의 지브, 후크 블록 및 도르래, 아웃트리거, 차체 등 주요부를 점검하고 이상 발견 시 수리 또는 교체 등의 조치를 하여야 한다.
- 충격하중은 이동식 크레인의 전도사고로 이어질 수 있으므로 작업계획을 사전에 검토하여 충격하중의 발생을 예방하여야 한다.
- 이동식 크레인을 이용한 인양작업 시 하물을 수직으로 상승 및 하강하여 이동식 크레인의 사용기준을 벗어난 수평하중이 작용하지 않도록 하여야 한다.
- 인양작업 시 인양 반경을 최소화하여 전도 및 낙하 등에 의한 재해를 예방하여야 한다.
- 풍속을 측정하여 확인하고, 풍속이 초당 10m 이상인 경우 작업을 중지하여야 한다.
- 크레인의 수평도를 확인하고, 아웃트리거를 설치할 위치의 지반 상태를 점검하여야 한다.
- 작업 시작 전에 권과방지장치나 경보장치, 브레이크, 클러치 및 조정장치, 와이어로프가 통하고 있는 곳의 상태 등을 점검하여야 한다.
- 길이가 긴 인양물을 수평에서 수직으로 세울 필요가 있는 경우에는 인양 반경 증가에 따른 크레인 인양 능력을 사전에 검토하여야 한다.
- 작업 장소 주변의 인양작업에 간섭될 수 있는 장애물 여부를 점검하여야 한다.
- 크레인 인양작업 시 신호수를 배치하여야 하며, 운전원과 신호수가 상호 신호를 확인할 수 있는 장소에서 작업을 하여야 한다.
- 이동식 크레인의 정격하중과 인양물의 중량을 확인하여야 한다.
- 이동식 크레인 작업반경 내에 관계자 외의 출입통제 조치를 확인하여야 한다.
- 카고 크레인에 버킷을 연결하여 사용할 경우 작업 전에 주요 부재의 볼트 체결부 및 용접부를 점검한 후에 작업하여야 한다.

Ⅵ. 결론

- 이동식 크레인 작업 중에는 장비 주변에 접근금지 조치를 취하여 근로자의 접근을 막아야 한다.
- 이동식 크레인 작업 전 장비 작업 계획서를 철저하게 작성하여 발생할 수 있는 사고를 예방해야 한다.

PART 03

제3차 면접
(기계·전기·화학·건설 공통)

PART 03 제3차 면접

면접의 이해

면접이란 무엇인가?

1. 면접의 이해

우리가 전공공부를 할 때는 먼저 개론을 공부한다. 면접개론이라는 학문이 있는지는 모르겠지만 면접에 대한 개략적인 내용을 알 필요가 있다. 면접이란 무엇인가? 면접(낯 면 : 面, 사귈 접 : 接)을 사전에서 찾으면 '① 서로 대면하여 만나 봄, ② 직접 만나서 인품(人品)이나 언행(言行) 따위를 평가하는 시험'이라고 나온다. 대면해서 인품을 보는 것이 면접이다. 그런데 인품만 보는 것이 아니고 지식까지 측정해야 하니 피면접자 입장에서는 어려울 수밖에 없다. 필자가 면접위원으로 피면접자를 대해 본 결과 인성이 문제가 있었던 사람은 1명 정도였다. 그러니 인성으로는 분별력이 서지 않는다. 지식과 언행이 당락을 좌우하는 것이다. 따라서 지식에 대한 준비를 만만히 해서는 안 된다.

2. 면접위원 구성

산업안전지도사 면접위원은 대학 교수, 기업체 임직원, 중소기업 대표, 산업안전지도사 등 총 3명으로 구성된다. 그중 가운데 앉는 사람을 좌장이라고 부르며 주로 나이 많은 분이 담당하는 경우가 많다. 그리고 그분이 면접을 진행한다. 질문은 보통 1명당 3개 정도 준비하는데 다른 사람에게 같은 질문을 중복해서 하지 않는다. 면접이 끝난 피면접자가 인터넷으로 질문을 유출하기 때문에 뒤에 시험 보는 피면접자는 유리하다는 이유에서이다. 이 때문에 면접 차수별로 질문을 만들어 질문한다.

면접은 어떻게 준비하는가?

1. 면접은 무엇을 어떻게 준비해야 하는가?

2차 시험 합격 후 바로 면접을 준비해야 하는데 무엇을 어떻게 준비해야 할지 난감하다. 우리는 보통 아는 것을 글로는 표현해봤지만 말로는 표현해본 적이 많지 않다. 또한 필기시험과는 달리 범위가 넓기 때문에 어떤 내용을 준비해야 하는지도 막막하다. 시험에 대한 출제범위가 있기는 하다. 큐넷 홈페이지의 자격정보에 가면 종목별로 출제범위가 나와 있다. 표에 나와 있는 대로 산업안전지도사의 경우 안전에 관련된 전반적인 내용에 대해 정리를 하고 공부를 해야 한다. 하지만 면접시험과 필기시험은 차이점이 있다. 필기시험의 경우 지식에 대한 판단이지만 면접의 경우는 인성과 자질에 관한 부분이 추가된다. 그러므로 책을 많이 읽은 사람이 유리하다. 책을 많이 읽는 사람은 말을 조리 있고 논리적으로 하고 인상도 푸근해 보인다. 면접을 바로 앞에 두고 당장 책을 읽는다고 해서 도움이 되지는 않지만 평소에 책을 읽는 습관을 기르도록 하자.

면접에 합격하기 위해서는 다음과 같은 3가지가 필요하다.

먼저, 서브노트이다. 면접만을 위한 서브노트를 문어체로 작성해야 한다. 면접위원의 질문에 답변하는 식으로 아는 지식을 문어체(※ 본서에서는 가독성을 위해 구어체를 사용하였음)로 작성하는 것이다. 바로 이 책이 필요한 이유이다. 시간이 없는 수험생들을 위해서 미리 작성해두었다.

둘째, 복장이다. 복장에 대해서는 다음 장에서 다시 한번 다루기로 하겠다. 산업안전지도사는 블라인드 면접이기 때문에 복장을 보지는 않는다. 다만 본인의 긴장감을 위해 양복을 권유하고 싶다. 양복을 입으면 면접이라는 것이 실감 나기 때문에 올바른 답을 할 수 있다고 생각한다. 이것은 개인의 취향이니 이해해주기 바란다.

셋째, 자신의 지식이다. 안전관리자를 역임했거나 하고 있는 수험생에게는 유리한 면이 많다. 하지만 부전공자라고 해도 걱정할 일은 아니다. 이 책을 열심히 읽고 준비하면 안전에 대한 지식이 생긴다.

2. 학원 vs 스터디모임

면접 준비를 위해 학원을 다녀야 할지 말지를 고민하게 되는데, 결론부터 말하면 '다닐 필요 없다.'이다. 대신에 스터디모임을 만들어 서로 면접을 보강하면 된다. 스터디모임은 4명 정도가 가장 이상적이다. 4명이 나누어 자료를 수집하고 분석하면 시간을 절약할 수 있다. 또한 면접 실습 시 3명은 면접위원 역할을 하고 1명은 피면접자가 되어 실습을 진행할 수 있다. 4명을 구할 수가 없으면 아는 산업안전지도사나 기술사 지인을 이용하여 1대 1 압박면접을 진행해도 좋다.

면접 합격 요령

1. 기출문제 분석

면접 준비의 1단계이다. 필기시험과 마찬가지로 기출문제를 분석해야 한다. 기출문제는 아쉽게도 큐넷에서는 제공을 하지 않고 인터넷 카페나 블로그, 학원 사이트 등을 통해 수집할 수 있다. 지금까지의 기출문제를 모두 분석할 필요는 없고 최근부터 5년 정도의 문제를 수집하여 분석하면 된다. 평균적으로 1명당 3~4개 정도의 질문을 한다. 요즘은 1인당 1개의 질문을 하는 경우도 있다. 열심히 인터넷 서핑을 하다 보면 면접 기출문제를 나누어주는 SNS가 많다. 특히 블로거들이 많이 제공하고 있다. 이 책을 이용하여 기출문제를 확인하고 공부하기 바란다.

2. 모의면접 실시

이 책을 공부하면서 이해하고 외우는 것이 좋다. 그리고 공부한 내용을 주변의 스터디모임 멤버들과 또는 지도사나 기술사 취득자와 면접을 통해서 확인해야 한다. 필자는 여러 명의 모의면접을 실시했다. 모의면접 시에도 긴장되어 말을 더듬는 피면접자도 있었다. 상황을 의식하기 때문에 긴장하는 것이 당연하다. 그것을 극복하고 편안한 마음을 가지려면 모의면접을 여러 번 실시해야 한다. 모의면접은 실제 면접과 마찬가지로 3인의 면접위원이 있으면 좋지만 안 되면 1명으로 하되 15~25분이라는 시간을 정해놓고 진행하면 좋다. 25분간 질문 12개 정도에 대한 답을 하면 된다. 요즘은 1문제당 4~5분을 답해야 하는 경우도 있다.

3. 면접시간 배분 연습

면접은 1명당 15~25분간 진행된다. 예전에는 사람에 따라 시간이 달라서 어떤 사람은 질문 3개로 끝내는가 하면 어떤 사람은 15개 이상의 질문을 하기도 했다. 그래서 질문을 적게 받으면 합격이라는 말도 있었다. 그러다 보니 형평성에 대한 민원이 많이 제기되어 1인당 질문 개수를 정해놓고 질문을 한다. 답변을 잘못하는 경우 몇 개의 질문을 더 함으로써 긴장감으로 실력을 발휘하지 못하는 수험생들에게 기회를 주고 있다. 질문을 많이 받았느냐 적게 받았느냐에 따라 당락이 좌우되지는 않으니 아는 문제가 나왔을 경우 최선을 다해서 답변하면 된다. 내가 아는 지식을 총동원하여 답변해야 한다. 게다가 긴장한 상태에서 해야 하기 때문에 더욱 어렵다. 이 부분에 대한 연습을 하는 것이다. 문제에 대해 답변하기를 꾸준히 연습하면 면접시험장에서도 긴장하지 않고 답변할 수 있다.

결전

1. 면접 전날 마음가짐 및 준비사항

면접 전날은 마음을 편하게 가져야 한다. 어떻게 편한 마음을 가질 수 있겠냐고 할 수도 있겠지만 책을 읽거나 음악을 들으면서 또는 일에 몰두하면서 잠시 면접에 대한 생각을 접어두면 된다. 면접일 전날 사우나를 가는 것도 좋은 방법이다. 사우나를 가서 땀을 배출하여 몸을 가볍게 만들면 에너지가 생기고 잠이 잘 와서 다음날 머리가 맑아진다. 각자의 방식으로 긴장을 풀고 마음을 편하게 가진 뒤 일찍 잠자리에 드는 것을 추천한다.

2. 면접 재도전 시 마음가짐

처음 면접 때는 너무 긴장한 나머지 대답도 잘못하고 아는 내용도 전혀 말하지 못했다. 하지만 그것을 계기로 1년을 준비하였기 때문에 두 번째 면접은 자신감을 가져도 된다. 이번에는 반드시 합격한다는 자신감으로 면접에 임하면 합격할 수 있다. 재도전의 경우 지난 면접에서 무엇이 부족했는지 본인은 알 것이다. 자신감이 부족한지, 업무에 대한 지식이 부족한지. 말이 느리다고 면박을 주는 면접위원은 없으니 다시 한번 생각하고 차분하게 답변하면 된다. 면접위원들은 피면접자의 긴장상태를 알기 때문에 최대한 들으려고 노력한다. 그러니 자신감을 갖고 천천히 답변하기 바란다.

3. 면접 최종 준비

1) 면접에 대한 답변은 두괄식으로 한다.

질문에 대한 답변을 먼저 하고 부연설명을 한다. 예를 들면 "콘크리트 타설 시 비가 오면 어떻게 하시겠습니까?"라는 질문에 대한 답을 한다고 할 경우 두괄식으로 답하면 "비의 양에 따라 타설할지 말지를 결정해서 많이 오면 중단합니다. 비가 올 경우 콘크리트에 가수가 혼합되기 때문에 강도에 현저한 영향을 미칩니다. 그렇게 되면 내구성이 저하되고……."라는 식으로 중단한다고 먼저 답한 후 부연설명을 하는 것을 추천한다.

2) 면접위원을 향해 고개를 들고 말한다.

블라인드 면접이라 얼굴은 안 보이지만 질문한 면접위원을 향해 얼굴을 들고 말하면 자신감과 친밀함이 있어 보인다. 면접위원들도 고개를 숙이고 말하는지 그렇지 않은지 다 알 수 있다. 그런 사람들은 자신감이 없어 보이기 때문에 면접위원들이 별로 좋아하지 않는다.

3) 대답은 큰소리로 한다.

물어본 질문에는 자신감 있는 큰소리로 대답하도록 한다. 면접위원 입장에서는 잘 안 들릴 수도 있기 때문에 큰소리로 말하는 것이 좋다.

4) 질문을 반복하지 않는 것이 좋다.

답변하기 전 질문을 반복해서 질문 의도를 확인하려는 피면접자가 있는데 시간 낭비이다. "답변하겠습니다." 하고 답변하는 사람도 있는데 그럴 필요 없다. 그냥 평소대로 답변하는 것이 좋다.

5) 솔직하게 모른다고 해야 하나?

'모르는 문제가 나올 경우 어떻게 답변을 해야 할까?' 면접을 준비하면서 항상 따라다니는 고민이다. 솔직하게 모른다고 하면 점수를 받을 수가 없고 동문서답을 해도 점수를 받을 수 없다. 이 고민에 대해 면접위원으로서 지극히 개인적인 입장에서 답변하자면, 한 번 정도는 모른다고 하면 다음 문제를 물어본다. 하지만 두 번째 문제도 모른다고 답변하면 점수를 줄 수가 없다. 그러니 첫 번째는 모른다고 하고 두 번째는 비슷하게라도 답을 해야 한다. 두 문제를 다 답을 못 하면 준비를 안 했다고 생각하기 때문이다.

6) 답변 요령

반복해서 하는 말이지만, 답변은 두괄식으로 하는 것이 좋다. 질문에 대한 답을 먼저 하고 부연설명을 하되, 자신 있는 문제는 답변을 길게 하는 것이 좋다. 자신 없는 문제도 최대한 시간을 활용하여 답을 하는 것이 좋다. 답을 짧게 해서 다음 질문을 받는 것보다는 내가 아는 것을 모두 말해서 답변 시간을 길게 가져가는 것이 좋다. 그럼 질문 개수도 줄어드는 것이다. 면접위원이 싫어하면 어쩌나 하는 걱정 따위는 안 해도 된다.

또한 답이 없는 문제나 도덕적인 내용을 묻는 질문 내지는 장래에 관해 묻는 질문 등을 받으면 최선을 다해서 답변하는 것이 좋다. 면접위원이 선물한 것이라고 생각하면 된다. 예를 들면 "왜 지도사가 되려고 하느냐?"라던가, "소규모 현장에서 사고가 발생하는 이유는?" 이라던가, "중대재해를 줄이기 위해 안전관리자로서 해야 하는 역할은?"과 같은 질문을 받으면 정말 선물이라 생각하고 최선을 다해서 답변을 하도록 하자.

7) 이 책의 활용법

이 책은 면접 질문에 대해 답을 말하는 식으로 서술했다. 읽으면서 입으로 말해보고, 안 보고도 말해보는 연습을 하는 것이다. 반드시 안 보고 말하는 과정을 거쳐야 어떤 부분이 부족한지 알 수 있다. 그 부분을 계속 외우는 수밖에 없다. 일단 합격을 하는 것이 중요하다.

참고사항

1. 면접 통계 자료

면접 합격률에 대해서는 큐넷에서 1, 2, 3차 응시 및 합격률을 연도별로 제공하고 있다. 필자가 아래와 같이 최근 6개년간 산업안전지도사(건설안전) 합격률을 분석해봤다. 표에서 보듯이 합격률이 1차 평균 29%, 2차 평균 17%, 3차 평균 40%이다. 2023년도 1차 합격률은 23%, 2차 합격률은 6%, 3차 합격률은 33%였다. 조금만 노력하면 합격하는 것이다.

구분	1차			2차			3차			합계		
------	응시 (명)	합격 (명)	합격률 (%)	응시 (명)	합격 (명)	합격률 (%)	응시 (명)	합격 (명)	합격률 (%)	응시 (명)	합격 (명)	합격률 (%)
2018년	337	107	32	28	10	36	89	54	61	454	171	38
2019년	603	246	41	95	45	47	206	109	53	904	400	44
2020년	933	248	27	116	22	19	245	105	43	1,294	375	29
2021년	1,367	368	27	224	3	1	249	107	43	1,840	478	26
2022년	1,776	664	37	334	117	35	554	192	35	2,664	973	37
2023년	3,527	817	23	570	37	6	603	202	33	4,700	1,056	22
합계	8,543	2,450	29	1,367	234	17	1,946	769	40	11,856	3,453	29

2. 면접장 환경

면접장은 경험해본 사람은 다 알 것이다. 하지만 처음 보는 사람은 모르기 때문에 환경에 대해 간단히 소개한다. 면접장은 피면접자 대기 장소와 면접 부스 장소가 있다. 면접 부스는 방으로 구분되어 문을 열고 들어가도록 되어 있다. 종목별로 면접을 시행하기 때문에 건설안전, 화공안전, 기계안전 등 위치가 서로 다르다. 면접실에 대한 안내는 공단 직원이 해주고 있으니 걱정할 필요는 없다. 알려준 번호의 면접실로 찾아가면 커튼이 쳐져 있고 앞쪽에 면접위원 3분이 계신다. 3분이 각자 1~3개 정도 질문을 한다. 답변은 위에서 말한 대로 시간 배분을 잘해서 간략하고 크게 답변하면 된다. 철저히 블라인드이기 때문에 긴장은 덜 되는 것 같다.

3. 복장

복장에 대해서는 아무도 말하는 사람이 없다. 왜냐면 어차피 안 보이기 때문이다. 양복을 입어야 면접을 잘볼 것 같은 사람은 양복을 입으면 되고, 그렇지 않은 사람은 사복을 입어도 문제없다. 다만 자신의 마음가짐을 위해 너무 편한 복장은 피하고 최소 비즈니스 정장 정도를 추천한다.

※ 본서에서는 가독성을 위해 구어체로 표기했으나, 실제 면접 시에는 문어체로 답변해야 합니다.

※ 실제 면접 기출문제는 공개되지 않아 수험자의 기억에 의해 문제를 복원하였습니다. 실제 출제 문제와 상이할 수 있음을 알려드립니다.

2017년 기출복원문제

01

가설통로는 여러 가지가 있는데 그중 사다리에 대한 안전기준은 무엇인가요?

정답

산업안전보건기준에 관한 규칙 제23조

가설통로 중 사다리의 안전기준은 먼저 사다리의 구조가 견고해야 하고 심한 손상이나 부식 등이 없는 재료를 사용해야 한다. 발판의 간격은 일정하고 발판과 벽 사이는 15cm 이상의 간격을 유지해야 한다. 사다리 폭은 30cm 이상으로 하고 사다리가 넘어지거나 미끄러지는 것을 방지하기 위한 조치를 취해야 한다.

사다리의 상단은 걸쳐놓은 지점으로부터 60cm 이상 올라가도록 하고 사다리식 통로의 길이가 10m 이상인 경우에는 5m 이내마다 계단참을 설치해야 한다. 사다리식 통로의 기울기는 75° 이하로 하는 것이 좋으나 고정식 사다리식 통로의 기울기는 90° 이하로 하고, 그 높이가 7m 이상인 경우에는 바닥으로부터 높이가 2.5m 되는 지점부터 등받이울을 설치하면 된다. 접이식 사다리 기둥은 사용 시 접히거나 펼쳐지지 않도록 철물 등을 사용하여 견고하게 조치해야 한다.

참고로 가설통로의 구조에 대해 말하자면, 첫째 견고한 구조여야 한다.

둘째, 경사는 30° 이하로 해야 하며 계단을 설치하거나 높이 2m 미만의 가설통로로서 튼튼한 손잡이를 설치한 경우에는 30° 이상도 가능하다.

셋째, 경사가 15°를 초과하는 경우에는 미끄러지지 아니하는 구조로 해야 한다.

넷째, 추락할 위험이 있는 장소에는 안전난간을 설치해야 하는데 작업상 부득이한 경우에는 필요한 부분만 임시로 해체할 수 있다.

다섯째, 수직갱에 가설된 통로의 길이가 15m 이상인 경우에는 10m 이내마다 계단참을 설치해야 한다. 마지막으로 건설공사에 사용하는 높이 8m 이상인 비계다리에는 7m 이내마다 계단참을 설치해야 한다.

02

콘크리트 타설 시 안전사항은 무엇이 있습니까?

정답

콘크리트공사표준안전작업지침 제13조

콘크리트 타설 시 안전사항은 콘크리트 표준안전작업지침에 나와 있는데, 먼저 타설순서를 계획에 맞게 준수해야 한다.

둘째, 콘크리트를 치는 도중에는 거푸집이나 지보공 등의 이상 유무를 확인해야 하고, 담당자를 배치하여 이상이 발생한 때에는 신속한 처리를 해야 한다.

셋째, 콘크리트 타설속도는 표준시방서에 따라야 하는데 보통 1시간에 2m 이하로 타설해야 한다.

넷째, 손수레를 이용하여 콘크리트를 운반할 때에는 천천히 운반하여 거푸집에 충격을 주지 아니하도록 타설해야 하고 적당한 간격을 유지해야 한다.

다섯째, 콘크리트를 한곳에만 치우쳐서 타설할 경우 거푸집의 변형 및 탈락에 의한 붕괴사고가 발생하므로 타설순서를 준수해야 한다.

여섯째, 전동기(바이브레이터)는 지나치게 사용하면 붕괴원인이 되므로 적절히 사용하도록 주의해야 한다.

03

Fail Safe란 무엇이며 어떤 종류가 있습니까? 혹시 건설현장에서 적용한 사례가 있습니까?

정답

Fail Safe는 시스템이 고장 나더라도 시스템의 안전을 유지할 수 있는 기능을 말한다. 다시 말해 시스템의 어느 부위가 고장이 나더라도, 어느 시점까지 시스템이 정상적으로 동작되고, 바로 산업재해로 직결되지 않는 기능을 말하는 것이다.

Fail Safe에는 크게 3종류가 있는데, 첫째 Fail Passive이다. 기계부품 고장 시, 장비의 운행을 중지하는 것이 이에 해당한다.

둘째, Fail Active이다. 부품의 고장 시, 기계는 고장경고를 사용자에게 보여주며 어느 정도 시간까지는 사용 가능하도록 하는 기능이다.

셋째, Fail Operational이다. 기계 고장 시, 이후 메인티넌스(Maintanence)까지 기능의 사용이 가능한 시스템이다.

건설기계 및 건설산업 적용사례는 엔진 및 발전기의 병렬운전으로 인해, 하나의 메인 기계가 고장 날 경우에도 운전 정지가 가능하도록 하는 시스템이 있고, 2개 이상의 브레이크 마스터 실린더의 사용으로 인한 각 건설기계 및 차량장치 브레이크 기능 사용이 가능하도록 하는 기능이 있다. 또한 기계 플랜트 및 각종 배관에는 바이패스 회로의 사용으로 인해, 한쪽 배관에 문제가 있을 경우에도 사용 가능하도록 하는 시스템이 있다.

04

타워크레인을 설치하기 위해서는 지지방식을 결정해야 하는데 지지방식에는 어떤 것이 있나요?

정답

산업안전보건기준에 관한 규칙 제142조

타워크레인을 자립고 이상의 높이로 설치하는 경우 건축물 등의 벽체에 지지하도록 해야 하는데 지지방식은 벽 지지방식과 와이어로프 지지방식이 있다.

벽 지지방식은 제조사의 설치작업설명서 등에 따라 설치하고 서면심사 서류 등이 없거나 명확하지 아니한 경우에는 건축구조·건설기계·기계안전·건설안전기술사 또는 건설안전분야 산업안전 지도사의 확인을 받아 설치하거나 기종별·모델별 공인된 표준방법으로 설치해야 한다.

콘크리트 구조물에 고정시키는 경우에는 매립이나 관통 또는 이와 같은 수준 이상의 방법으로 충분히 지지되도록 해야 하며 건축 중인 시설물에 지지하는 경우에는 그 시설물의 구조적 안정성에 영향이 없도록 해야 한다.

와이어로프 지지방식은 와이어로프를 고정하기 위한 전용 지지 프레임을 사용해야 하고 와이어로프 설치각도는 수평면에서 60° 이내로 하되, 지지점은 4개소 이상으로 하고, 같은 각도로 설치해야 한다.

와이어로프와 그 고정부위는 충분한 강도와 장력을 갖도록 설치하고, 클립이나 샤클 등의 고정기구를 사용하여 견고하게 고정시켜 풀리지 않도록 해야 한다. 또한 와이어로프가 가공전선에 근접하지 않도록 해야 한다.

05

현장에서 사용하는 안전관리비 사용기준은 어떻게 되나요?

정답

건설업 산업안전보건관리비 계상 및 사용기준 제7조

건설업 산업안전보건관리비란 산업재해 예방을 위하여 건설공사 현장에서 직접 사용되거나 해당 건설업체의 본사 등에 설치된 안전전담부서에서 법령에 규정된 사항을 이행하는 데 소요되는 비용을 말하는 것이다.

안전관리비 사용기준은 '건설업 산업안전보건관리비 계상 및 사용기준'이라는 행정규칙에 나와 있다. 현장에서 안전관리비로 사용 가능한 항목은 첫째, 안전관리자·보건관리자의 임금, 출장비 전액, 비전담 안전관리자 또는 보건관리자의 임금과 출장비의 50%, 작업지휘자, 유도자, 신호자 등의 임금 전액 등에 사용할 수 있다.

둘째, 안전시설비에 사용 가능하다. 안전난간, 추락방호망, 안전대 부착설비, 방호장치 등 안전시설의 구입·임대 및 설치를 위해 소요되는 비용과 용접작업 등 화재 위험작업 시 사용하는 소화기의 구입·임대비용에 사용 가능하다.

셋째, 보호구이다. 보호구의 구입수리·관리 등에 소요되는 비용에 사용할 수 있다.

넷째, 안전보건진단 비용으로 유해위험방지계획서의 작성 등에 소요되는 비용, 안전보건진단에 소요되는 비용, 작업환경 측정에 소요되는 비용, 전문기관 등에서 실시하는 진단, 검사, 지도 등에 소요되는 비용에 사용 가능하다.

다섯째, 안전보건교육비이다. 의무교육이나 이에 준하여 실시하는 교육을 위해 건설공사 현장의 교육장소 설치·운영 등에 소요되는 비용에 사용 가능하다.

여섯째, 근로자 건강장해예방비이다. 근로자의 건강장해 예방에 필요한 비용, 중대재해 목격으로 발생한 정신질환을 치료하기 위해 소요되는 비용, 감염병의 확산 방지를 위한 마스크, 손소독제, 체온계 구입비용 및 감염병병원체 검사를 위해 소요되는 비용, 휴게시설을 갖춘 경우 온도, 조명 설치·관리기준을 준수하기 위해 소요되는 비용 등에 사용 가능하다.

일곱째, 건설재해예방전문지도기관의 지도에 대한 대가로 지급하는 비용, 여덟째 산업안전보건위원회, 노사협의체에서 사용하기로 결정한 사항을 이행하기 위한 비용에 사용 가능하다.

06

지게차에 대한 안전관리 사항은 어떤 것이 있습니까?

정답

산업안전보건기준에 관한 규칙 제179조~제183조

지게차의 안전관리 사항은 운반하역 표준안전작업지침과 산업안전보건기준에 관한 규칙에 나와 있다. 먼저 전조등과 후미등을 갖추지 아니한 지게차를 사용해서는 안 된다.

둘째, 지게차에 후진경보기와 경광등을 설치하거나 후방감지기를 설치하여 후방을 확인할 수 있도록 조치해야 한다.

셋째, 적합한 헤드가드(Head Guard)를 갖추어야 하고, 넷째 백레스트(Backrest)를 갖추지 아니한 지게차를 사용해서는 안 된다.

다섯째, 팔릿은 강도가 크고 변형이나 부식이 없는 것을 사용하고, 여섯째 앉아서 조작하는 방식의 지게차를 운전하는 근로자는 좌석 안전띠를 착용해야 한다.

07

곤돌라란 무엇이며 작업 시 어떤 주의사항이 필요한가요?

'곤돌라'란 달기 발판 또는 운반구, 승강장치, 그 밖의 장치 및 이들에 부속된 기계부품에 의하여 구성되고, 와이어로프 또는 달기 강선에 의하여 달기 발판 또는 운반구가 전용 승강장치에 의하여 오르내리는 설비를 말하는 것으로 곤돌라의 운전방법 또는 고장이 났을 때의 처치방법을 그 곤돌라를 사용하는 근로자에게 주지시켜야 한다.

곤돌라의 안전장치 종류로는 권과방지장치, 조속기와 비상정지장치, 블록 스토퍼, 자동 수평조절장치, 전자식 과전류 계전기, 과부하 방지장치, 브레이크 장치 등이 있다.

작업 시 주의사항은 곤돌라 상승 시에는 지지대와 운반구의 충돌을 방지하기 위하여 지지대 50cm 하단에서 정지해야 하며 2인 이상의 작업자가 곤돌라를 사용할 때에는 정해진 신호에 의해 작업을 해야 한다. 작업을 하거나 탑승하거나 탑승자가 내릴 때에는 반드시 운반구를 정지한 상태에서 행동을 해야 하며 작업공구 및 자재의 낙하를 방지할 수 있도록 정리정돈을 실시해야 한다. 운반구 안에서 발판, 사다리 등을 사용하지 않아야 하고 곤돌라의 지지대와 운반구는 항상 수평을 유지하여 작업을 하도록 하며 곤돌라를 횡으로 이동시킬 때에는 최상부까지 들어 올리던가 최하부까지 내려서 이동해야 한다. 벽면에 운반구가 닿지 않도록 유의하고 작업 종료 후에는 운반구가 매달린 채 그냥 두지 말고 최하부 바닥에 고정시켜 놓아야 한다. 10m/sec의 강풍 등 악천후 시 곤돌라 작업으로 인하여 작업자에게 위험을 미칠 우려가 있을 때에는 작업을 중지해야 한다.

08

온열질환이란 무엇이며 예방대책은 무엇이 있나요?

정답

온열질환은 과도한 고온 환경에 노출되거나 더운 환경에서 작업, 운동 등을 시행하면서 신체의 열 발산이 원활히 이루어지지 않아 고체온 상태가 되면서 발생하는 신체 이상이다. 온열질환 중 대표적인 질환은 열사병이다. 열사병은 신체의 온도 조절 시스템이 고장 나 체온이 위험한 수준으로 상승할 때 발생하는 질환으로 고체온증과 중추신경계 기능 이상을 보이는 환자는 열사병을 반드시 의심해야 하며 여러 장기를 손상시키는 응급 상황이므로 즉각적으로 처치해야 한다. 열사병은 갑작스럽게 발현되며 증세는 무력감, 어지러움, 메스꺼움(구역), 구토, 두통, 졸림, 혼동상태, 근육떨림, 운동실조, 평형장애, 신경질 등이 나타난다. 온열질환을 예방하기 위해서는 고온에 장시간 노출되는 상황을 피해야 하나 그렇지 못할 경우에는 자주 그늘에서 휴식을 취해주고 충분한 수분을 섭취해야 한다. 관련 기관으로부터 혹서 경보 등이 발령되었을 경우는 시원한 곳을 찾아 이동하고, 혼자 있을 때는 주변에 도움을 요청해야 한다.

2018년 기출복원문제

01

DFS에서 설계자와 시공자의 업무는 무엇인가요?

정답

DFS는 Design for Safety로서 설계단계의 안전성에 대해 검토하는 것이다. 설계 안전성 검토 시 역할별로 업무의 내용을 말하자면, 먼저 설계자는 건설안전에 대한 위험요소를 가장 먼저 규명하고 저감대책을 반영한 설계를 수행하여 공사목적물과 작업자들이 위험요소에 노출되지 않도록 노력해야 한다. 건설공사 중 발생할 수 있는 위험요소의 인식, 위험성 평가, 저감대책 수립, 보고서의 작성 및 관련 정보의 전달과 같은 핵심적인 역할을 수행해야 한다. 관련 공사에 필요한 건설안전과 시공분야의 경험과 전문성 부족으로 설계 안전성 검토 절차를 수행하는 데 어려움이 있는 경우, 건설안전 전문가와 협업 또는 자문 및 컨설팅을 통해 설계 안전성 검토 절차를 수행해야 한다.
다음은 시공자의 업무이다. 시공자는 안전관리계획서를 작성 및 제출함에 있어 설계안전검토보고서의 내용을 반영해야 하며 안전관리계획서를 시공단계에서 이행해야 하고, 공사가 완료되면 관련 문서를 발주자에게 제출해야 한다.

02

BIM이란 무엇인지 설명하고 안전활동과 연계해서 어떻게 활용하고 있는지에 대해 설명하세요.

정답

BIM이란 Building Information Model로서 3차원의 정보모델을 기반으로 시설물의 생애주기에 걸쳐 발생하는 모든 정보를 통합하여 활용할 수 있도록 하는 디지털 모형이다. BIM 전문가가 있을 정도로 건설현장에서 많이 사용하고 있는데 2차원적인 도면환경에서 3차원적인 입체환경으로 관리가 가능하도록 발전하였다. 현재 건축계획단계부터 BIM을 도입하여 설계, 시공, 유지관리 단계까지 전 분야에 걸쳐 적용하고 있다.

이러한 BIM을 이용하여 안전관리를 하는 시스템이 계속 발전되고 있는데 활용방안에 대해 3가지를 꼽을 수 있다.

먼저 근로자 개인별 관리가 가능하다. 근로자 개인의 데이터를 입력하여 위치, 건강상태 등을 추적할수가 있다. 문제가 생겼을 때는 모니터 요원에게 바로 보고가 되는 시스템에 활용할 수가 있다.

두 번째는 공간에 관한 관리가 가능하다. 근로자들이 작업하는 작업장에 대해 사전에 점검이 가능하고 불안전 요소를 제거하여 쾌적한 근무환경을 만들 수 있다.

마지막으로 공정관리를 통해 작업속도를 조절할 수 있다. 공정이 늦어지면 급한 마음에 작업을 서두르게 되는데 그럴 경우 불안전행동을 하게 된다. 자칫 잘못하면 중대재해로 이어질 수 있기 때문에 BIM을 통해 사전에 공정관리를 하여 근로자들의 불안전행동을 차단할 수 있다.

03

건설기술진흥법상 구조적 안전 확인 대상 가설구조물은 어떤 것이 있나요?

정답

건설기술진흥법 시행령 제101조의2

가설구조물의 구조적 안전 확인 대상은 높이가 31m 이상인 비계, 브래킷 비계, 작업발판 일체형 거푸집 또는 높이가 5m 이상인 거푸집 및 동바리, 터널의 지보공 또는 높이가 2m 이상인 흙막이 지보공, 동력을 이용하여 움직이는 가설구조물, 높이 10m 이상에서 외부작업을 하기 위하여 작업발판 및 안전시설물을 일체화하여 설치하는 가설구조물, 공사현장에서 제작하여 조립·설치하는 복합형 가설구조물, 그 밖에 발주자 또는 인·허가기관의 장이 필요하다고 인정하는 가설구조물이다.

이러한 가설구조물은 건축구조, 토목구조, 토질 및 기초기술사의 검토를 받아야 한다. 또한 건설기계 직무 범위 중 공사감독자 또는 건설사업관리기술인이 해당 가설구조물의 구조적 안전성을 확인하기에 적합하다고 인정하는 직무 범위의 기술사도 검토할 수 있다. 이러한 전문가는 해당 가설구조물을 설치하기 위한 공사의 건설사업자나 주택건설등록업자에게 고용되지 않은 기술사여야 한다. 검토를 위해 가설구조물 시공 전 시공상세도면, 관계전문가가 서명 또는 기명날인한 구조계산서 등을 제출해야 한다.

04
질병자의 위험작업 취업제한에 대한 규칙에 대해 설명하세요.

정답

산업안전보건법 시행규칙 제220조, 제221조
근로금지 질병자는 총 4종류이다.

먼저, 전염될 우려가 있는 질병에 걸린 사람, 두 번째, 조현병이나 마비성 치매에 걸린 사람, 세 번째는 심장·신장·폐 등의 질환이 있는 사람으로서 근로에 의하여 병세가 악화될 우려가 있는 사람. 그리고 네 번째는 고용노동부장관이 정하는 질병에 걸린 사람은 근로를 금지해야 한다.

이러한 질병자의 근로를 금지하거나 근로를 다시 시작하도록 하는 경우에는 미리 의사인 보건관리자, 산업보건의 또는 건강진단을 실시한 의사의 의견을 들어야 한다.

이 외에 건강진단 결과 유기화합물·금속류 등의 유해물질에 중독된 사람, 해당 유해물질에 중독될 우려가 있다고 의사가 인정하는 사람, 진폐의 소견이 있는 사람 또는 방사선에 피폭된 사람을 해당 유해물질 또는 방사선을 취급하거나 해당 유해물질의 분진·증기 또는 가스가 발산되는 업무 또는 해당 업무로 인하여 근로자의 건강을 악화시킬 우려가 있는 업무에 종사하도록 해서는 안 된다.

또 감압증이나 그 밖에 고기압에 의한 장해 또는 그 후유증이 있는 사람, 결핵, 급성상기도감염, 진폐, 폐기종, 그 밖의 호흡기계 질병이 있는 사람, 빈혈증, 심장판막증, 관상동맥경화증, 고혈압증, 그 밖의 혈액 또는 순환기계 질병이 있는 사람, 정신신경증, 알코올중독, 신경통, 그 밖의 정신신경계 질병이 있는 사람, 메니에르씨병, 중이염, 그 밖의 이관협착을 수반하는 귀 질환이 있는 사람, 관절염, 류마티스, 그 밖의 운동기계 질병이 있는 사람, 천식, 비만증, 바세도우씨병, 그 밖에 알레르기성·분비계 물질대사 또는 영양장해 등과 관련된 질병이 있는 사람은 고기압 업무에 종사하도록 해서는 안 된다.

05

높이 2m 이상에서 작업 시 필요한 작업발판에 대한 설치기준은 무엇이 있나요?

정답

산업안전보건기준에 관한 규칙 제56조

높이 2m 이상 작업 시 작업발판은 첫째, 발판재료를 작업할 때의 하중을 견딜 수 있도록 견고한 것으로 해야 한다.

둘째, 작업발판의 폭은 40cm 이상으로 하고, 발판재료 간의 틈은 3cm 이하로 해야 한다. 다만 선박 및 보트 건조작업의 경우 선박블록 또는 엔진실 등의 좁은 작업공간에 작업발판을 설치하기 위하여 필요하면 작업발판의 폭을 30cm 이상으로 할 수 있고, 걸침비계의 경우 강관기둥 때문에 발판재료 간의 틈을 3cm 이하로 유지하기 곤란하면 5cm 이하로 할 수 있다.

셋째, 추락의 위험이 있는 장소에는 안전난간을 설치해야 한다.

넷째, 작업발판의 지지물은 하중에 의하여 파괴될 우려가 없는 것을 사용해야 한다.

다섯째, 작업발판 재료는 뒤집히거나 떨어지지 않도록 둘 이상의 지지물에 연결하거나 고정시켜야 한다.

마지막으로 작업발판을 작업에 따라 이동시킬 경우에는 위험 방지에 필요한 조치를 해야 한다.

06

현장에서 사용하는 안전모의 성능시험 5가지에 대해 설명하세요.

정답

보호구 안전인증 고시 제4조 [별표 1]

안전모의 성능시험에는 먼저 내관통성 시험이 있다. 내관통성 시험은 철제추를 낙하시켜 안전모 관통거리를 측정하는 것으로 통과 기준은 AE, ABE형 안전모의 경우 관통거리 9.5mm 이하, AB형 안전모의 경우 관통거리 11.1mm 이하여야 한다.

두 번째는 충격흡수성 시험이다. 충격흡수성 시험은 3,600g의 충격추를 낙하시켜 전달충격력을 측정하는 시험으로 최고전달충격력이 4,450N을 초과해서는 안 되며, 모체와 착장체의 기능이 상실되지 않아야 한다.

세 번째는 내전압성 시험이다. 20kV의 전압을 가하여 충전전류를 측정하는 시험으로 AE, ABE형 안전모의 경우 교류 20kV에서 1분간 절연파괴 없이 견뎌야 한다.

네 번째는 내수성 시험이다. 내수성 시험은 안전모의 모체를 20~25℃의 수중에 24시간 담가놓은 후, 대기 중에 꺼내어 수분을 닦아내고 질량증가율을 측정하는 것으로 AE, ABE형 안전모 질량증가율이 1% 미만이어야 한다.

다섯 번째는 난연성 시험이다. 난연성 시험은 프로판가스를 사용하여 모체를 10초간 연소시킨 후 불꽃을 제거하고 모체가 불꽃을 내고 계속 연소되는 시간을 측정하는 것으로 모체가 불꽃을 내며 5초 이상 연소되지 않아야 한다.

여섯 번째는 턱끈풀림 시험이다. 원형 롤러에 턱끈을 고정시킨 후 턱끈이 풀어질 때까지 힘을 가하여 최대하중을 측정하고 턱끈풀림 여부를 확인하는 시험으로 150N 이상 250N 이하에서 턱끈이 풀려야 한다.

07

굴착공사 표준안전작업지침에 따른 착공 전 조사사항은 어떤 것이 있나요?

정답

굴착공사표준안전작업지침 제15조

굴착공사 착공 전 조사사항은, 먼저 지질의 상태를 검토하고 굴착공법 및 안전조치에 대해 계획을 수립해야 한다.

둘째, 지질조사 자료를 정밀하게 분석하고 지하수위, 토사 및 암반의 심도 및 충두께, 성질 등을 조사한다.

셋째, 착공지점의 매설물 여부를 확인하고 매설물이 있는 경우 이설 및 거치보전 등 계획을 수립해야 한다.

넷째, 지하수위가 높은 경우 토압계산을 하여 차수벽 설치계획을 수립해야 한다.

다섯째, 복공구조의 시설을 필요로 할 경우 적재하중 조건을 고려하여 구조계산을 한 후 지보공을 설치해야 한다.

여섯째, 깊이 10.5m 이상 굴착하는 경우 수위계, 경사계, 하중 및 침하계, 응력계 등의 계측기기의 설치에 의하여 흙막이 구조의 안전을 예측해야 하며, 설치가 불가능할 경우 트랜싯 및 레벨 측량기에 의해 수직·수평 변위 측정을 실시해야 한다.

일곱째, 계측기기 판독 결과 수평 변위량이 허용범위를 초과할 경우, 즉시 작업을 중단하고 장비 및 자재의 이동, 배면토압의 경감조치, 가설 지보공구조의 보완 등 긴급조치를 취해야 한다.

여덟째, 히빙 및 보일링에 대한 대책을 사전에 강구하고 흙막이 지보공 하단부 굴착 시 이상유무를 점검해야 한다. 아홉째, 발파 시 시험발파에 의한 발파 시방을 준수해야 한다.

마지막으로, 배수계획을 수립하고 배수능력에 의한 배수장비와 배수경로를 설정해야 한다.

08

굴착공사 시 지하매설물이 있는 경우 안전조치 사항으로는 무엇이 있나요?

정답

굴착공사표준안전작업지침 제21조, 제22조

지하매설물이 있는 인근 지역에서 굴착공사 시 매설물 종류, 매설 깊이, 선형 기울기, 지지방법 등에 대하여 작업 전 사전조사를 실시해야 한다. 먼저 도심지 굴착일 경우 도면 및 관리자의 조언에 따라 매설물의 위치를 파악한 후 줄파기작업 등을 실시해야 하며 굴착 중 매설물이 노출되면 관계기관 등과 협의하여 방호조치를 해야 한다.

또한 작업에 지장이 있는 경우 매설물의 이설 및 위치변경, 교체 등을 위해 관계기관과 협의하여 실시해야 한다. 최소 1일 1회 이상은 순회 점검해야 하며 점검에는 와이어로프의 인장 상태, 거치구조의 안전 상태, 특히 접합부분을 중점적으로 확인해야 한다.

주변 지반의 지하수위가 저하되어 압밀침하, 파손의 우려가 있으므로 곡관부의 보강, 매설물 벽체 누수 등 매설물의 관계기관과 협의하여 방지대책을 강구해야 한다. 가스관이나 송유관 등이 매설된 경우는 화기사용을 금하여야 한다. 노출된 매설물을 되메우기할 경우는 매설물의 방호를 실시하고 양질의 토사를 이용하여 충분한 다짐을 해야 한다.

09

산업안전보건법상 설계변경이 가능한 가설구조물의 대상은 무엇이며 설계변경 의견 협의 대상자는 누구입니까?

정답

산업안전보건법 시행령 제58조

산업안전보건법상 가설공사 설계변경 요청 대상 공정은 높이 31m 이상인 비계, 작업발판 일체형 거푸집 또는 높이 5m 이상인 거푸집 동바리, 터널의 지보공 또는 높이 2m 이상인 흙막이 지보공, 동력을 이용하여 움직이는 가설구조물 등이 해당한다.

설계변경의 의견 협의 대상자는 건축구조기술사, 토목구조기술사, 토질 및 기초기술사, 건설기계기술사이며 해당 건설공사도급인 또는 관계수급인에게 고용되지 않은 사람이어야 한다.

10

탄성계수와 변형계수는 무엇입니까?

정답

탄성계수란 수직응력(인장응력, 압축응력)과 세로변형의 비를 말하는 것으로 탄성계수에는 종탄성계수와 접선응력(전단응력)과 전단응력의 비(比)인 횡탄성계수의 2종류가 있다. 변형계수는 응력과 변형의 관계가 반드시 직선적이 아니고 탄성계수의 개념이 합치되지 않는 재료에 대해서 정하는 응력과 변형과의 응력과 변형과의 비(比)를 말하는 것으로 주로 흙의 강도를 표현할 때 쓰이고 있다.

11

공사금액 규모별 안전관리비에 대해 아는 대로 설명하세요.

정답

건설업 산업안전보건관리비 계상 및 사용기준 [별표 1]

공사금액 대상액이 5억원 미만일 때 건축공사 2.93%, 토목공사 3.09%, 중건설공사 3.43%, 특수건설공사 1.85%를 적용한다.

공사금액 대상액이 5억원 이상 50억원 미만인 경우에는 요율에 기초액을 더하여 산출하는데, 건축공사는 1.86%+5,349,000원, 토목공사의 경우 1.99%+5,499,000원, 중건설공사의 경우 2.35%+5,400,000원, 특수건설공사의 경우 1.20%+3,250,000원을 적용한다.

대상액이 50억원 이상인 경우에는 건축공사 1.97%, 토목공사 2.10%, 중건설공사 2.44%, 특수건설공사 1.27%의 요율을 적용한다.

마지막으로 보건관리자 선임 대상인 경우 건축공사 2.15%, 토목공사 2.29%, 중건설공사 2.66%, 특수건설공사 1.38%를 적용한다.

12

안전성 평가방법의 절차에 대해 말씀하세요.

정답

안전성 평가의 기준 및 절차 등에 관한 고시 제5조, [별표 1]

안전성 평가는 평가의 신청, 평가, 보완, 결과의 처리 순서로 진행되는데 평가의 종류는 서면평가와 현장평가로 구분하여 실시한다.

서면평가는 안전원장이 하며 신청인이 제출한 안전성 평가서를 검토하여 일정 수준 이상의 안전성이 확보되었는지를 평가한다. 이때 평가의 신뢰성을 제고하기 위하여 현장방문·조사를 병행할 수 있으며 실무위원회 평가를 기본으로 실시하고 있다. 서면평가의 결과는 승인(서면평가에서 해당 취급시설의 안전성이 인정된 경우), 불승인(서면평가에서 해당 취급시설의 안전성이 인정되지 않은 경우)으로 결과를 통보해야 한다.

또한 서면평가 승인 후 취급시설의 설치 조건 및 안전성 확보 수준이 서면평가 결과와 일치하는지를 확인하기 위해 해당 취급시설이 설치·운영 중인 현장을 방문하여 평가해야 하는데, 이 평가를 현장평가라고 한다. 현장평가의 결과는 승인(현장평가에서 해당 취급시설의 설치 조건 및 안전성 확보 수준이 서면평가 결과와 일치하는 경우로 기간 내에 시설개선을 완료한 경우), 불승인(현장평가에서 해당 취급시설의 설치 조건 및 안전성 확보 수준이 서면평가 결과와 일치하지 않는 경우)으로 통보해야 하며 불승인된 경우 시설개선 후 재평가할 수 있다.

안전원장은 현장방문·조사를 실시하거나 현장평가를 실시하려는 경우에는 방문계획, 방문일자, 방문인원, 서면평가 결과 등을 3일 전 신청인에게 통보해야 한다.

13

작업발판 일체형 거푸집의 종류와 안전대책은 무엇이 있습니까?

정답

산업안전보건기준에 관한 규칙 제331조의3

작업발판 일체형 거푸집이란 거푸집의 설치·해체, 철근 조립, 콘크리트 타설, 콘크리트 면처리 작업 등을 위하여 거푸집을 작업발판과 일체로 제작하여 사용하는 거푸집이다. 거푸집의 종류로는 갱폼(Gang Form), 슬립폼(Slip Form), 클라이밍폼(Climbing Form), 터널 라이닝폼(Tunnel Lining Form) 등이 있다.

조립·이동·양중·해체(이하 조립 등)작업 시 안전대책으로는 먼저 조립 등의 범위 및 작업절차를 미리 그 작업에 종사하는 근로자에게 주지시켜야 한다.

둘째, 근로자가 안전하게 구조물 내부에서 갱폼의 작업발판으로 출입할 수 있는 이동통로를 설치해야 한다.

셋째, 갱폼의 지지 또는 고정철물의 이상 유무를 수시점검하여 이상이 발견된 경우에는 교체해야 한다.

넷째, 갱폼을 조립하거나 해체하는 경우에는 갱폼을 인양장비에 매단 후에 작업을 실시하도록 하고, 인양장비에 매달기 전에 지지 또는 고정철물을 미리 해체하지 않도록 해야 한다.

다섯째, 갱폼 인양 시 작업발판용 케이지에 근로자가 탑승한 상태에서 갱폼의 인양작업을 하지 않도록 해야 한다.

다음으로 조립 등의 작업 시 안전대책은 첫째, 거푸집 부재의 변형 여부와 연결 및 지지재의 이상 유무를 확인해야 한다.

둘째, 장비의 고장·오조작 등으로 인해 근로자에게 위험을 미칠 우려가 있는 장소에는 근로자의 출입을 금지하는 등 위험 방지조치를 해야 한다.

셋째, 거푸집이 콘크리트면에 지지될 때에 콘크리트의 굳기 정도와 거푸집의 무게, 풍압 등의 영향으로 거푸집이 갑작스레 이탈 또는 낙하하여 근로자가 위험해질 우려가 있는 경우에는 설계도서에서 정한 콘크리트의 양생기간을 준수하거나 콘크리트면에 견고하게 지지하는 등 필요한 조치를 해야 한다.

넷째, 연결 또는 지지 형식으로 조립된 부재의 조립 등 작업을 하는 경우에는 거푸집을 인양장비에 매단 후에 작업하는 등 낙하·붕괴·전도의 위험 방지를 위하여 필요한 조치를 해야 한다.

14

가설재의 하중 종류에는 어떤 것이 있습니까?

정답

콘크리트공사표준안전작업지침 제4조

가설재의 하중의 종류에는 첫째 연직방향 하중이 있다. 이것은 거푸집, 지보공(동바리), 콘크리트, 철근, 작업원, 타설용 기계기구, 가설설비 등의 중량 및 충격하중에 대한 것이다. 둘째는 횡방향 하중으로 작업할 때의 진동, 충격, 시공오차 등에 기인되는 횡방향 하중 이외에 필요에 따라 풍압, 유수압, 지진 등이 해당된다. 셋째는 특수하중으로 시공 중에 예상되는 특수한 하중이 이에 해당한다. 넷째는 굳지 않은 콘크리트의 측압이다. 다섯째는 앞의 4가지 하중에 안전율을 고려한 하중이다.

15

터널은 환기가 중요한데 터널 환기 방법은 어떤 것이 있습니까?

정답

터널공사표준안전작업지침 제39조, 제40조

터널 환기 방법은 터널공사 표준안전작업지침에 있는 것처럼 터널 전 지역에 항상 신선한 공기를 공급할 수 있는 충분한 용량의 환기설비를 설치해야 한다. 환기 용량 산출을 위한 기준이 되는 것은 발파 후 가스 단위 배출량을 산출하고 이의 소요환기량, 근로자의 호흡에 필요한 소요환기량, 디젤기관의 유해가스에 대한 소요환기량, 뿜어붙이기 콘크리트의 분진에 대한 소요환기량, 암반 및 지반 자체의 유독가스 발생량 등이다.

또한 발파 후 유해가스, 분진 및 내연기관의 배기가스 등을 신속히 환기시켜야 하고 발파 후 30분 이내에 배기, 송기가 완료되도록 해야 하며 환기가스 처리장치가 없는 디젤기관은 터널 내 투입을 금지해야 한다.

터널 내 기온은 37℃ 이하가 되도록 신선한 공기로 환기시키되 근로자의 작업조건에 유해하지 아니한 상태를 유지해야 하고, 소요환기량에 충분한 용량의 설비를 해야 하며 중앙집중 환기방식, 단열식 송풍방식, 병열식 송풍방식 등의 기준에 따라 적정한 계획을 수립해야 한다.

환기설비에 대하여 정기점검을 실시하여 파손, 파괴 및 용량 부족 시 보수 또는 교체해야 한다.

16

산업안전보건법상 도급사업 시 안전보건 조치사항은 무엇이 있나요?

정답

산업안전보건법 시행규칙 제80조

도급사업 시 안전보건 조치사항으로는 먼저 도급인은 작업장 순회점검을 실시해야 한다. 건설업, 제조업, 토사석 광업, 인쇄물 출판업, 오디오물 출판업, 금속 및 비금속 원료 재생업 등은 2일에 1회 이상, 그 외의 사업은 1주일에 1회 이상 반드시 점검을 실시하고 불안전한 상태 등을 제거해야 한다.

둘째, 관계수급인은 도급인이 실시하는 순회점검을 거부·방해 또는 기피해서는 안 되며 점검 결과 도급인의 시정요구가 있으면 이에 따라야 한다.

셋째, 도급인은 관계수급인이 실시하는 근로자의 안전·보건교육에 필요한 장소 및 자료의 제공 등을 요청받은 경우 협조해야 한다.

17

현장에서 갱폼 해체작업 시 안전대책은 무엇이 있나요?

정답

콘크리트공사표준안전작업지침 제9조

갱폼 해체 시 안전대책으로는 먼저 거푸집 및 지보공(동바리)은 순서에 따라 해체해야 하며 안전담당자를 배치해야 한다.

둘째, 거푸집 및 지보공(동바리)은 콘크리트 자중 및 시공 중에 가해지는 기타 하중에 충분히 견딜만 한 강도를 가질 때까지는 해체하지 아니해야 한다.

셋째, 안전모 등 안전보호장구를 착용하고 해체작업장 주위에는 관계자를 제외하고는 출입을 금지시켜야 한다.

넷째, 상하 동시작업은 원칙적으로 금지하되, 부득이한 경우에는 긴밀히 연락을 취하며 작업해야 하고 구조체에 무리한 충격이나 큰 힘에 의한 지렛대 사용은 금지해야 한다.

다섯째, 보 또는 슬래브 거푸집을 제거할 때에는 거푸집의 낙하 충격으로 인한 작업원의 돌발적 재해를 방지해야 한다.

여섯째, 해체된 거푸집이나 각목 등에 박혀 있는 못 또는 날카로운 돌출물은 즉시 제거해야 한다.

일곱째, 해체된 거푸집이나 각목은 재사용 가능한 것과 보수해야 할 것을 선별, 분리하여 적치하고 정리정돈을 해야 한다.

18

스캘럽이 무엇입니까?

정답

스캘럽(Scallop)은 강구조물에 있어서 필렛 용접이 서로 교차하는 경우 및 필렛 용접과 맞대기 용접이 교차하는 경우, 힘을 덜 받는 필렛 용접 부재에 홈을 만들어 힘을 많이 받는 필렛 용접 또는 맞대기 용접이 통과하도록 해야 하는데 이 홈파기를 스캘럽이라고 한다. 스캘럽은 용접의 교차 부분에 응력이 집중되는 것을 막고 용접작업의 생산성을 높이기 위해 많이 사용하고 있다.

19

사고조사위원회의 운영방법에 대해 아는 대로 설명하세요.

정답

건설기술진흥법 시행령 제106조

건설현장에서 사고가 발생하면 사고조사위원회를 구성해야 한다. 건설사고조사위원회는 위원장 1명을 포함한 12명 이내의 위원으로 구성해야 한다. 위원은 건설공사 업무와 관련된 공무원, 건설공사 업무와 관련된 단체 및 연구기관 등의 임직원, 건설공사 업무에 관한 학식과 경험이 풍부한 사람 중에서 해당 건설사고조사위원회를 구성·운영하는 국토교통부장관, 발주청 또는 인·허가기관의 장이 임명하거나 위촉한다. 위촉된 위원의 임기는 2년이며 위원의 사임 등으로 새로 위촉된 위원의 임기는 전임위원 임기의 남은 기간으로 한다.

건설사고조사위원회의 권고 또는 건의를 받은 국토교통부장관, 발주청 또는 인·허가기관의 장, 그 밖의 관계 행정기관의 장은 그 조치 결과를 국토교통부장관 및 건설사고조사위원회에 통보해야 한다. 건설사고조사위원회의 회의에 출석하는 위원에게는 예산의 범위에서 수당과 여비 등을 지급할 수 있다. 이 외에 건설사고조사위원회의 구성 및 운영 등에 필요한 사항은 국토교통부장관이 정하여 고시해야 한다.

20

산업안전보건기준에 관한 규칙에 나와 있는 가설비계 조립 시 준수사항은 무엇이 있나요?

정답

산업안전보건기준에 관한 규칙 제59조

산업안전보건기준에 관한 규칙 59조는 강관비계에 관한 내용으로 강관비계 조립 시 준수사항에는 첫째, 비계 기둥에는 미끄러지거나 침하하는 것을 방지하기 위하여 밑받침 철물을 사용하거나 깔판·받침목 등을 사용하여 밑둥잡이를 설치하는 등의 조치를 해야 한다.

둘째, 강관의 접속부 또는 교차부는 적합한 부속철물을 사용하여 접속하거나 단단히 묶어야 하며 교차 가새로 보강해야 한다.

셋째, 외줄비계·쌍줄비계 또는 돌출비계는 강관이나 통나무 등 견고한 재료를 사용하여 벽이음 및 버팀을 설치해야 한다.

넷째, 가공전로에 근접하여 비계를 설치하는 경우에는 가공전로를 이설하거나 가공전로에 절연용 방호구를 장착하는 등 가공전로와의 접촉을 방지하기 위한 조치를 취해야 한다.

01

재해빈발자란 어떤 사람을 뜻하나요?

정답

재해빈발자란 경험이나 나이에 상관없이 연간 4~10회 정도 산업재해를 일으키는 사람으로 재해를 일으키기 쉬운 성향을 가진 사람을 말한다. 재해빈발자는 크게 4가지 성향을 가지고 있는데, 먼저 습관성 빈발자로 과거의 재해 경험으로 예민한 상태의 사람이다. 두 번째는 미숙성 빈발자로 작업 기능이나 환경에 익숙하지 않은 사람이다. 세 번째는 소질성 빈발자로 성격이 특별한 경우가 해당된다. 마지막으로 상황성 빈발자로 작업이 어렵거나 집중이 안 되어 재해를 자주 일으키는 사람이 해당한다.

02

터널 작업에서 환기방식의 종류는 어떤 것이 있나요?

정답

터널의 환기방식은 형식에 따라 기계방식과 자연방식이 있고 소요환기량에 따라 단열식, 병열식, 중앙집중식으로 나눌 수 있다. 또한 공기 흐름에 따라 종류식, 횡류식, 반횡류식으로 분류한다. 종류식에는 제트팬 방식, 삭칼드(Saccardo) 방식, 전기집진기 방식, 수직갱 방식이 있으며 횡류식은 급배기 덕트를 이용한 방식이 있다. 반횡류식 방식은 송기식과 배기식이 있다.

03

터널 발파 후 불발된 화약의 확인이 곤란한 때에는 기폭 후 몇 분 이상 사람의 접근을 금지하여야 하나요?

정답

발파표준안전작업지침 제33조
불발된 화약의 확인이 곤란한 때에는 기폭 후 15분 이상 사람의 접근을 금지하여야 한다.

04

터널에서 사용 금지된 내연기관을 가진 건설기계는 어떤 것이 있습니까?

정답

환기가스 처리장치가 없는 디젤기관은 터널 내 출입을 금하여야 한다. 터널에서 작업하는 건설기계는 전기나 에어 방식을 사용하는 것이 좋으나 장비의 특성상 대형장비의 경우 디젤을 많이 사용하는데 그런 기계들은 환기가스 처리장치를 별도로 설치해야 한다. 터널은 밀폐공간이기 때문에 환경이 중요한데 디젤기관의 경우 공기를 탁하게 하여 작업하는 데 지장이 있다.

터널에서 흔히 사용하는 굴착용 기계, 운반용 기계, 포장용 기계 등은 반드시 환기가스 처리장치를 설치하고 작업을 진행해야 한다.

05

철근 절단작업의 종류에는 어떤 것이 있으며 절단 시 주의해야 할 사항은 무엇이 있습니까?

정답

콘크리트공사표준안전작업지침 제11조

철근 절단작업의 종류에는 해머 절단과 가스 절단이 있다.

해머 절단의 경우 해머를 이용하여 철근을 절단하는 것으로 해머 자루는 금이 가거나 쪼개진 부분은 없는지 확인하고 사용 중 해머가 빠지지 아니하도록 튼튼하게 조립된 것을 사용해야 하며, 해머 부분이 마모되어 있거나 훼손되어 있는 것을 사용해서는 안 된다. 무리한 자세로 절단을 해서는 안 되고 절단기의 절단 날은 마모되어 미끄러질 우려가 있는 것은 사용을 금지해야 한다.

가스 절단은 가스를 이용하여 토치로 절단하는 것으로 작업 시 주의사항으로는 가스 절단 및 용접자는 해당 자격 소지자여야 하며, 작업 중에는 보호구를 착용해야 한다. 가스 절단 작업 시 호스는 겹치거나 구부러지거나 또는 밟히지 않도록 하고 전선의 경우에는 피복이 손상되어 있는지를 확인해야 한다. 호스, 전선 등은 다른 작업장을 거치지 않는 직선상의 배선이어야 하며, 길이가 짧아야 한다. 또한 작업장에서 가연성물질에 인접하여 용접작업을 할 때에는 소화기를 비치하여 화재에 대비해야 한다.

06

공사현장 내 건설기계의 주행성이란 무엇인가요?

정답

건설기계의 주행성은 트래커빌리티라고 하는데 시공할 때 기계의 주행 정도가 좋은지 나쁜지를 표현하는 것이다. 연약지반에서 성토작업 시 장비선정 지표로 사용된다. 주로 콘지수로 나타내는데 장비주행이 가능한 콘지수 값은 초습지 도저의 경우 $2(kg/cm^2)$, 습지 도저의 경우 3, 중형 도저의 경우 5, 대형 도저의 경우 7, 스크레이퍼의 경우 7~10, 덤프트럭의 경우 13~15 정도이다. 주행성을 좋게 하기 위해서는 연약지반을 개량하고 강제 배수하여 지반을 단단하게 하는 것이다.

07

재해율과 사망만인율은 무엇인가요?

정답

재해율이란 산업재해의 발생빈도와 재해강도를 나타내는 재해통계의 지표이다. 일반적으로 도수율, 강도율, 연천인율 등을 통틀어 재해율로 표현하고 있다. 재해율은 전체 근로자 중 재해근로자의 비중으로 나타낸다. 사망만인율이란 사망자 수의 1만 배를 전체 근로자 수로 나눈 값으로 전 산업에 종사하는 근로자 중 산재로 사망한 근로자가 어느 정도인지 파악할 때 사용하는 지표이다.

08

DFS에서 발주자의 업무내용과 설계자 검토 후 제출처는 어디인가요?

정답

발주자는 설계안전성 검토 대상 공사를 총괄하는 자로서 위험요소 및 저감대책을 발굴하고 건설안전을 고려한 과업지시서의 작성, 용지정보 제공, 설계 안전성 검토 목표 설정, 위험성 평가 절차 수립, 자문위원회 활동, 설계안전성 검토보고서의 승인, 설계안전성 검토 결과의 이행 여부 확인 등의 업무를 해야 한다.

설계자는 발주자와의 협의를 통해 설계안전성 검토 절차를 실질적으로 수행하는 주체로서, 건설공사 중 발생할 수 있는 위험요소의 인식, 위험성 평가, 저감대책 수립, 보고서의 작성 및 관련 정보의 전달과 같은 핵심적인 역할을 수행해야 한다. 설계자는 관련 공사에 필요한 건설안전과 시공분야의 경험과 전문성 부족으로 설계안전성 검토 절차의 수행에 어려움이 있는 경우, 건설안전 전문가와 협업 또는 자문 및 컨설팅을 통해 설계안전성 검토 절차를 수행해야 한다.

시공자는 안전관리계획서를 작성 및 제출함에 있어 설계안전성 검토보고서의 내용을 반영해야 한다. 또한 안전관리계획서를 시공단계에서 이행해야 하며, 공사가 완료되면 관련 문서를 발주자에게 제출해야 한다. 설계안전성 검토를 수행함에 있어서 건설사업관리기술자는 설계단계에서 검토된 결과가 시공자의 안전관리계획서에 반영되고 적절하게 이행되고 있는지를 확인해야 한다.

설계자 검토 후 제출처는 국토안전관리원이며 최종보고서는 국토교통부에 제출해야 한다.

09

철골공사에 대한 안전대책은 무엇이 있습니까?

정답

산업안전보건기준에 관한 규칙 제380조~제383조

철골공사 안전대책은 첫째, 철골을 조립하는 경우 철골의 접합부가 충분히 지지되도록 볼트를 체결하거나 이와 같은 수준 이상의 견고한 구조가 되기 전에는 들어 올린 철골을 걸이로프 등으로부터 분리하지 말아야 한다.

둘째, 근로자가 수직방향으로 이동하는 철골부재에는 답단간격이 30cm 이내인 고정된 승강로를 설치해야 하며, 수평방향 철골과 수직방향 철골이 연결되는 부분에는 연결작업을 위하여 작업발판 등을 설치해야 한다.

셋째, 철골작업을 하는 경우에 근로자의 주요 이동통로에 고정된 가설통로를 설치해야 한다.

넷째, 풍속이 초당 10m 이상인 경우, 강우량이 시간당 1mm 이상인 경우, 강설량이 시간당 1cm 이상인 경우에 철골작업을 중지해야 한다.

10

이동식 크레인의 사고유형과 대책에 대해 아는 대로 설명하세요.

정답

이동식 크레인의 사고유형은 자재 인양 시 와이어로프 파단으로 인한 자재 떨어짐, 연약지반에 무리하게 설치한 데 따른 장비 무너짐, 아웃트리거를 제대로 설치하지 않아서 발생되는 장비 무너짐, 출입금지 조치 미실시로 인한 근로자 넘어짐 등의 사고가 발생한다.

대책으로는, 먼저 이동식 크레인의 구조 부분을 구성하는 강재 등이 변형되거나 부러지는 것을 방지하기 위해 해당 이동식 크레인의 제조자가 제공하는 사용설명서를 준수해야 한다.

둘째, 유압을 동력으로 사용하는 이동식 크레인의 과도한 압력상승을 방지하기 위한 안전밸브에 대하여 최대의 정격하중을 건 때의 압력 이하로 작동되도록 조정해야 한다.

셋째, 이동식 크레인을 사용하여 화물을 운반하는 경우에는 해지장치를 사용해야 한다.

넷째, 이동식 크레인 명세서에 적혀 있는 지브의 경사각 범위에서 사용하도록 해야 한다.

11

폭염 시 공사장 안전관리 대책은 무엇이 있나요?

정답

관심단계에서는 현장 전염병 예방을 위해 정리정돈을 철저히 해야 하고 깨끗한 물, 그늘 등을 준비한다. 폭염주의단계에서는 물과 그늘을 제공하고 매시간마다 10분씩 그늘에서 휴식, 무더위 시간대에 옥외작업 단축 또는 작업시간대 조정 등을 해야 한다. 폭염경보단계에서는 물과 그늘을 충분히 제공하고 매시간마다 15분씩 휴식을 취해야 하며 무더위시간대는 옥외작업을 중지해야 한다. 폭염위험단계에서는 물과 그늘을 충분히 제공하고 매시간마다 15분 이상 휴식, 옥외작업 자제 및 무더위시간대 옥외작업을 중지해야 한다. 또한 온열질환 민감군에 대하여는 옥외작업을 제한해야 한다.

12

터널 공법에서 TBM과 실드의 차이점은 무엇인가요?

정답

TBM 공법은 터널 천공기를 이용하여 터널을 굴착, 타설하는 공법이다. 실드 공법은 실드(Shield) 라고 불리는 강성이 큰 강관을 지중에 압입한 후 내부에서 토사 붕괴, 유동을 방지하여 안전하게 굴착, 타설하는 공법이다. 차이점은 TBM의 경우 주로 암반에서 많이 사용되는데 암반 벽면의 지지하는 힘을 이용하여 굴진을 하는 반면, 실드 공법은 장비 후방에 설치된 세그먼트를 이용하여 굴진하는 힘을 얻는 것이 가장 큰 차이점이다.

13

DFS에서 굴착깊이의 기준은 어떻게 되나요?

정답

건설기술진흥법 시행령 제75조의2, 시행령 제98조

설계안전성 작성 대상의 굴착깊이 기준은 지하 10m 이상이다. 이 외에 1종, 2종 시설물, 폭발물 사용으로 주변에 영향이 예상되는 건설공사, 10층 이상 16층 미만의 건축물, 10층 이상인 건축물의 리모델링 또는 해체공사, 수직증축형 리모델링, 비계 높이 31m 이상, 브래킷 비계, 거푸집 동바리, 작업발판 일체형 거푸집, 높이가 5m 이상인 거푸집, 동바리, 터널 지보공, 높이 2m 이상 흙막이 지보공, 동력을 이용하여 움직이는 가설구조물, 높이 10m 이상에서 외부작업을 하기 위하여 작업발판 및 안전시설물을 일체화해서 설치하는 가설구조물, 공사현장에서 제작하여 조립, 설치하는 복합형 가설구조물, 발주자 또는 인·허가기관의 장이 필요하다고 인정하는 가설구조물 등의 가설구조물을 사용하는 건설공사, 발주자가 안전관리가 특히 필요하다고 인정하는 건설공사, 해당 지방자치단체의 조례로 정하는 건설공사 중에서 인·허가기관의 장이 안전관리가 특히 필요하다고 인정하는 건설공사 등이 해당된다.

14

침매공법이란 무엇입니까?

정답

침매공법이란 항만이나 하천 등에서 터널의 일부 또는 전부를 미리 제작하고 물에 띄워 계획 위치로 예인한 후 가라앉혀 터널을 건설하는 공법이다. 강이나 바다 밑에 트렌치를 굴착해 놓고, 작업장에서 침매함을 만들어 해저 터널이 설치될 장소로 운반한 다음, 미리 조성된 트렌치에 침매함을 설치한 뒤 다시 묻어서 터널을 완성시키는 공법이다.

터널에 부력이 작용하므로 겉보기비중이 적고, 지반의 지지력이 크게 필요 없어 연약지반에 적합하며, 수심이 깊은 곳에서도 안전하게 공사할 수 있다. 또한 침매함 설치에 걸리는 시간이 짧아 항로에 대한 제약이 적고 시공의 효율성이 좋아 공사기간이 단축되는 장점이 있다.

15

PTW란 무엇입니까?

정답

PTW(Permit to Work)란 사전작업허가제로 위험작업에 착수하기 전 사전에 작업에 대한 계획을 세워 위험요인에 대한 문제점 및 대책을 수립한 후 작업에 착수할 수 있도록 허가하는 제도이다. 사전에 허가를 받아야 하는 작업은 화기작업, 고소작업, 굴착작업, 중장비작업, 밀폐공간작업, 전기작업, 방사선작업 등이 있다. 이러한 작업을 착수하기 전에 PTW를 제출하여 승인을 받은 후 작업에 착수해야 한다.

16

발파 시 진동에 대한 수치와 영향을 최소화하기 위한 방안은 어떤 것이 있습니까?

정답

발파표준안전작업지침 제5조

진동을 최소화할 때는, 첫째 관계 전문가에게 자문을 하여 진동의 영향을 최소화할 수 있는 화약류로 결정해야 한다.

둘째, 자유면을 가능한 한 많이 활용하여 적정한 최소저항선과 장약량을 결정해야 한다.

셋째, 공발현상(고압가스 분출 등 이상현상)을 최소화하기 위해 충분한 전색작업을 하고, 필요한 경우 보호매트 등을 사용해야 한다.

17

건축물 해체 시 고려사항과 계획수립 내용에 대해 아는 대로 말씀하세요.

정답

해체공사 시 고려사항은 먼저 공법 선정이다. 현장 상황을 판단하여 적정한 공법을 선정해야 하며 주변 민원에 대비해야 한다. 해체는 소음과 진동이 심한 작업이므로 방음벽 설치 등 대비를 철저히 해야 한다. 또한 운반방법과 폐기물 처리방법에 대해 충분한 검토가 이루어져야 한다. 계획수립 내용은 먼저 해체 대상구조물에 대해 조사를 실시해야 한다.

해체 대상구조물의 구조 특성 및 층수, 건물높이, 기준층 면적, 평면 구성 상태, 폭, 층고, 벽 등의 배치 상태, 부재별 치수, 배근 상태, 해체 시 주의해야 할 구조적으로 약한 부분, 해체 시 전도의 우려가 있는 내외장재, 설비기구, 전기배선, 배관설비 계통의 상세 확인, 구조물의 설립연도 및 사용목적, 구조물의 노후 정도, 재해 유무, 증설, 개축, 보강 등의 구조변경 현황, 해체공법의 특성에 의한 비산각도, 낙하반경 등을 사전에 확인해야 한다(해체공사표준안전작업 지침 제14조).

부지상황에 대해서도 조사를 해야 하는데 부지 내 공지 유무, 해체용 기계설비 위치, 발생재 처리장소, 해체공사 착수에 앞서 철거, 이설, 보호해야 할 필요가 있는 공사 장애물 현황, 접속도로의 폭, 출입구 개수 및 매설물의 종류와 개폐 위치, 인근 건물 동수 및 거주자 현황, 도로 상황, 가공 고압선 유무, 차량 대기장소 유무 및 교통량, 진동, 소음 발생 영향권 등에 대해 조사를 하고 계획을 수립해야 한다(동 지침 제15조).

18

워킹데크란 무엇입니까?

정답

워킹데크는 외부에서 작업하는 근로자를 위해 안전한 상태에서 작업할 수 있도록 케이지 형식의 발판을 만들어 외부에 고정시킨 안전 작업발판이다. 워킹데크는 특히 외부 마감재 작업을 위해 필수적으로 필요한데 곤돌라의 한계를 발전시킨 작업발판이다. 최근 커튼월이 많아지면서 워킹데크를 많이 사용하고 있는데 작업발판 일체형 거푸집과 같이 관리를 철저히 해야 한다.

19

거푸집 공사에서 수평방향 허용오차는 얼마입니까?

정답

거푸집의 수평방향 허용오차는 슬래브, 보, 모서리 등의 부재의 경우 25mm 이하, 슬래브에서 300mm 이하인 개구부 중심선 또는 300mm 이상인 개구부의 외곽선의 경우 13mm 이하, 슬래브에서 소우컷(Saw Cut)이나 줄눈, 매설물로 인해 약화된 면은 19mm 이하이다.

20

달비계 와이어로프 매듭방식 종류는 어떤 것이 있습니까?

정답

매듭방식의 종류는 8자 매듭, 보울라인 매듭, 에반스 매듭, 옭 매듭, 까베스탕 매듭, 피셔맨 매듭이 있다. 이 중 가장 센 강도를 보이는 것이 8자 매듭이고, 그다음이 보울라인 매듭이다.

21

굴착 시 사전조사 사항은 어떤 것이 있습니까?

정답

굴착공사표준안전작업지침 제3조

굴착 시 사전조사 사항으로는 먼저 조사대상을 선정해야 하는데, 조사대상은 지형, 지질, 지층, 지하수, 용수, 식생 등으로 한다. 조사 내용은 주변에 기절토된 경사면의 실태조사, 지표, 토질에 대한 답사 및 조사를 통해 토질구성, 지층의 경사, 파쇄대 분포 등 토질구조, 지하수 및 용수의 형상 등의 실태조사, 사운딩, 시추, 물리탐사(탄성파조사), 토질시험 등을 실시한다.

굴착작업 전 가스관, 상하수도관, 지하케이블, 건축물의 기초 등 지하매설물에 대하여 조사하고 굴착 시 이에 대한 안전조치를 해야 한다.

22

자율안전컨설팅이란 무엇입니까?

정답

자율안전컨설팅이란 건설현장에서 외부 전문가를 활용하여 안전점검 등 자체적으로 안전관리를 실시토록 함으로써 건설현장의 자율안전보건관리 능력을 향상시키고, 고용노동부의 산업안전부문 행정력을 안전보건관리가 취약한 중소규모 건설현장에 집중하기 위한 제도이다. 신청자격은 전년도 사고사망재해가 발생하지 않고, 입찰참가 심사기준의 산재예방활동 실적평가점수가 70점 이상이면서 산업재해 발생률 평균 0.5배 이하인 건설업체에서 시공하는 120억원 이상 현장이 해당된다.

컨설팅 방법은 안전전문기관과 1년 이상 컨설팅 계약을 체결한 후 건설업 안전, 보건 점검표에 따라 점검하고 점검표 및 개선결과서를 노동부 지방청에 제출하는 것이다. 자율안전컨설팅 해당 현장에 대해 3대 취약시기 및 추락감독 등 기획감독을 유예시켜 준다.

23

안전보건교육 중 근로자 대상 정기안전보건교육의 교육내용은 무엇입니까?

정답

산업안전보건법 시행규칙 [별표 5]

근로자 대상 정기안전보건교육 내용은 산업안전 및 사고 예방에 관한 사항, 산업보건 및 직업병 예방에 관한 사항, 위험성 평가에 관한 사항, 건강증진 및 질병 예방에 관한 사항, 유해·위험 작업환경 관리에 관한 사항, 산업안전보건법령 및 산업재해보상보험 제도에 관한 사항, 직무 스트레스 예방 및 관리에 관한 사항, 직장 내 괴롭힘, 고객의 폭언 등으로 인한 건강장해 예방 및 관리에 관한 사항이다.

24
터널의 스프링 라인이란 무엇입니까?

정답

스프링 라인이란 터널 내부의 상부 아치가 시작되는 선 또는 터널 단면 중 폭이 가장 넓은 구역을 말한다. 스피링 라인은 천단부에서 받는 응력이 아치효과로 인해 가장 큰 응력이 전달되는 부분이다.

25
산업안전보건기준에 관한 규칙에서 개인보호구는 무엇이 있습니까?

정답

산업안전보건기준에 관한 규칙 제32조

개인보호구에는 먼저 안전모가 있다. 물체가 떨어지거나 날아올 위험 또는 근로자가 추락할 위험이 있는 작업 등에 착용한다.

둘째, 안전대이다. 높이 또는 깊이 2m 이상의 추락할 위험이 있는 장소에서 작업할 때 착용한다.

셋째, 안전화이다. 물체의 낙하·충격, 물체에의 끼임, 감전 또는 정전기 대전에 의한 위험이 있는 작업에 착용한다.

넷째, 보안경이다. 물체가 흩날릴 위험이 있는 작업에 착용한다.

다섯째, 보안면이다. 용접 시 불꽃이나 물체가 흩날릴 위험이 있는 작업에 사용한다.

여섯째, 절연용 보호구이다. 감전의 위험이 있는 작업에 사용한다.

일곱째, 방열복이다. 고열에 의한 화상 등의 위험이 있는 작업을 할 때 착용한다.

여덟째, 방진마스크이다. 선창 등에서 분진이 심하게 발생하는 하역작업 등에 사용한다.

아홉째, 영하 18℃ 이하인 급냉동어창에서 하역작업을 할 때는 방한모·방한복·방한화·방한장갑을 착용해야 한다.

열째, 물건을 운반하거나 수거·배달하기 위하여 이륜자동차를 운행하는 작업 시 승차용 안전모를 착용해야 한다.

26

산업재해보상보험법상 산업재해 성립 기준은 무엇인가요?

정답

산업재해보상보험법 제37조

산재 성립 기준은 첫째 근로자가 업무상 부상·질병 또는 장해가 발생하거나 사망한 경우, 둘째, 부상·질병·장해 또는 사망이 정상적인 인식능력 등이 뚜렷하게 낮아진 상태에서 한 행위로 발생한 경우, 셋째, 일탈 또는 중단이 일상생활에 필요한 행위로서 사유가 있는 경우 등이 해당한다.

27

산업재해의 정의에 대해 말씀하세요.

정답

산업안전보건법 제2조

산업재해란 산업안전보건법 제2조에 따라 노무를 제공하는 사람이 업무에 관계되는 건설물·설비·원재료·가스·증기·분진 등에 의하거나 작업 또는 그 밖의 업무로 인하여 사망 또는 부상하거나 질병에 걸리는 것을 말한다.

28

건설 클레임에 대해 아는 대로 설명하세요.

정답

건설 클레임이란 건설 당초 건설공사 계약에 포함되지 않은 사안이 공사 수행 중에 발생하여 계약 상대자에게 문서로서 직간접으로 입게 되는 손실에 대한 보상 따위를 청구하는 행위를 말한다. 계약 내용의 불일치, 현장조건이 입찰조건과 상이하게 다른 경우, 발주자의 잦은 변경, 설계변경으로 인한 공기지연, 돌관공사 등의 경우 클레임을 제기할 수 있다.

29

감리원의 안전관리 역할은 무엇이 있나요?

정답

감리원의 안전관리 역할은 첫째 안전관리의 확인이다. 공사 전반에 대한 안전관리계획의 사전검토, 실시확인 및 평가, 자료의 기록유지 등 공사시공자가 사고예방을 위한 안전관리를 취하도록 해야 한다.

둘째, 사전검토 및 확인이다. 공사시공자의 안전조직 편성 및 임무, 시공계획과 연계된 안전계획, 현장 안전관리 규정, 재해예방전문지도기관의 기술지도 여부 확인, 안전관리자의 공사현장 배치 여부 등을 확인해야 한다.

셋째, 실시 확인이다. 안전관리계획의 실시 및 여건 변동 시 계획, 안전점검계획 수립 및 실시 여부, 위험장소 및 작업에 대한 안전조치, 안전표지 부착, 안전통로, 자재의 적치 및 정리정돈, 기록유지에 대한 실시 여부를 확인해야 한다.

넷째, 기록 확인이다. 안전업무일지, 안전점검 실시, 안전교육, 각종 사고보고, 월간 안전통계, 사고처리 등에 대한 기록 여부를 확인해야 한다.

다섯째, 현장에서 사고가 발생하였을 경우에는 공사시공자에게 즉시 필요한 응급조치를 취하도록 하고 이를 건축주에게 보고하게 해야 한다.

여섯째, 작업계획서 및 준수 여부를 확인·검토해야 하고 일곱째, 동일 건축물 안에서 화재위험이 높은 용접작업과 유증기를 다루는 작업의 동시작업 금지를 확인·검토해야 한다.

30

작업발판에 대한 안전조치 사항은 무엇이 있나요?

정답

산업안전보건기준에 관한 규칙 제56조

첫째, 발판 재료는 작업할 때의 하중을 견딜 수 있도록 견고한 것으로 해야 한다.

둘째, 작업발판의 폭은 40cm 이상으로 하고, 발판 재료 간의 틈은 3cm 이하로 해야 한다.

셋째, 좁은 작업공간에 작업발판을 설치하기 위해 필요하면 작업발판의 폭을 30cm 이상으로 할 수 있고, 걸침비계의 경우 강관기둥 때문에 발판 재료 간의 틈을 5cm 이하로 할 수 있다.

넷째, 추락의 위험이 있는 장소에는 안전난간을 설치해야 한다.

다섯째, 작업발판의 지지물은 하중에 의하여 파괴될 우려가 없는 것을 사용해야 한다.

여섯째, 작업발판 재료는 뒤집히거나 떨어지지 않도록 둘 이상의 지지물에 연결하거나 고정시켜야 한다.

일곱째, 작업발판을 작업에 따라 이동시킬 경우에는 위험 방지에 필요한 조치를 한 후 이동해야 한다.

31

위험성 평가 중 수시평가란 무엇인가요?

정답

수시평가는 사업장 건설물의 설치·이전·변경 또는 해체, 기계·기구, 설비, 원재료 등의 신규 도입 또는 변경, 건설물, 기계·기구, 설비 등의 정비 또는 보수, 작업방법 또는 작업절차의 신규 도입 또는 변경, 중대산업사고 또는 산업재해 발생, 그 밖에 사업주가 필요하다고 판단한 경우 등의 계획이 있는 경우에는 해당 계획의 실행에 착수하기 전에 실시해야 한다.

32

석면 해체 제거 대상 작업은 무엇이 있나요?

정답

산업안전보건법 시행령 제94조

석면 해체·제거업자를 통한 석면 해체·제거 대상은 다음과 같다.

첫째 철거·해체하려는 벽체재료, 바닥재, 천장재 및 지붕재 등의 자재에 석면이 중량비율 1%가 넘게 포함되어 있고 그 자재의 면적의 합이 $50m^2$ 이상인 경우.

둘째 석면이 중량비율 1%가 넘게 포함된 분무재 또는 내화피복재를 사용한 경우.

셋째 석면이 중량비율 1%가 넘게 포함된 단열재, 보온재, 개스킷, 실링재 등에 해당하는 자재의 면적의 합이 $15m^2$ 이상 또는 그 부피의 합이 $1m^3$ 이상인 경우.

넷째 파이프에 사용된 보온재에서 석면이 중량비율 1%가 넘게 포함되어 있고 그 보온재 길이의 합이 80m 이상인 경우가 해당된다.

01

도심지에서 골조공사를 진행할 경우 어떤 안전대책이 필요한가요?

정답

도심지는 초고층이 많고 공정상 톱다운 공법이 많이 적용되고 있다. 도심지에서 골조공사를 할 때 안전대책은 먼저 떨어짐에 대한 대비를 해야 한다. 추락방지망, 방호선반, 안전난간, 작업발판 등 추락방지용 안전시설을 설치해야 한다.

둘째, 장비에 관한 사항이다. 도심지이기 때문에 장비 사용이 많은데 크레인, 리프트, 지게차 등의 장비를 사용할 때에는 유도자, 신호수를 배치한 후 작업을 해야 한다. 또한 현장에서 장비를 조립하거나 해체할 경우 안전교육을 실시해야 한다.

셋째, 모든 근로자 및 현장 출입자는 목적에 맞는 개인보호구를 착용한 후 작업을 진행해야 한다.

넷째, 도심지 골조공사 시 상부로 양중하는 계획을 수립하고 계획대로 진행해야 한다.

다섯째, 전기로 인한 재해가 발생하지 않도록 감전에 대비해야 한다. 누전차단기를 설치하거나 전선 상부에 거치하는 방법을 통해 전기재해를 예방할 수 있다.

여섯째, 상부 바람에 대비하고 악천후 시에는 작업을 중단해야 한다. 도심지의 고층 건물은 상부에 바람이 많기 때문에 낙하의 위험이 크다. 자재 등이 낙하하지 않도록 오프닝 부위는 전면 막음을 하고 낙하물 방지망 등을 설치해서 낙하에 대비해야 한다. 강풍, 강설, 강수 등일 경우에는 작업을 중단하고 대피해야 한다.

02

곤돌라를 이용한 알루미늄 패널 작업 시 안전대책은 무엇이 있습니까?

정답

곤돌라란 달기 발판 또는 운반구, 승강장치, 그 밖의 장치 및 이들에 부속된 기계부품에 의하여 구성되고, 와이어로프 또는 달기 강선에 의하여 달기 발판 또는 운반구가 전용 승강장치에 의하여 오르내리는 설비를 말한다.

곤돌라를 이용할 때 안전대책으로는, 먼저 사업주는 곤돌라의 운전방법 또는 고장이 났을 때의 처치방법을 그 곤돌라를 사용하는 근로자에게 주지시켜야 한다.

둘째, 제작연도를 확인하여 오래된 장비 사용을 금지해야 한다.

셋째, 권과방지장치, 과부하방지장치, 제어장치 등을 사용 전에 점검해야 한다.

넷째, 작업장 주변이나 작업영역 하부는 관계자 외 출입금지 조치를 실시하고 출입금지 게시판을 설치하여 근로자들이 알 수 있도록 해야 한다.

다섯째, 최대적재하중을 표시하여 근로자에게 주지시키고 과대 적재를 금지해야 한다.

여섯째, 강설, 강우, 강풍 등 악천후 시는 작업을 중지해야 한다.

일곱째, 곤돌라 내부에서 작업 시 작업대, 사다리 등을 사용해서는 안 된다. 안전 난간대의 높이가 정해져 있어 추락 위험이 높기 때문이다.

03

사전작업허가서를 작성해야 하는 공종은 어떤 것이 있습니까?

정답

사전작업허가서를 작성해야 하는 작업은 위험공종으로 화기작업, 밀폐공간작업, 정전작업, 굴착작업, 방사선작업, 중장비 사용 작업 등이 해당하며 2m 이상 고소작업, 1.5m 이상 굴착 및 가설작업, 2m 이상 외부도장작업, 철골작업, 승강기 설치작업 등도 작업 전 사전작업허가서를 제출하여 승인을 득한 후 작업을 진행해야 한다.

04

산업안전지도사의 업무영역은 무엇입니까?

정답

산업안전보건법 제142조

산업안전지도사는 공정상의 안전에 관한 평가·지도, 유해·위험의 방지대책에 관한 평가·지도, 공정안전계획서·유해위험방지계획서 및 보고서의 작성, 그 밖에 산업안전에 관한 사항으로서 대통령령으로 정하는 사항을 수행해야 하며 위험성 평가의 지도, 안전보건개선계획서의 작성, 그 밖에 산업안전에 관한 사항의 자문에 대한 응답 및 조언 등의 업무를 수행할 수 있다.

05

위험성평가 중 정기평가 전에 준비할 사항은 어떤 것이 있습니까?

정답

사업장 위험성평가에 관한 지침 제15조

정기평가는 최초평가 후 매년 정기적으로 실시해야 하며 기계·기구, 설비 등의 기간 경과에 의한 성능 저하, 근로자의 교체 등에 수반하는 안전·보건과 관련되는 지식 또는 경험의 변화, 안전·보건과 관련되는 새로운 지식의 습득, 현재 수립되어 있는 위험성 감소대책의 유효성 등의 사항을 고려하여 준비를 해야 한다.

06

전기재해 예방대책은 어떤 것이 있습니까?

정답

전기재해 예방대책으로는 먼저 220V 전압 공급지역에서는 누전차단기를 반드시 설치해야 하고, 110V 지역에도 누전차단기를 설치하면 누전 발생 시 자동으로 차단되어 더욱 안전하게 사용이 가능하다.

둘째, 용량이 큰 전기기계기구를 여러 개 동시에 사용하는 것을 제한하고, 후배선에서 피복이 벗겨져 합선되는 경우가 많으므로 전기설비관리에 유의해야 한다.

셋째, 과전류 발생 시 전기를 차단하는 정격용량의 퓨즈 또는 차단기를 사용해야 한다.

넷째, 열을 발생하는 전기기구는 반드시 콘센트에 한 개의 기구를 사용하고 전선은 반드시 규격전선을 사용해야 한다.

다섯째, 비닐 전선은 용량 초과사용 시 위험이 크므로 규격 전선을 사용하고 불법시설의 금지 및 임의 시설을 공사할 경우 안전시공해야 한다.

여섯째, 허용전류치 이상의 부하사용을 금지해야 한다.

일곱째, 설치된 누전차단기는 주기적으로 점검하고 노후된 시설은 교체해야 한다.

07

산업안전보건법상 안전보건관리규정에 포함되어야 하는 사항은 어떤 것이 있나요?

정답

산업안전보건법 시행규칙 [별표 3]

먼저 안전보건관리규정 작성의 목적 및 적용 범위에 관한 사항, 사업주 및 근로자의 재해 예방 책임 및 의무 등에 관한 사항, 하도급 사업장에 대한 안전·보건관리에 관한 사항이 포함되어야 한다.

둘째, 안전·보건관리조직과 그 직무가 포함되어야 한다. 안전·보건관리조직의 구성방법, 소속, 업무분장 등에 관한 사항, 안전보건관리책임자의 직무 및 선임에 관한 사항, 산업안전보건위원회의 설치·운영에 관한 사항, 명예산업안전감독관의 직무 및 활동에 관한 사항, 작업지휘자 배치 등에 관한 사항 등이 해당한다.

셋째, 안전·보건교육 내용이다. 근로자 및 관리감독자의 안전·보건교육에 관한 사항, 교육계획의 수립 및 기록 등에 관한 사항 등을 포함해야 한다.

넷째, 작업장 안전관리이다. 안전·보건관리에 관한 계획의 수립 및 시행에 관한 사항, 기계·기구 및 설비의 방호조치에 관한 사항, 유해·위험기계 등에 대한 자율검사프로그램에 의한 검사 또는 안전검사에 관한 사항, 근로자의 안전수칙 준수에 관한 사항, 위험물질의 보관 및 출입 제한에 관한 사항, 중대재해 및 중대산업사고 발생, 급박한 산업재해 발생의 위험이 있는 경우 작업 중지에 관한 사항, 안전표지·안전수칙의 종류 및 게시에 관한 사항과 그 밖에 안전관리에 관한 사항 등이 포함되어야 한다.

다섯째, 작업장 보건관리 관련 사항이다. 근로자 건강진단, 작업환경 측정의 실시 및 조치절차 등에 관한 사항, 유해물질의 취급에 관한 사항, 보호구의 지급 등에 관한 사항, 질병자의 근로 금지 및 취업 제한 등에 관한 사항, 보건표지·보건수칙의 종류 및 게시에 관한 사항과 그 밖에 보건관리에 관한 사항 등이 포함되어야 한다.

여섯째, 사고조사 및 대책 수립이다. 산업재해 및 중대산업사고의 발생 시 처리 절차 및 긴급조치에 관한 사항, 산업재해 및 중대산업사고의 발생원인에 대한 조사 및 분석, 대책 수립에 관한 사항, 산업재해 및 중대산업사고 발생의 기록·관리 등에 관한 사항이다.

일곱째, 위험성 평가에 관한 사항이다. 위험성 평가의 실시 시기 및 방법, 절차에 관한 사항, 위험성 감소대책 수립 및 시행에 관한 사항 등이 포함되어야 한다.

마지막으로 무재해운동 참여, 안전·보건 관련 제안 및 포상·징계 등 산업재해 예방을 위해 필요하다고 판단하는 사항, 안전·관련 문서의 보존에 관한 사항, 그 밖의 사항 등을 사업장의 규모·업종 등에 적합하게 작성하며, 필요한 사항을 추가하거나 그 사업장에 관련되지 않는 사항은 제외할 수 있다.

08

곤돌라 추락방지를 위한 올바른 안전대 부착방법은 무엇입니까?

정답

안전대 부착방법은 먼저 벨트는 추락 시 작업자에게 가해지는 충격을 최소한으로 하고 추락 저지 시 발 쪽으로 빠지지 않도록 요골 근처에 확실하게 착용하도록 해야 한다.

둘째, 버클을 바르게 사용하고, 벨트 끝이 벨트 통로를 확실하게 통과하도록 해야 한다.

셋째, 신축조절기를 사용할 때 각 링에 바르게 걸어야 하며, 벨트 끝이나 작업복이 말려 들어가지 않도록 해야 한다.

넷째, U자걸이 사용 시 훅을 각링이나 D링 이외의 것에 잘못 거는 일이 없도록 벨트의 D링이나 각 링부에는 훅이 걸릴 수 있는 물건은 부착해서는 안 된다.

다섯째, 착용 후 지상에서 각각의 사용 상태에서 체중을 걸고 각 부품의 이상 유무를 확인한 후 사용하도록 해야 한다.

여섯째, 안전대를 지지하는 대상물은 로프의 이동에 의해 로프가 벗겨지거나 빠질 우려가 없는 구조로 충격에 충분히 견딜 수 있어야 한다.

일곱째, 안전대를 지지하는 대상물에 추락 시 로프를 절단할 위험이 있는 예리한 각이 있는 경우에 로프가 예리한 각에 접촉하지 않도록 충분한 조치를 해야 한다.

09

외부 쌍줄비계 작업 시 안전대책은 어떤 것이 있나요?

정답

쌍줄비계의 안전대책은 첫째 하단부에는 깔판(밑받침 철물), 받침목 등을 사용하고 밑둥잡이를 설치해야 한다.

둘째, 비계 기둥간격은 띠장 방향에서는 1.5m 내지 1.8m, 장선 방향에서는 1.5m 이하이어야 하며, 비계 기둥의 최고부로부터 아래 방향으로 31m를 넘는 비계 기둥은 2본의 강관으로 묶어 세워야 한다.

셋째, 띠장간격은 1.5m 이하로 설치해야 하며, 지상에서 첫 번째 띠장은 높이 2m 이하의 위치에 설치해야 한다.

넷째, 장선간격은 1.5m 이하로 설치하고, 비계 기둥과 띠장의 교차부에서는 비계 기둥에 결속하고, 그 중간 부분에서는 띠장에 결속해야 한다.

다섯째, 비계 기둥 간의 적재하중은 400kg을 초과하지 않도록 해야 한다.

여섯째, 벽 연결은 수직으로 5m, 수평으로 5m 이내마다 연결해야 한다.

일곱째, 기둥간격 10m마다 45° 각도의 처마 방향 가새를 설치해야 하며, 모든 비계 기둥은 가새에 결속해야 한다.

여덟째, 작업대에는 안전난간을 설치해야 하며 작업대의 구조는 추락 및 낙하물 방지조치를 해야 한다.

아홉째, 작업발판 설치 시 연결 및 이음철물은 가설기자재 성능검정 규격에 규정된 것을 사용해야 한다.

10

산업재해와 중대재해에 대해 구분하여 설명하세요.

정답

산업재해란 노무를 제공하는 사람이 업무에 관계되는 건설물·설비·원재료·가스·증기·분진 등에 의하거나 작업 또는 그 밖의 업무로 인하여 사망 또는 부상하거나 질병에 걸리는 것을 말하고, 중대재해란 산업재해 중 사망 등 재해 정도가 심하거나 다수의 재해자가 발생한 경우로서 고용노동부령으로 정하는 재해를 말한다.

중대재해의 범위는 첫째 사망자가 1명 이상 발생한 재해, 둘째 3개월 이상의 요양이 필요한 부상자가 동시에 2명 이상 발생한 재해, 셋째 부상자 또는 직업성 질병자가 동시에 10명 이상 발생한 재해이다.

11

위험성 평가의 종류, 실시시기, 실시방법에 대해 아는 대로 설명하세요.

정답

위험성 평가란 사업주가 스스로 유해·위험요인을 파악하고 해당 유해·위험요인의 위험성 수준을 결정하여, 위험성을 낮추기 위한 적절한 조치를 마련하고 실행하는 과정을 말하는 것으로 위험성 평가의 종류에는 최초평가, 수시평가, 정기평가, 상시평가가 있다.

위험성평가의 실시시기는, 최초평가의 경우 사업이 성립된 날(사업 개시일, 실착공일)로부터 1개월이 되는 날까지 최초 위험성 평가의 실시에 착수하여야 한다. 1개월 미만의 기간에 이루어지는 작업 또는 공사의 경우에는 공사 개시 후 지체 없이 최초 위험성 평가를 실시해야 한다.

수시평가는 사업장 건설물의 설치·이전·변경 또는 해체, 기계·기구, 설비, 원재료 등의 신규 도입 또는 변경, 건설물, 기계·기구, 설비 등의 정비 또는 보수, 작업방법 또는 작업절차의 신규 도입 또는 변경, 중대산업사고 또는 산업재해 등이 발생한 경우 수시 위험성 평가를 실시해야 한다.

정기평가는 최초평가의 결과에 대한 적정성을 1년마다 정기적으로 재검토하여야 한다.

상시평가는 매월 1회 이상 근로자 제안제도 활용, 아차사고 확인, 작업과 관련된 근로자를 포함한 사업장 순회점검 등을 통해 사업장 내 유해·위험요인을 발굴하여 위험성 결정 및 위험성 감소대책을 수립·실행하거나, 매주 안전보건관리책임자, 안전관리자, 보건관리자, 관리감독자 등을 중심으로 위험성 평가 결과 등을 논의·공유하고 이행상황을 점검하거나, 매 작업일마다 위험성 평가 결과에 따라 근로자가 준수하여야 할 사항 및 주의하여야 할 사항을 작업 전 안전점검회의 등을 통해 공유·주지하는 것으로 상시평가를 한 경우 수시평가와 정기평가를 실시한 것으로 본다.

위험성 평가의 실시방법은, 첫째 사전준비, 둘째 유해·위험요인 파악, 셋째 위험성 결정, 넷째 위험성 감소대책 수립 및 실행, 다섯째 위험성 평가 실시내용 및 결과에 관한 기록 및 보존이다. 위험성 평가방법은 위험 가능성과 중대성을 조합한 빈도·강도법, 체크리스트(Checklist)법, 위험성 수준 3단계(저·중·고) 판단법, 핵심요인 기술(One Point Sheet)법 등의 방법으로 평가할 수 있다.

12

작업발판 일체형 거푸집의 종류와 해체작업 시 안전관리 대책에는 어떤 것이 있나요?

정답

산업안전보건기준에 관한 규칙 제331조의3

작업발판 일체형 거푸집이란 거푸집의 설치·해체, 철근 조립, 콘크리트 타설, 콘크리트 면처리 작업 등을 위하여 거푸집을 작업발판과 일체로 제작하여 사용하는 거푸집이다. 거푸집의 종류로는 갱폼(Gang Form), 슬립폼(Slip Form), 클라이밍폼(Climbing Form), 터널 라이닝폼(Tunnel Lining Form) 등이 있다.

해체 시 안전관리 대책은 첫째, 해체 등의 범위 및 작업절차를 미리 그 작업에 종사하는 근로자에게 주지시켜야 한다.

둘째, 근로자가 안전하게 구조물 내부에서 갱폼의 작업발판으로 출입할 수 있는 이동통로를 설치해야 한다.

셋째, 갱폼의 지지 또는 고정철물의 이상 유무를 확인하고 이상이 발견된 경우에는 교체하도록 해야 한다.

넷째, 갱폼을 해체하는 경우에는 갱폼을 인양장비에 매단 후에 작업을 실시하도록 하고, 인양장비에 매달기 전에 지지 또는 고정철물을 미리 해체하지 않도록 해야 한다.

다섯째, 갱폼 인양 시 작업발판용 케이지에 근로자가 탑승한 상태에서 갱폼의 인양작업을 하지 말아야 한다.

여섯째, 관계근로자 외 근로자의 출입을 금지해야 한다.

일곱째, 연결 또는 지지 형식으로 조립된 부재를 해체하는 경우에 거푸집을 인양장비에 매단 후에 작업하도록 하는 등 낙하·붕괴·전도의 위험 방지를 위하여 필요한 조치를 해야 한다.

13

시스템 비계의 안전관리에는 어떤 것이 있나요?

정답

산업안전보건기준에 관한 규칙 제69조, 제70조

시스템 비계의 안전관리는 첫째, 수직재·수평재·가새재를 견고하게 연결하는 구조가 되도록 해야 한다.

둘째, 비계 밑단의 수직재와 받침 철물은 밀착되도록 설치하고, 수직재와 받침 철물 연결부의 겹침길이는 받침 철물 전체 길이의 3분의 1 이상이 되도록 해야 한다.

셋째, 수평재는 수직재와 직각으로 설치해야 하며, 체결 후 흔들림이 없도록 견고하게 설치해야 한다.

넷째, 수직재와 수직재의 연결철물은 이탈되지 않도록 견고한 구조로 해야 한다.

다섯째, 벽 연결재의 설치간격은 제조사가 정한 기준에 따라 설치해야 한다.

여섯째, 비계 기둥의 밑둥에는 밑받침 철물을 사용해야 하며, 밑받침에 고저차가 있는 경우에는 조절형 밑받침 철물을 사용하여 시스템 비계가 항상 수평 및 수직을 유지하도록 해야 한다.

일곱째, 경사진 바닥에 설치하는 경우에는 피벗형 받침 철물 또는 쐐기 등을 사용하여 밑받침 철물의 바닥면이 수평을 유지하도록 해야 한다.

여덟째, 가공전로에 근접하여 비계를 설치하는 경우에는 가공전로를 이설하거나 가공전로에 절연용 방호구를 설치하는 등 가공전로와의 접촉을 방지하기 위하여 필요한 조치를 해야 한다.

아홉째, 비계 내에서 근로자가 상하 또는 좌우로 이동하는 경우에는 반드시 지정된 통로를 이용하도록 주지시켜야 한다.

열째, 비계작업 근로자는 같은 수직면상의 위와 아래 동시작업을 금지해야 한다.

열한째, 작업발판에는 제조사가 정한 최대적재하중을 초과하여 적재해서는 아니 되며, 최대적재하중이 표기된 표지판을 부착하고 근로자에게 주지시키도록 해야 한다.

14

철골공사 시 공사부지 협소에 따른 대책은 어떤 것이 있습니까?

정답

공사부지 협소 시 철골공사의 대책으로는 첫째, 철골 부재는 설치할 분량만 입고시켜야 한다. 제작공장과 긴밀한 협조를 통해 자재 관리를 철저히 하여 현장 내 자재 보관기일을 최소화해야 한다.

둘째, 톱다운 공법을 도입하여 1층 부분에 슬래브를 타설한 후 1층을 자재보관 및 작업공간으로 사용해야 한다.

셋째, 현장을 항상 깨끗하게 유지해서 정리정돈이 바로 이루어질 수 있도록 해야 하며 자재 관리에 집중해야 한다.

넷째, 철골을 조립하는 경우에 철골의 접합부가 충분히 지지되도록 볼트를 체결하거나 이와 같은 수준 이상의 견고한 구조가 되기 전에는 들어 올린 철골을 걸이로프 등으로부터 분리해서는 안 된다.

다섯째, 근로자가 수직방향으로 이동하는 철골부재에는 답단간격이 30cm 이내인 고정된 승강로를 설치해야 하며, 수평방향 철골과 수직방향 철골이 연결되는 부분에는 연결작업을 위하여 작업발판 등을 설치해야 한다.

여섯째, 철골작업을 하는 경우에 근로자의 주요 이동통로에 고정된 가설통로를 설치해야 한다.

일곱째, 풍속이 초당 10m 이상인 경우, 강우량이 시간당 1mm 이상인 경우, 강설량이 시간당 1cm 이상인 경우 작업을 중단해야 한다.

15

와이어로프의 안전계수의 의미와 달비계 등의 안전계수 적용치는 무엇입니까?

정답

산업안전보건기준에 관한 규칙 제55조

안전계수는 와이어로프 등의 절단하중값을 그 와이어로프 등에 걸리는 하중의 최댓값으로 나눈 값을 말한다. 달비계의 최대적재하중을 정하는 경우 안전계수를 적용해야 하는데 달기 와이어로프 및 달기 강선의 경우 안전계수는 10 이상으로 해야 하고 달기 체인 및 달기 훅의 안전계수는 5 이상으로 해야 한다. 달기 강대와 달비계의 하부 및 상부 지점의 안전계수는 강재의 경우 2.5 이상, 목재의 경우 5 이상으로 해야 한다.

16

강관비계의 설치기준과 취약점은 무엇입니까?

정답

산업안전보건기준에 관한 규칙 제59조, 제60조

강관비계의 설치기준은 첫째, 단부에는 밑받침 철물을 사용하거나 깔판·받침목 등을 사용하고 밑둥잡이를 설치해야 한다.

둘째, 비계기둥의 간격은 띠장 방향에서는 1.85m 이하, 장선 방향에서는 1.5m 이하이어야 한다.

셋째, 띠장 간격은 2.0m 이하로 설치해야 한다.

넷째, 비계기둥의 제일 윗부분으로부터 31m 되는 지점 밑부분의 비계기둥은 2개의 강관으로 묶어 세워야 한다.

다섯째, 비계기둥 간의 적재하중은 400kg을 초과하지 않도록 해야 한다.

여섯째, 조립간격은 단관비계의 경우 수직방향 5m, 수평방향 5m로 하고, 틀비계(높이 5m 미만 제외)는 수직방향 6m 수평방향 8m로 한다.

일곱째, 강관의 접속부, 교차부는 적합한 부속철물을 사용하여 접속하거나 단단히 묶어야 하며 교차가새로 보강해야 한다.

여덟째, 외줄비계·쌍줄비계 또는 돌출비계에 대해서는 강관·통나무 등의 재료를 사용하여 벽이음 및 버팀을 설치해야 한다.

아홉째, 강관비계가 인장재와 압축재로 구성된 경우에는 인장재와 압축재의 간격을 1m 이내로 해야 한다.

열째, 가공전로에 근접하여 비계를 설치하는 경우에는 가공전로를 이설하거나 가공전로에 절연용 방호구를 장착하는 등 가공전로와의 접촉을 방지하기 위한 조치를 해야 한다.

취약점으로는, 첫째 별도의 추락방지망 시설을 해야 하고, 둘째 기둥과 기둥 사이의 간격으로 인해 부재가 맞지 않는 경우가 발생한다. 셋째 강관 조인트 부위 연결에 시간이 많이 소요되고, 넷째 강관 파이프 위에서 작업을 하는 관계로 위험요인이 많이 발생한다.

17

산업안전보건기준에 관한 규칙에 나와 있는 재래식 쌍줄비계 조립 시 주의사항은 어떤 것이 있습니까?

`정답`

산업안전보건기준에 관한 규칙 제59조

첫째, 비계 기둥에는 미끄러지거나 침하하는 것을 방지하기 위하여 밑받침 철물을 사용하거나 깔판·받침목 등을 사용하여 밑둥잡이를 설치하는 등의 조치를 해야 한다.

둘째, 강관의 접속부 또는 교차부는 적합한 부속철물을 사용하여 접속하거나 단단히 묶어야 한다.

셋째, 교차 가새로 보강해야 하고, 넷째 벽이음 및 버팀을 설치해야 한다.

다섯째, 강관비계의 조립간격을 준수하고, 강관·통나무 등의 재료를 사용하여 견고한 것으로 해야 한다.

여섯째, 인장재와 압축재로 구성된 경우에는 인장재와 압축재의 간격을 1m 이내로 해야 한다.

일곱째, 가공전로에 근접하여 비계를 설치하는 경우에는 가공전로를 이설하거나 가공전로에 절연용 방호구를 장착하는 등 가공전로와의 접촉을 방지하기 위한 조치를 해야 한다.

18

건설현장에서 비산먼지 방지대책은 어떤 것이 있나요?

`정답`

비산 방지대책은 먼저 분체상 물질을 야적하는 경우 야적물질을 방진덮개로 덮어야 하며 야적물질 최고저장높이 3분의 1 이상 방진벽을 설치해야 한다. 둘째 최고저장높이 1.25배 이상 방진망을 설치해야 하고, 셋째 살수시설을 설치하여 비산먼지 발생 시 살수를 해야 한다. 넷째 방진망, 방진벽, 방진망, 방진덮개 등을 사용하여 비산을 방지해야 한다. 다섯째 현장에서 외부로 나갈 때는 세륜시설을 통하여 출입해야 한다.

19

기술사와 지도사의 차이점은 무엇인가요?

정답

기술사는 일정한 수준 이상의 지식이나 기술을 가진 자이고, 지도사는 기술이나 지식뿐 아니라 자문을 포함한 사업의 경영 측면을 포함해야 하는 것에 차이가 있습니다.

20

CO_2 가스 아크(Arc) 용접 시 사전안전대책은 무엇이 있습니까?

정답

아크 용접 시 안전대책으로는, 우선 아크 용접 등의 작업에 사용하는 용접봉의 홀더에 대하여 한국산업표준에 적합하거나 그 이상의 절연내력 및 내열성을 갖춘 것을 사용해야 한다.
둘째, 선박의 이중 선체 내부, 밸러스트 탱크, 보일러 내부 등 도전체에 둘러싸인 장소, 추락할 위험이 있는 높이 2m 이상의 장소로 철골 등 도전성이 높은 물체에 근로자가 접촉할 우려가 있는 장소, 근로자가 물·땀 등으로 인하여 도전성이 높은 습윤 상태의 장소에서 작업을 할 경우 교류 아크 용접기에 자동전격방지기를 설치해야 한다.

21

달비계 로프 매듭 방식은 어떤 것이 있습니까?

정답

로프 매듭에는 첫째 옭 매듭이 있다. 오버핸드(Overhand) 매듭이라고도 하며 다른 매듭의 끝처리를 할 때 쓰이는 매듭이다. 둘째, 8자 매듭으로 옭 매듭보다 강하면서 풀기도 수월하다. 셋째 묶은 후 길이 조절이 가능한 까베스탕 매듭이 있다. 넷째 터벅 매듭으로 Taut-line Hitch Knot이라고 하며 로프를 팽팽하게 당겨 맬 때 사용한다.

22

안전인증 대상 기계기구는 어떤 것이 있습니까?

정답

산업안전보건법 시행령 제74조

안전인증 대상 기계기구는 첫째 프레스, 전단기 및 절곡기, 크레인, 리프트, 압력용기, 롤러기, 사출성형기, 고소작업대, 곤돌라 등의 기계설비, 둘째 프레스 및 전단기 방호장치, 양중기용 과부하 방지장치, 보일러 압력방출용 안전밸브, 압력용기 압력방출용 안전밸브, 압력용기 압력방출용 파열판, 절연용 방호구 및 활선작업용 기구, 방폭구조 전기기계·기구 및 부품, 추락·낙하 및 붕괴 등의 위험 방지 및 보호에 필요한 가설기자재, 충돌·협착 등의 위험 방지에 필요한 산업용 로봇 방호장치 등의 방호장치, 셋째 추락 및 감전 위험 방지용 안전모, 안전화, 안전장갑, 방진마스크, 방독마스크, 송기마스크, 전동식 호흡보호구, 보호복, 안전대, 차광(遮光) 및 비산물(飛散物) 위험 방지용 보안경, 용접용 보안면, 방음용 귀마개 또는 귀덮개 등의 보호구가 해당한다.

23

굴착공사 시 지하매설물이 있는 구간의 굴착은 어떻게 하나요?

정답

굴착공사표준안전작업지침 제21조, 제22조

지하매설물이 있는 경우 굴착방법은 첫째 시가지 굴착 등을 할 경우에는 도면 및 관리자의 조언에 따라 매설물의 위치를 파악한 후 줄파기작업 등을 시작해야 한다.

둘째, 굴착에 의해 매설물이 노출되면 반드시 관계기관, 소유자 및 관리자에게 확인시키고 상호 협조하여 지주나 지보공 등을 이용하여 방호조치를 취해야 한다.

셋째, 매설물의 이설 및 위치변경, 교체 등은 관계기관과 협의하여 실시해야 한다.

넷째, 최소 1일 1회 이상은 순회 점검해야 하며 점검에는 와이어로프의 인장 상태, 거치구조의 안전 상태, 특히 접합부분을 중점적으로 확인해야 한다.

다섯째, 매설물에 인접하여 작업할 경우는 주변 지반의 지하수위가 저하되어 압밀침하될 가능성이 많고 매설물이 파손될 우려가 있으므로 곡관부의 보강, 매설물 벽체 누수 등 매설물의 관계기관과 충분히 협의하여 방지대책을 강구해야 한다.

여섯째, 가스관과 송유관 등이 매설된 경우는 화기사용을 금하여야 하며 부득이 용접기 등을 사용해야 할 경우는 폭발방지 조치를 취한 후 작업을 해야 한다.

일곱째, 노출된 매설물을 되메우기할 경우는 매설물의 방호를 실시하고 양질의 토사를 이용하여 충분한 다짐을 해야 한다.

24

공사관리의 4가지 요소는 무엇입니까?

정답

공사관리 4요소는 공정, 품질, 원가, 안전관리이다. 먼저 공정관리는 가장 경제적인 공정을 결정하고 통제하는 기능이다.

두 번째의 품질관리는 축조물 또는 생산품을 설계시방에 따라 표준에 맞게 보증하는 것으로 불량품 발생의 예방, 품질평가를 위한 검사, 불량품 조치, 재발방지 등을 들 수 있다.

세 번째로 원가관리는 공사를 경제적으로 시행하기 위하여 시공에 필요한 재료비, 노무비, 고정비 등을 상세히 기록, 정리, 분석하고 결론을 내리기 위한 전반적인 회계수단이다.

네 번째로 안전관리는 근로자들을 보호하고 작업장 환경을 개선하여 발생할 수 있는 사고를 예방하는 것이다.

25

탄성계수란 무엇입니까?

정답

탄성계수란 인장응력, 압축응력 등의 수직응력과 세로변형의 비로 정의할 수 있다. 탄성계수에는 종탄성계수와 접선응력과 전단응력의 비인 횡탄성계수의 2종류가 있다.

26

안전보건교육 중 관리감독자를 대상으로 교육 시 가장 중요한 내용은 무엇입니까?

`정답`

산업안전보건법 시행규칙 [별표 5]

관리감독자 교육 내용으로는 산업안전 및 사고 예방에 관한 사항, 산업보건 및 직업병 예방에 관한 사항, 위험성평가에 관한 사항, 유해·위험 작업환경 관리에 관한 사항, 산업안전보건법령 및 산업재해보상보험 제도에 관한 사항, 직무스트레스 예방 및 관리에 관한 사항, 직장 내 괴롭힘, 고객의 폭언 등으로 인한 건강장해 예방 및 관리에 관한 사항, 작업공정의 유해·위험과 재해 예방대책에 관한 사항, 사업장 내 안전보건관리체제 및 안전·보건조치 현황에 관한 사항, 표준안전 작업방법 결정 및 지도·감독 요령에 관한 사항, 현장근로자와의 의사소통능력 및 강의능력 등 안전보건교육 능력 배양에 관한 사항, 비상시 또는 재해 발생 시 긴급조치에 관한 사항, 그 밖의 관리감독자의 직무에 관한 사항에 대해 교육해야 한다.

27

크레인 전도재해 원인은 어떤 것이 있습니까?

`정답`

크레인 전도재해는 주로 연약지반에서 발생한다. 연약지반을 개량하지 않은 채 크레인을 설치하면 전도될 수 있다. 또한 아웃트리거는 4방으로 정확하게 설치해야 하는데 부지 협소, 자재 간섭 등의 이유로 아웃트리거를 충분히 설치하지 않았을 경우 전도사고가 일어난다. 크레인 설치 시 규정을 미준수하여 크레인 설치 순서 등을 따르지 않았을 경우에도 전도사고가 발생한다. 그 외에 경사지반에 설치한다든지 바닥의 평활도가 불량한 상태에 억지로 설치한다든지 하면 전도사고가 일어날 수 있다.

28

건설기술진흥법상 안전교육은 어떻게 해야 하나요?

정답

건설기술진흥법 시행령 제103조

건설기술진흥법에 따르면 분야별 안전관리책임자 또는 안전관리담당자는 당일 공사작업자를 대상으로 매일 공사 착수 전에 안전교육을 실시해야 한다. 안전교육은 당일 작업의 공법 이해, 시공 상세도면에 따른 세부 시공순서 및 시공기술상의 주의사항 등을 포함해야 한다. 건설사업자와 주택건설등록업자는 안전교육 내용을 기록·관리해야 하며, 공사 준공 후 발주청에 관계 서류와 함께 제출해야 한다.

29

산업안전보건기준에 관한 규칙 중 교량 설치, 해체, 변경 시 안전수칙은 무엇이 있나요?

정답

산업안전보건기준에 관한 규칙 제369조

교량 작업 시 안전수칙은 첫째, 작업을 하는 구역에는 관계 근로자가 아닌 사람의 출입을 금지해야 한다.

둘째, 재료, 기구 또는 공구 등을 올리거나 내릴 경우에는 근로자로 하여금 달줄, 달포대 등을 사용하게 해야 한다.

셋째, 중량물 부재를 크레인 등으로 인양하는 경우에는 부재에 인양용 고리를 견고하게 설치하고, 인양용 로프는 부재에 2군데 이상 결속하여 인양해야 하며, 중량물이 안전하게 거치되기 전까지는 걸이로프를 해제해서는 안 된다.

넷째, 자재나 부재의 낙하·전도 또는 붕괴 등에 의하여 근로자에게 위험을 미칠 우려가 있을 경우에는 출입금지 구역의 설정, 자재 또는 가설시설의 좌굴(挫屈) 또는 변형 방지를 위한 보강재 부착 등의 조치를 해야 한다.

30

가설통로 중 사다리 설치기준은 어떻게 되나요?

정답

산업안전보건기준에 관한 규칙 제24조

사다리 설치기준은 첫째 견고한 구조로 해야 하고, 둘째 심한 손상·부식 등이 없는 재료를 사용해야 하며, 셋째 발판의 간격은 일정하게 해야 한다. 넷째 발판과 벽과의 사이는 15cm 이상의 간격을 유지하고, 다섯째 폭은 30cm 이상으로 하고, 여섯째 사다리가 넘어지거나 미끄러지는 것을 방지하기 위한 조치를 해야 한다. 일곱째 사다리의 상단은 걸쳐놓은 지점으로부터 60cm 이상 올라가도록 하고, 여덟째 사다리식 통로의 길이가 10m 이상인 경우에는 5m 이내마다 계단참을 설치해야 한다. 아홉째 사다리식 통로의 기울기는 75° 이하로 하되, 다만 고정식 사다리식 통로의 기울기는 90° 이하로 하고, 그 높이가 7m 이상인 경우에는 바닥으로부터 높이가 2.5m 되는 지점부터 등받이울을 설치해야 한다. 열째 접이식 사다리 기둥은 사용 시 접히거나 펼쳐지지 않도록 철물 등을 사용하여 견고하게 조치해야 한다.

31

추락방호망의 설치기준은 어떻게 되나요?

정답

산업안전보건기준에 관한 규칙 제42조

추락방호망의 설치기준은, 첫째 추락방호망의 설치위치는 가능하면 작업면으로부터 가까운 지점에 설치해야 하며, 작업면으로부터 망 설치지점까지의 수직거리는 10m를 초과하지 않도록 해야 한다.

둘째, 추락방호망은 수평으로 설치하고, 망의 처짐은 짧은 변 길이의 12% 이상이 되도록 해야 한다.

셋째, 건축물 등의 바깥쪽으로 설치하는 경우 추락방호망의 내민 길이는 벽면으로부터 3m 이상 되도록 해야 한다.

넷째, 그물코가 20mm 이하인 추락방호망을 사용한 경우에는 낙하물 방지망을 설치한 것으로 간주한다.

다섯째, 한국산업표준에서 정하는 성능기준에 적합한 추락방호망을 사용해야 한다.

32

업무상 재해란 무엇인가요?

정답

업무상 재해란 업무상의 사유에 따른 근로자의 부상, 질병, 장해 또는 사망을 말한다.

33

가설통로의 설치기준에 대해 아는 대로 설명하세요

정답

산업안전보건기준에 관한 규칙 제23조

가설통로의 설치기준은 견고한 구조로 하고 경사는 30° 이하로 해야 한다. 경사가 15°를 초과하는 경우에는 미끄러지지 아니하는 구조로 해야 하고 추락할 위험이 있는 장소에는 안전난간을 설치해야 한다. 수직갱에 가설된 통로의 길이가 15m 이상인 경우에는 10m 이내마다, 그리고 건설공사에 사용하는 높이 8m 이상인 비계다리에는 7m 이내마다 계단참을 설치해야 한다.

01

위험성 평가에서 강도와 빈도의 계산식은 어떻게 되나요?(강도는 어떻게 계산하고 빈도는 어떻게 계산하나요?)

정답

위험성 평가의 강도와 빈도의 계산식은 총 3가지가 있다. 먼저, 강도와 빈도를 행렬을 이용하여 조합하는 방법이 있고, 두 번째는 강도와 빈도를 곱하는 방법이 있다. 세 번째는 강도와 빈도를 더하는 방법이 있다.

행렬을 이용한 방법은 가로축에는 강도를 상, 중, 하 등급으로 표시하고 세로축에는 빈도를 높음, 보통, 낮음으로 표시하여 9단계의 위험성 크기를 결정하는 것이다. 곱하는 방법은 강도와 빈도를 점수화하여 강도 3, 빈도 2점일 경우 곱하여 6점이 되는 것이다. 더하는 방법은 점수를 더하는 방법으로 강도 3, 빈도 2점일 경우 더하여 5점이 된다. 이런 식으로 위험성의 크기를 결정하여 위험요소의 등급을 결정할 수 있다.

강도는 피해의 중대성을 말하는 것으로 부상이나 건강장해의 정도, 후유장애 유무, 치료기간 등을 고려하여 판단하고 빈도는 피해의 가능성을 말하는 것으로 노출시간, 발생확률 등을 고려하여 판단한다. 강도의 등급은 보통 3~5단계로 구분하는데 상, 상중, 중, 중하, 하로 나누고 계산식은 위험성의 크기를 발생빈도로 나누어 계산한다. 빈도 역시 등급을 3~5단계로 나누어 구분하며 가능성이 매우높음, 높음, 보통, 낮음, 매우낮음 등으로 나누며 계산 방법은 위험요소의 발생횟수를 작업 경과시간으로 나누어 산출한다. 참고로 사업장 위험성 평가에 관한 지침에 따라 현장에서 위험성 평가를 실시하고 있다.

02

산소가 부족한 작업 시 안전대책은 무엇인가요? 산소농도 측정 시 산소농도는 어느 정도가 적정한가요? 환기가 불가능한 경우에는 어떻게 작업을 하나요?

정답

산소농도의 범위는 18% 이상, 23.5% 미만이 적정한데 이 범위 이하일 경우 인간에게 중대한 건강장해를 초래한다. 두통, 호흡곤란, 의식불명 등이 발생하며 끝내 사망할 수도 있다.

산소가 부족한 작업을 할 경우 첫째 작업 전, 작업 중 수시로 산소농도를 측정해서 산소농도가 적정범위를 넘을 경우 작업을 중단하고 조치를 취해야 한다.

둘째, 작업장 내부 환기를 실시해야 한다. 강제환기, 자연환기 등의 방식을 통해 일정 시간 이상 환기를 실시해야 한다.

셋째, 안전담당자 및 감시인을 배치해야 한다. 안전담당자 및 감시인을 배치하여 작업을 관리하고 통제하여 재해를 방지해야 한다.

넷째, 호흡용 보호구를 착용해야 한다. 공기호흡기, 산소호흡기, 송기마스크 등을 착용하여야 한다.

다섯째, 연락체계를 확립해야 한다. 작업자와 작업자 간, 작업자와 관리자 간의 유선설비, 무전기 등의 연락 방법을 정하고 그에 따라 긴밀한 연락을 취해야 한다.

여섯째, 작업 착수 전 교육을 실시해야 한다. 밀폐공간, 산소 부족 시 발생되는 증세, 건강장해 등에 대해 작업 실시 근로자에게 교육을 실시한 후 작업을 진행시켜야 한다.

일곱째, 인원점검을 실시해야 한다. 작업 전, 작업 중, 작업 후 작업인원에 대한 점검을 실시해야 한다.

여덟째, 대피기구 및 대피방법을 숙지해야 한다. 산소결핍 발생에 대비하여 근로자 대피방법을 사전에 통보하고 대피에 필요한 사다리, 로프 등을 특정 장소에 비치하여야 한다.

환기 불가능 시 작업방법은 근로자에게 호흡용 보호구를 착용토록 하고 작업 전, 작업 중, 작업 후 인원을 파악해야 한다. 또한 감시인과 안전담당자를 배치하여 작업을 관리하고 인원을 통제하여야 한다. 수시로 산소농도를 측정하여 산소결핍 시 작업을 중단하고 대피하여야 한다.

03

고용노동부 고시에 따른 산업안전보건관리비 사용항목은 무엇이며 사용 가능 금액은 얼마인가요?

정답

건설업 산업안전보건관리비 계상 및 사용기준 제7조, [별표 1]

산업안전보건관리비는 고용노동부 고시인 건설업 산업안전보건관리비 계상 및 사용기준에 나와 있다.

사용 가능한 항목은 첫 번째는 안전관리자·보건관리자의 임금이다. 안전관리 또는 보건관리 업무만을 전담하는 안전관리자 또는 보건관리자의 임금과 출장비 전액, 안전관리 또는 보건관리 업무를 전담하지 않는 안전관리자 또는 보건관리자의 임금과 출장비의 각각 2분의 1에 해당하는 비용, 안전관리자를 선임한 건설공사현장에서 산업재해예방 업무만을 수행하는 작업지휘자, 유도자, 신호자 등의 임금 전액, 작업을 직접 지휘·감독하는 직·조·반장 등 관리감독자의 업무를 수행하는 경우에 지급하는 업무수당(임금의 10분의 1 이내)을 지급할 수 있다.

두 번째는 안전시설비이다. 산업재해예방을 위한 안전난간, 추락방호망, 안전대 부착 설비, 방호장치 등 안전시설의 구입·임대 및 설치를 위해 소요되는 비용, 스마트 안전장비 구입·임대비용의 5분의 1에 해당하는 비용, 용접작업 등 화재 위험작업 시 사용하는 소화기의 구입·임대비용 등에 사용할 수 있다.

세 번째는 보호구이다. 보호구의 구입·수리·관리 등에 소요되는 비용, 근로자가 보호구를 직접 구매·사용하여 합리적인 범위 내에서 보전하는 비용, 안전관리자 등의 업무용 피복, 기기 등을 구입하기 위한 비용, 안전관리자 및 보건관리자가 안전보건점검 등을 목적으로 건설공사현장에서 사용하는 차량의 유류비·수리비·보험료 등에 사용할 수 있다.

네 번째는 안전보건진단비이다. 유해위험방지계획서의 작성 등에 소요되는 비용, 안전보건진단에 소요되는 비용, 작업환경측정에 소요되는 비용, 산업재해예방을 위해 법에서 지정한 전문기관 등에서 실시하는 진단, 검사, 지도 등에 소요되는 비용에 사용할 수 있다.

다섯 번째는 안전보건교육비이다. 의무교육이나 이에 준하여 실시하는 교육을 위해 건설공사현장의 교육장소 설치·운영 등에 소요되는 비용, 산업재해예방 목적을 가진 다른 법령상 의무교육을 실시하기 위해 소요되는 비용, 안전보건관리책임자, 안전관리자, 보건관리자가 업무수행을 위해 필요한 정보를 취득하기 위한 목적으로 도서, 정기간행물을 구입하는 데 소요되는 비용, 건설공사 현장에서 안전기원제 등 산업재해예방을 기원하는 행사를 개최하기 위해 소요되는 비용에 사용할 수 있다. 다만, 행사의 방법, 소요된 비용 등을 고려하여 사회통념에 적합한 행사에 한하여 사용 가능하다. 건설공사 현장의 유해·위험요인을 제보하거나 개선방안을 제안한 근로자를 격려하기 위해 지급하는 비용에도 사용할 수 있다.

여섯 번째는 근로자 건강장해예방비이다. 근로자의 건강장해 예방에 필요한 비용, 중대재해 목적으로 발생한 정신질환을 치료하기 위해 소요되는 비용, 감염병의 확산 방지를 위한 마스크, 손소독제, 체온계 구입비용 및 감염병병원체 검사를 위해 소요되는 비용, 휴게시설을 갖춘 경우 온도, 조명 설치·관리기준을 준수하기 위해 소요되는 비용에 사용 가능하다.

이 외에도 건설재해예방전문지도기관의 지도에 대한 대가로 지급하는 비용, 건설사업자가 아닌 자가 운영하는 사업에서 안전보건 업무를 총괄·관리하는 3명 이상으로 구성된 본사 전담조직에 소속된 근로자의 임금 및 업무수행 출장비 전액, 산업안전보건위원회 또는 노사협의체에서 사용하기로 결정한 사항을 이행하기 위한 비용에도 사용 가능하다.

사용 금지항목은 다른 법령에서 의무사항으로 규정한 사항을 이행하는 데 필요한 비용, 근로자 재해예방 외의 목적이 있는 시설·장비나 물건 등을 사용하기 위해 소요되는 비용, 환경관리, 민원 또는 수방대비 등 다른 목적이 포함된 경우에는 사용할 수가 없다.

산업안전보건관리비 사용금액은 공사금액 대상액이 5억원 미만일 때 건축공사 2.93%, 토목공사 3.09%, 중건설공사 3.43%, 특수건설공사 1.85%를 적용한다.

공사금액 대상액이 5억원 이상 50억원 미만인 경우에는 요율에 기초액을 더하여 산출하는데, 건축공사는 1.86%+5,349,000원, 토목공사의 경우 1.99%+5,499,000원, 중건설공사의 경우 2.35%+5,400,000원, 특수건설공사의 경우 1.20%+3,250,000원을 적용한다.

대상액이 50억원 이상인 경우에는 건축공사 1.97%, 토목공사 2.10%, 중건설공사 2.44%, 특수건설공사 1.27%의 요율을 적용한다.

마지막으로 보건관리자 선임 대상인 경우 건축공사 2.15%, 토목공사 2.29%, 중건설공사 2.66%, 특수건설공사 1.38%를 적용한다.

04

터널공사 표준안전작업지침에 의거한 환기대책은 무엇이 있나요?

정답

터널공사표준안전작업지침 제39조

터널은 환기시설이 제대로 설치되지 않으면 사고로 이어질 확률이 높기 때문에 적절한 환기설비를 갖추어야 한다. 터널공사 표준안전작업지침에 의하면 터널의 환기대책은, 먼저 터널 전 지역에 항상 신선한 공기를 공급할 수 있는 충분한 용량의 환기설비를 설치해야 하는데 환기용량을 정확히 산출해야 한다.

산출 기준은, 우선 발파 후 가스 단위 배출량을 산출하고 이의 소요환기량, 근로자의 호흡에 필요한 소요환기량, 디젤기관의 유해가스에 대한 소요환기량, 뿜어붙이기 콘크리트의 분진에 대한 소요환기량, 암반 및 지반 자체의 유독가스 발생량을 정확히 계산해야 한다.

두 번째는 발파 후 유해가스, 분진 및 내연기관의 배기가스 등을 신속히 환기시켜야 하며 발파 후 30분 이내에 배기, 송기가 완료되도록 해야 한다.

세 번째는 환기가스 처리장치가 없는 디젤기관은 터널 내 투입을 금지해야 한다. 네 번째는 터널 내 기온은 37℃ 이하가 되도록 신선한 공기로 환기시켜야 하며 근로자의 작업조건에 유해하지 아니한 상태를 유지해야 한다.

다섯 번째는 소요환기량에 충분한 용량의 설비를 해야 하며 중앙집중 환기방식, 단열식 송풍방식, 병열식 송풍방식 등의 기준에 의하여 적정한 계획을 수립해야 한다.

05
안전보건기준에 관한 규칙에 따른 공정별 안전보호구의 종류는 무엇이 있나요?

정답

산업안전보건기준에 관한 규칙 제32조

안전보건기준에 관한 규칙에 따르면 총 10종류의 안전보호구가 있다.

첫째, 우리가 가장 많이 사용하고 있는 안전모이다. 물체가 떨어지거나 날아올 위험 또는 근로자가 추락할 위험이 있는 작업에는 반드시 착용해야 한다.

둘째, 안전대이다. 높이 또는 깊이 2m 이상의 추락할 위험이 있는 장소에서 작업을 하는 근로자는 반드시 안전대를 착용해야 한다.

셋째, 안전화이다. 현장에 진입하기 전 반드시 착용해야 하며 물체의 낙하·충격, 물체에의 끼임, 감전 또는 정전기의 대전(帶電)에 의한 위험이 있는 작업에 더욱 필요하다.

넷째는 보안경이다. 물체가 흩날릴 위험이 있는 작업, 용접, 그라인더, 콘크리트 타설 등에는 반드시 착용하고 작업을 해야 한다.

다섯째, 보안면이다. 용접 시 불꽃이나 물체가 흩날릴 위험이 있는 작업에는 반드시 보안면을 착용하고 작업을 해야 한다.

여섯째, 절연용 보호구이다. 감전의 위험이 있는 작업에 착용한다.

일곱째, 방열복이다. 고열에 의한 화상 등의 위험이 있는 작업에 착용한다.

여덟째는 방진마스크이다. 선창 등에서 분진이 심하게 발생하는 하역작업 시 방진마스크를 착용한다.

아홉째, 방한용 보호구이다. 영하 18℃ 이하인 급냉동어창에서 하역작업을 할 경우 방한모·방한복·방한화·방한장갑을 착용하고 작업을 해야 한다.

마지막으로 승차용 안전모이다. 물건을 운반하거나 수거·배달하기 위하여 이륜자동차를 운행하는 작업 시 반드시 착용을 해야 한다.

06

위험예지훈련의 정의와 추진절차 4단계는 무엇인가요?

정답

위험예지훈련이란 현장에서 작업 착수 전 작업내용에 대한 그림을 통해 위험요소를 찾아내고 대책을 수립하는 무재해운동의 소집단 활동이다.

위험예지훈련을 위해서는 4단계를 거쳐야 하며 4단계는 현상파악, 본질추구, 대책수립, 목표설정으로 구성되어 있다.

현상파악단계는 어떤 위험이 잠재되어 있는지 파악하는 단계로 소집단 전원이 작업 내용의 그림을 보고 위험요인을 찾아내는 단계이다.

본질추구단계는 위험의 본질을 찾는 단계로 위험의 포인트가 되는 요소를 구체적으로 찾아 중요도에 따라 상위와 하위를 구분하는 단계이다.

대책수립단계는 앞의 단계에서 발견해낸 중요 위험을 해결하기 위해 어떻게 하면 되는지를 생각해 구체적인 대책을 수립하는 단계이다.

마지막으로 목표설정단계는 대책수립단계에서 수립한 대책을 실행하기 위해 행동목표를 설정하고 전원이 참여하여 복창하는 단계이다.

07

금속 커튼월 작업을 위한 곤돌라 설치 시 안전조치 사항은 무엇이 있나요?

정답

곤돌라 설치 시 안전조치 사항으로는, 먼저 작업을 지휘하는 사람을 선임하여 그 사람의 지휘하에 작업을 실시해야 한다. 둘째, 작업을 할 구역에 관계 근로자가 아닌 사람의 출입을 금지하고 그 취지를 눈에 띄는 장소에 표시해야 한다. 셋째, 비, 눈, 그 밖에 기상상태의 불안정으로 날씨가 몹시 나쁜 경우에는 그 작업을 중단해야 한다. 넷째, 작업지휘자는 작업방법과 근로자의 배치, 재료의 결함 유무 또는 기구 및 공구의 기능을 점검하고 불량품을 제거, 작업 중 안전대 등 보호구의 착용 상황을 감시하는 일을 해야 한다.

08

고층 건물 외부에 시스템 비계 설치 시 안전대책은 어떤 것이 있나요?

정답

산업안전보건기준에 관한 규칙 제70조

시스템 비계는 최근에 많이 사용하는 것으로, 설치 시의 안전대책으로는 첫째 비계 기둥의 밑둥에는 밑받침 철물을 사용해야 하며, 밑받침에 고저차가 있는 경우에는 조절형 밑받침 철물을 사용하여 시스템 비계가 항상 수평 및 수직을 유지하도록 해야 한다.

둘째, 경사진 바닥에 설치하는 경우에는 피벗형 받침 철물 또는 쐐기 등을 사용하여 밑받침 철물의 바닥면이 수평을 유지하도록 해야 한다.

셋째, 가공전로에 근접하여 비계를 설치하는 경우에는 가공전로를 이설하거나 가공전로에 절연용 방호구를 설치하는 등 가공전로와의 접촉을 방지하기 위하여 필요한 조치를 해야 한다.

넷째, 비계 내에서 근로자가 상하 또는 좌우로 이동하는 경우에는 반드시 지정된 통로를 이용하도록 주지시켜야 한다.

다섯째, 비계 작업 근로자는 같은 수직면상의 위와 아래 동시작업을 금지해야 한다.

마지막으로 작업발판에는 제조사가 정한 최대적재하중을 초과하여 적재해서는 아니 되며, 최대적재하중이 표기된 표지판을 부착하고 근로자에게 주지시키도록 해야 한다.

09

재해예방기술지도기관의 적용 대상 공사는 무엇인가요?

정답

산업안전보건법 시행령 제59조, [별표 18]

재해예방기술지도 대상은 공사금액 1억원 이상, 120억원(토목공사의 경우 150억) 미만의 공사(1개월 이상의 공사)이다. 재해예방기술지도 계약 주체는 발주자이며 계약 체결 시기는 착공 전에 해야 한다. 기술지도 시기는 공사 시작 후 15일마다 1회 실시한다.

예외 대상이 있는데 공사기간 1개월 미만, 육지와 연결되지 아니한 도서지역(제주 제외) 공사, 안전관리자가 선임되어 안전관리 업무만을 전담하는 공사, 유해위험방지계획서 제출 대상 공사는 기술지도 적용 대상에서 제외된다.

10

펌프카 사용 작업 시 안전대책은 어떤 것이 있습니까?

정답

산업안전보건기준에 관한 규칙 제335조

펌프카 작업 시 안전대책은, 먼저 작업을 시작하기 전에 콘크리트 펌프카를 점검하고 이상을 발견하였으면 즉시 보수해야 한다.

둘째, 건축물의 난간 등에서 작업하는 근로자가 호스의 요동·선회로 인하여 추락하는 위험을 방지하기 위하여 안전난간 설치 등 필요한 조치를 해야 한다.

셋째, 콘크리트 펌프카의 붐을 조정하는 경우에는 주변의 전선 등에 의한 위험을 예방하기 위한 적절한 조치를 해야 한다.

넷째, 작업 중에 지반의 침하나 아웃트리거 등 콘크리트 펌프카 지지구조물의 손상 등에 의하여 콘크리트 펌프카가 넘어질 우려가 있는 경우에는 이를 방지하기 위한 적절한 조치를 해야 한다.

11

도심지 발파 시 안전대책은 어떤 것이 있습니까?

정답

첫째, 얼어붙은 다이너마이트는 화기에 접근시키거나 그 밖의 고열물에 직접 접촉시키는 등 위험한 방법으로 융해되지 않도록 해야 한다.

둘째, 화약이나 폭약을 장전하는 경우에는 그 부근에서 화기를 사용하거나 흡연을 하지 않도록 해야 한다.

셋째, 장전구는 마찰·충격·정전기 등에 의한 폭발 위험이 없는 안전한 것을 사용해야 한다.

넷째, 발파공의 충진재료는 점토·모래 등 발화성 또는 인화성의 위험이 없는 재료를 사용해야 한다.

다섯째, 점화 후 장전된 화약류가 폭발하지 아니하거나 장전된 화약류의 폭발 여부를 확인하기 곤란한 경우에는 전기뇌관에 의한 경우에는 발파모선을 점화기에서 떼어 그 끝을 단락시켜 놓는 등 재점화되지 않도록 조치하고, 그때부터 5분 이상 경과한 후가 아니면 화약류의 장전장소에 접근시키지 않도록 해야 한다. 전기뇌관 외의 것에 의한 경우에는 점화한 때부터 15분 이상 경과한 후가 아니면 화약류의 장전장소에 접근시키지 않도록 해야 하며, 전기뇌관에 의한 발파의 경우 점화하기 전에 화약류를 장전한 장소로부터 30m 이상 떨어진 안전한 장소에서 전선에 대하여 저항측정 및 도통시험을 해야 한다.

12

깊은 굴착공사 시 사전조사 사항은 어떤 것이 있나요?

정답

굴착공사표준안전작업지침 제15조

깊은 굴착 시 사전조사 사항으로는, 첫째 지질의 상태에 대해 충분히 검토하고 작업책임자와 굴착공법 및 안전조치에 대하여 정밀한 계획을 수립해야 한다.

둘째, 지질조사 자료는 정밀하게 분석되어야 하며 지하수위, 토사 및 암반의 심도 및 층두께, 성질 등이 명확하게 표시되어야 한다.

셋째, 착공지점의 매설물 여부를 확인하고 매설물이 있는 경우 이설 및 거치보전 등 계획을 변경해야 한다.

넷째, 지하수위가 높은 경우 차수벽 설치계획을 수립해야 하며, 차수벽 또는 지중 연속벽 등의 설치는 토압계산에 의하여 실시되어야 한다.

다섯째, 토사반출 목적으로 복공구조의 시설을 필요로 할 경우에는 반드시 적재하중 조건을 고려하여 구조계산에 의한 지보공 설치를 해야 한다.

여섯째, 깊이 10.5m 이상의 굴착의 경우 계측기기의 설치에 의하여 흙막이 구조의 안전을 예측해야 하며, 설치가 불가능할 경우 트랜싯 및 레벨 측량기에 의해 수직·수평변위를 측정해야 한다.

일곱째, 깊은 굴착의 경우 경질암반에 대한 발파는 반드시 시험발파에 의한 발파시방을 준수해야 하되, 엄지말뚝, 중간말뚝, 흙막이 지보공 벽체의 진동영향력이 최소가 되게 해야 하며, 경우에 따라 무진동 파쇄방식의 계획을 수립하여 진동을 억제해야 한다.

여덟째, 배수계획을 수립하고 배수능력에 의한 배수장비와 배수경로를 설정해야 한다.

13

밀폐공간작업 프로그램 3대 절차는 무엇인가요?

정답

출입 전 산소 및 유해가스 농도를 측정하고, 작업 전·작업 중에 지속적으로 환기시키며, 구조작업 시에는 공기호흡기 또는 송기마스크를 착용해야 한다.

14

장마철 위험요인과 대책은 무엇이 있나요?

정답

장마철은 지속적인 강우로 인하여 지반 내부로 강우의 침투가 발생할 경우 지반의 전단강도가 감소하여 연약화되므로 기초, 사면, 흙막이 등의 지반과 관련된 구조물 붕괴 우려가 높다. 또한 잦은 강우와 높은 습기로 인하여 인체의 저항이 낮아지면 상대적으로 감전사고의 위험이 높다. 고온다습한 작업환경에서 육체적 노동으로 인한 열사병 등의 건강장해가 발생할 확률이 높고 하절기에는 탱크, 맨홀, PIT 내부 빗물, 하천의 유수 또는 용수 등이 체류하여 미생물의 증식 및 부패로 인한 산소결핍 등 질식의 우려가 높다.

대책으로는, 첫째 수변지역, 지대가 낮은 지역 등에 위치한 현장은 호우 시 상황을 수시로 파악해야 한다.

둘째, 비상용 수해방지 자재 및 장비를 확보하여 비치해야 한다.

셋째, 비상사태에 대비한 비상대기반을 편성하여 운영해야 한다.

넷째, 지하매설물 현황파악 및 관련 기관과 공조체계를 유지해야 한다.

다섯째, 현장 주변의 우기 취약시설에 대한 사전 안전점검 및 조치를 취해야 한다.

여섯째, 공사용 가설도로에 대한 안전을 확보하고 일곱째, 침수된 작업장 복구 후 재투입 시 전기기기 점검 후 작업을 재개해야 한다.

마지막으로 강우량이 시간당 1mm 이상인 경우 철골작업을 중지해야 한다.

15

산업안전보건법상 사업주의 의무는 무엇인가요?

정답

산업안전보건법 제5조

사업주의 의무는, 첫째 산업안전보건법에 따른 명령으로 정하는 산업재해예방을 위한 기준을 준수해야 한다.

둘째 근로자의 신체적 피로와 정신적 스트레스 등을 줄일 수 있는 쾌적한 작업환경을 조성하고 근로조건을 개선해야 한다.

셋째 해당 사업장의 안전 및 보건에 관한 정보를 근로자에게 제공해야 하며, 넷째 기계・기구와 그 밖의 설비를 설계・제조 또는 수입하는 자, 원재료 등을 제조・수입하는 자, 건설물을 발주・설계・건설하는 자가 발주・설계・제조・수입 또는 건설을 할 때 이 법과 이 법에 따른 명령으로 정하는 기준을 지켜야 하고, 발주・설계・제조・수입 또는 건설에 사용되는 물건으로 인하여 발생하는 산업재해를 방지하기 위하여 필요한 조치를 해야 한다.

16

무재해운동이란 무엇인가요?

정답

무재해운동은 재해를 제로로 만들자는 취지에서 시행되고 있는 운동으로 3가지 원칙이 있다. 모든 잠재위험요인을 사전에 발견, 파악, 해결함으로써 근원적으로 산업재해를 없애는 무의 원칙, 작업에 따르는 잠재적인 위험요인을 발견, 해결하기 위하여 전원이 협력하여 문제해결 운동을 실천하는 참여의 원칙(참가의 원칙), 직장의 위험요인을 행동하기 전에 발견, 파악, 해결하여 재해를 예방하는 안전제일의 원칙(선취의 원칙)이다.

무재해운동의 3요소는 먼저 직장의 자율활동 활성화이다. 일하는 한 사람 한 사람이 안전보건을 자신의 문제이며 동시에 같은 동료의 문제로 진지하게 받아들여 직장의 팀 멤버와의 협동 노력으로 자주적으로 추진할 수 있어야 한다.

둘째, 라인화의 철저이다. 안전보건을 추진하는 데는 관리 감독자(라인)들이 생산활동 속에 안전보건을 접목시켜 실천하는 것이 필요하다.

셋째, 최고경영자의 안전경영철학이다. 무재해와 무질병에 대한 확고한 경영자세와 인간존중의 결의로 출발한다는 것이다.

이러한 무재해운동을 추진하기 위해서는 문제를 해결하는 시스템이 필요한데 문제해결을 위해서는 4단계를 거쳐야 한다. 즉 현상파악(사실 파악) → 본질추구(원인조사) → 대책수립 → 목표설정(행동)의 4단계를 거쳐서 문제해결을 할 수 있다.

마지막으로 무재해운동에는 소집단 활동이 필요한데 먼저 위험예지훈련이 있다. 위험예지훈련은 작업 착수 전 위험에 대한 내용을 파악하여 대비하도록 훈련하는 것이다.

둘째, 원포인트 위험예지훈련이다. 위험예지훈련 4라운드 중 2R, 3R, 4R를 모두 원포인트로 요약하여 실시하는 기법으로 2~3분이면 실시 가능한 현장 활동용 기법이다.

셋째, 브레인스토밍이다. 6~12명의 구성원이 타인의 비판 없이 자유로운 토론을 통해 다량의 독창적인 아이디어를 끌어내는 집단적 사고 기법으로 비판금지, 자유분방, 대량발언, 수정발언 등이 있다.

넷째, 지적확인이다. 작업의 정확성이나 안전을 확인하기 위해 오관의 감각기관을 이용하여 작업 시작 전에 뇌를 자극시켜 안전을 확보하기 위한 기법으로 작업을 안전하게 오조작 없이 작업공정의 요소요소에서 자신의 행동을 지적하고 확인하는 것이다.

다섯째, 터치앤콜이다. 왼손을 맞잡고 같이 소리치는 것으로 전원이 스킨십을 느끼도록 하는 것이다.

여섯째, TBM 위험예지훈련이다. TBM 실시요령은 작업시작 전, 중식 후, 작업 종료 후 짧은 시간을 활용하여 실시한다.

일곱째, 1인 위험예지훈련이다. 각자가 위험에 대한 감수성 향상을 도모하기 위하여 삼각 및 원포인트 위험예지훈련을 실시하는 것이다.

여덟째, 롤플레잉이다. 작업 전 5분간 미팅 시나리오를 작성하여 그 시나리오를 보고 멤버들이 연기함으로써 체험학습시키는 것이다.

2022년 기출복원문제

01

강관비계 설치 시 구조적인 면에서 검토할 사항은 무엇이 있나요?

정답

강관비계 설치 시 구조적인 면에서 검토할 사항은 4가지가 있다. 먼저 하중계산이다. 강관 자체 자중을 포함한 고정하중, 수직·수평하중, 풍하중 크기와 작업하중 등을 검토하여 하중을 계산한다. 다음은 응력계산이다. 최대전단력과 최대휨모멘트 등을 검토하여 응력을 계산한다. 세 번째는 처짐량과 단면 계산이다. 최대처짐량이 얼마인지, 단면의 형상은 어떤지에 대해 검토한다. 마지막으로 강관비계의 접합부 형식과 구조재료를 검토하여 배치간격 등을 설계한다.

02

재해예방지도기술 시 계약서에 포함되어야 하는 내용은 어떤 것이 있나요?

정답

산업안전보건법 시행규칙 [별지 제104호서식]

기술지도 계약서에는 크게 4가지가 포함되어야 한다. 먼저 건설공사 발주자 또는 건설공사 시공주도 총괄·관리자에 관한 내용으로 사업자명, 대표자 사업장관리번호, 유형 등이 명시되어야 한다. 두 번째로 기술지도 위탁 사업장 관련 내용, 즉 건설업체명, 공사명, 소재지, 공사금액, 공사기간 등이 명시되어야 한다.

세 번째로 건설재해예방전문지도기관에 관한 내용으로 지도기관의 명칭, 대표자, 소재지, 담당자 연락처 등이 포함된다.

마지막으로 기술지도 내용으로 기술지도 구분, 기술지도 대가, 횟수, 계약기간 등이 포함된다. 계약서를 작성한 건설공사 발주자 등과 건설재해예방전문지도기관이 서로 서명하여 보관한다.

03

건설기술진흥법상 건설사고와 중대한 건설사고에 대하여 설명하세요.

정답

건설기술진흥법 제2조, 시행령 105조

"건설사고"란 건설공사를 시행하면서 사망 또는 3일 이상의 휴업이 필요한 부상의 인명피해가 발생한 경우, 1천만원 이상의 재산 피해가 발생한 경우를 말한다. "중대한 건설사고"란 사망자가 3명 이상 발생한 경우, 부상자가 10명 이상 발생한 경우, 건설 중이거나 완공된 시설물이 붕괴 또는 전도되어 재시공이 필요한 경우를 말한다.

04

사전 안전성 평가와 위험성 평가에 대해 설명하세요.

정답

사전 안전성 평가란 건설현장의 안전사고를 예방하기 위해 설계단계부터 의무적으로 안전관련 계획 이행 실태 및 안전관리 체계를 정기적으로 점검하는 것이다. 국토부와 노동부가 각각 시행하고 있다. 국토부의 경우 건설기술진흥법상 설계안전성 검토(DFS)를 하도록 되어 있으며 노동부의 경우 산업안전보건법상 설계 안전보건대장을 작성하도록 되어 있다. 시공단계에서는 국토부의 경우 안전관리계획서, 해체계획서 등을 작성하도록 하고 있고 노동부의 경우 유해위험방지계획서, 시공안전보건대장 등을 작성하도록 되어 있다.

위험성 평가는 사업주가 스스로 유해·위험요인을 파악하고 해당 유해·위험요인의 위험성 수준을 결정하여, 위험성을 낮추기 위한 적절한 조치를 마련하고 실행하는 과정을 말한다.

05

해체공사 시 사전조사 사항과 작업계획에 대해 설명하세요.

정답

해체공사표준안전작업지침 제14조, 제15조

해체공사 사전조사 사항으로는 크게 두 측면에서 조사가 이루어져야 한다. 첫 번째로 해체 대상 구조물에 대한 내용이다.

- 구조(철근콘크리트조, 철골철근콘크리트조 등)의 특성 및 생수, 층수, 건물높이 기준층 면적, 평면 구성 상태, 폭, 층고, 벽 등의 배치 상태
- 부재별 치수, 배근 상태, 해체 시 주의해야 할 구조적으로 약한 부분 해체 시 전도의 우려가 있는 내외장재 설비기구, 전기배선, 배관설비 계통의 상세 확인, 구조물의 설립연도 및 사용목적, 구조물의 노후 정도, 재해(화재, 동해 등) 유무
- 증설, 개축, 보강 등의 구조변경 현황
- 해체공법의 특성에 의한 비산각도, 낙하반경 등의 사전 확인
- 진동, 소음, 분진의 예상치 측정 및 대책방법
- 해체물의 집적 운반방법
- 재이용 또는 이설을 요하는 부재현황
- 기타 당해 구조물 특성에 따른 내용 및 조건

두 번째로 부지상황에 대한 내용이다.

- 부지 내 공지 유무, 해체용 기계설비 위치, 발생재 처리장소
- 해체공사 착수에 앞서 철거, 이설, 보호해야 할 필요가 있는 공사 장애물 현황
- 접속도로의 폭, 출입구 개수 및 매설물의 종류 및 개폐 위치
- 인근 건물동수 및 거주자 현황
- 도로 상황조사, 가공 고압선 유무
- 차량 대기장소 유무 및 교통량(통행인 포함)
- 진동, 소음발생 영향권에 대한 사전조사

해체 작업계획은 해체공사의 공정 등 개요, 건축설비의 이동 철거 및 보호계획, 작업순서, 해체공법 및 구조안전계획, 해체공사현장의 화재 방지대책, 공해 방지 방안, 안전통로 확보, 낙하 방지대책이 포함된 안전관리 대책, 해체물의 처리계획, 해체공사 후 부지정리 및 인근 환경의 보수 및 보상 등에 관한 사항 등을 포함하여 작성해야 한다(건축물관리법 시행규칙 제12조).

06

안전관리수준 평가란 무엇인가요?

정답

안전관리수준 평가란 건설공사 참여자[발주청, 시공사(본사, 현장), 건설사업관리용역사업자(본사, 현장)]의 안전관리수준 평가를 통해 참여 주체별 안전관리 수준을 파악하고, 자발적인 안전관리 역량강화 유도를 목표로 하는 제도를 말한다.

평가대상은 2016년 5월 19일 이후 계약된 총공사비(전기・소방・통신 공사비는 제외하되, 관급자재비를 포함한 공사예정금액) 200억원 이상 건설공사 참여자이다.

평가시기는 발주청(본청 또는 본사)의 경우 대상 공사 수와 관계없이 1년에 1회, 시공사(본사, 현장) 및 건설사업관리용역사업자(본사, 현장)의 경우 현장은 공기 20% 이상 진행 시 1회, 본사는 1년에 1회 평가하고 있다.

평가기관은 국토안전관리원이 시행하며 평가방법은 시스템과 현장을 평가한다. 평가 후 평가를 점수화하여 점수를 반영한다. 발주청은 본사 또는 본청 100%, 시공사의 경우 본사 30%, 현장(각 현장 점수의 평균 적용) 70%, 건설사업관리용역사업자의 경우 본사 20%, 현장(각 현장 점수의 평균 적용) 80%로 규정되어 있다.

평가내용은 발주청의 경우 안전한 공사조건의 확보 및 지원, 안전경영 체계의 구축 및 운영, 건설현장의 법적 요건 준수 및 안전관리 체계 운영 실태, 수급자의 안전관리 수준, 건설사고 발생 현황 등을 평가하며 건설엔지니어링사업자, 건설사업자 및 주택건설등록업자에 대한 평가기준은 안전경영 체계의 구축 및 운영, 관련 법에 따른 안전관리 활동 실적, 자발적 안전관리 활동 실적, 건설사고 위험요소 확인 및 제거 활동, 사후관리 실태 등을 평가한다.

07

유해·위험작업 중 자격조건 제한에 대해 설명하세요.

정답

유해·위험작업의 취업 제한에 관한 규칙 [별표 1]

유해·위험작업 취업제한에 관한 규칙에 자격조건 제한 작업이 나와 있는데 다음과 같은 22종류의 작업에 대해 제한을 하고 있다.

압력용기, 전기설비, 보일러, 건설기계를 취급하는 작업, 지게차를 사용하는 작업, 터널 내 발파작업, 인화성 가스 및 산소를 사용하여 용접·용단 또는 가열하는 작업, 방사선 취급작업, 폭발성·발화성 및 인화성물질의 제조 또는 취급작업, 고압선 정전작업 및 활선작업, 철골 구조물 및 배관 등을 설치하거나 해체하는 작업, 조종석이 설치되어 있는 천장크레인 조종작업, 타워크레인 조종작업, 조종석이 설치되어 있는 컨테이너크레인 조종업무, 승강기 점검 및 보수작업, 흙막이 지보공의 조립 및 해체작업, 거푸집의 조립 및 해체작업, 비계의 조립 및 해체작업, 표면공급식 잠수장비 또는 스쿠버 잠수장비에 의해 수중에서 행하는 작업, 롤러기를 사용하여 고무 또는 에보나이트 등 점성물질을 취급하는 작업, 조종석이 있는 양화장치 운전작업, 타워크레인 설치(타워크레인을 높이는 작업을 포함)·해체작업, 카고크레인 및 차량탑재형 고소작업대 조종작업 등에 대해서는 필요한 자격 또는 경험을 갖춘 자가 업무를 실시해야 한다.

08

강관비계의 구조에 대해 아는 대로 말씀하세요.

정답

산업안전보건기준에 관한 규칙 제60조

강관비계의 구조는 산업안전보건기준에 관한 규칙 제60조에 나와 있는데, 먼저 비계 기둥의 간격은 띠장 방향에서는 1.85m 이하, 장선 방향에서는 1.5m 이하로 해야 한다.

둘째, 띠장간격은 2m 이하로 설치해야 한다.

셋째, 비계 기둥의 제일 윗부분으로부터 31m 되는 지점 밑부분의 비계 기둥은 2개의 강관으로 묶어 세워야 하는데, 브래킷(Bracket, 까치발) 등으로 보강하여 2개의 강관으로 묶을 경우 이상의 강도가 유지되는 경우에는 제외된다.

마지막으로 비계 기둥 간의 적재하중은 400kg을 초과하지 않도록 해야 한다.

09

콘크리트 공사 표준안전작업지침상 거푸집 점검사항은 무엇이 있나요?

`정답`

콘크리트공사표준안전작업지침 제7조

거푸집 점검은 직접 거푸집을 제작, 조립한 책임자가 검사를 해야 하는데 기초 거푸집의 경우 터파기 폭, 거푸집의 형상 및 위치 등 정확한 조립 상태 등을 점검해야 하며, 특히 거푸집에 못이 돌출되어 있거나 날카로운 것이 돌출되어 있을 때에는 제거해야 한다.

동바리 점검 시에는 동바리 침하 방지조치 사항, 강관지주(동바리) 사용 시 접속부 나사 등의 손상 상태, 이동식 틀비계를 동바리 대용으로 사용할 때에는 바퀴의 제동장치 등을 점검해야 하며 콘크리트를 타설할 때에는 거푸집의 부상 및 이동방지 조치, 건물의 보, 요철 부분, 내민 부분의 조립 상태 및 콘크리트 타설 시 이탈방지장치, 청소구의 유무 확인 및 콘크리트 타설 시 청소구 폐쇄 조치 상태, 거푸집의 흔들림을 방지하기 위한 턴버클, 가새 등이 적정하게 조치되었는지 점검해야 한다.

10

전도위험 차량계 건설기계 종류와 전도 방지대책에 대해 아는 대로 설명하세요.

`정답`

차량계 건설기계란 동력원을 사용하여 특정되지 아니한 장소로 스스로 이동할 수 있는 건설기계를 말하는데 종류로는 도저형 건설기계(불도저, 스트레이트도저, 틸트도저, 앵글도저, 버킷도저 등), 모터그레이더(Motor Grader, 땅 고르는 기계), 로더(포크 등 부착물 종류에 따른 용도 변경 형식을 포함), 스크레이퍼(Scraper, 흙을 절삭·운반하거나 펴 고르는 등의 작업을 하는 토공기계), 크레인형 굴착기계(크램쉘, 드래그라인 등), 굴착기(브레이커, 크러셔, 드릴 등 부착물 종류에 따른 용도 변경 형식을 포함), 항타기 및 항발기, 천공용 건설기계(어스드릴, 어스오거, 크롤러드릴, 점보드릴 등), 지반 압밀침하용 건설기계(샌드드레인머신, 페이퍼드레인머신, 팩드레인머신 등), 지반 다짐용 건설기계(타이어롤러, 매커덤롤러, 탠덤롤러 등), 준설용 건설기계(버킷준설선, 그래브준설선, 펌프준설선 등), 콘크리트 펌프카, 덤프트럭, 콘크리트 믹서 트럭, 도로포장용 건설기계(아스팔트 살포기, 콘크리트 살포기, 아스팔트 피니셔, 콘크리트 피니셔 등), 골재 채취 및 살포용 건설기계(쇄석기, 자갈채취기, 골재살포기 등)가 있다.

위에 언급한 기계와 유사한 구조 또는 기능을 갖는 건설기계로서 건설작업에 사용하는 것 등이 있다.

이러한 차량계 건설기계의 전도방지 대책으로는, 첫째 유도하는 사람을 배치해야 한다. 둘째 다짐이나 치환 등을 하여 연약지반의 부동침하를 방지해야 한다. 셋째 갓길의 붕괴 방지를 위해 접근금지 조치 등을 취해야 한다. 마지막으로 건설기계 통행로의 도로 폭을 유지하여 움직이는 데 지장이 없도록 해야 한다.

11
거푸집 동바리 콘크리트 타설 시 준수사항은 어떤 것이 있나요?

정답

콘크리트공사표준안전작업지침 제13조

거푸집 동바리 콘크리트 타설 시 준수사항으로는, 첫째 타설순서는 계획에 의하여 실시해야 한다. 둘째, 콘크리트를 치는 도중에는 거푸집, 지보공 등의 이상 유무를 확인해야 하고, 담당자를 배치하여 이상이 발생한 때에는 신속하게 처리해야 한다.

셋째, 타설속도는 건설부 제정 콘크리트 표준시방서에 의하여 타설해야 한다.

넷째, 손수레를 이용하여 콘크리트를 운반할 때에는 손수레를 타설하는 위치까지 천천히 운반하여 거푸집에 충격을 주지 아니하도록 해야 하고 적당한 간격을 유지해야 한다. 운반 통로에 방해가 되는 것은 즉시 제거해야 한다.

다섯째, 콘크리트의 운반기계, 타설기계를 설치하여 작업할 때에는 각 기계에 대해 사용 전, 사용 중, 사용 후 반드시 점검하여야 한다.

여섯째, 콘크리트를 한곳에만 치우쳐서 타설할 경우 거푸집의 변형 및 탈락에 의한 붕괴사고가 발생하므로 타설순서를 준수해야 한다.

일곱째, 전동기는 적절히 사용되어야 하며, 지나친 진동은 거푸집 도괴의 원인이 될 수 있으므로 각별히 주의해야 한다.

12

낙하물 방지망 설치기준에 대해 아는 대로 말씀하세요.

정답

낙하물 방지망의 설치기준은 첫째 설치간격을 매 10m 이내로 해야 하는데, 첫 단의 경우 설치 높이는 근로자를 낙하물에 의한 위험으로부터 방호할 수 있도록 가능한 낮은 위치에 설치해야 한다.

둘째, 낙하물 방지망이 수평면과 이루는 각도는 20~30°로 하고 내민 길이는 비계 외측으로부터 수평거리 2m 이상으로 해야 한다.

셋째, 방망의 가장자리는 테두리 로프를 그물코를 통과하는 방법으로 방망과 결합시키고 로프와 방망을 재봉사 등으로 묶어 고정해야 한다.

넷째, 방망을 지지하는 긴결재의 강도는 15kN 이상의 인장력에 견딜 수 있는 로프 등을 사용해야 한다.

다섯째, 방망의 겹침 폭은 30cm 이상으로 테두리 로프로 결속하여 방망과 방망 사이의 틈이 없도록 해야 한다.

여섯째, 근로자나 통행인 등의 왕래가 빈번한 장소인 경우 최하단의 방망은 크기가 작은 못, 볼트, 콘크리트 부스러기 등의 낙하물이 떨어지지 못하도록 방망의 그물코 크기가 0.3cm 이하인 망을 설치해야 한다.

일곱째, 매다는 지지재의 간격은 3m 이상으로 하되 방망의 수평 투영면 폭이 전체 구간에 걸쳐 2m 이상 유지되도록 해야 한다.

13

운전자가 이탈하면 안 되는 건설기계의 종류는 어떤 것이 있나요?

정답

운전자 이탈 금지 건설기계는 양중기, 항타기 또는 항발기, 양화장치 등이며 특히 항타기 및 항발기의 경우 권상장치에 하중을 건 상태에서는 절대 이탈하면 안 된다. 화물을 적재한 상태의 양화장치 운전자도 절대 이탈해서는 안 된다.

14

항타기, 항발기 무너짐 방지조치는 어떤 것이 있나요?

정답

산업안전보건기준에 관한 규칙 제209조

항타기, 항발기 무너짐 방지조치로는, 첫째 연약한 지반에 설치하는 경우에는 아웃트리거·받침 등 지지구조물의 침하를 방지하기 위하여 깔판·받침목 등을 사용해야 한다.

둘째, 시설 또는 가설물 등에 설치하는 경우에는 그 내력을 확인하고 내력이 부족하면 보강해야 한다.

셋째, 아웃트리거·받침 등 지지구조물이 미끄러질 우려가 있는 경우에는 말뚝 또는 쐐기 등을 사용하여 해당 지지구조물을 고정시켜야 한다.

넷째, 궤도 또는 차로 이동하는 항타기 또는 항발기에 대해서는 불시에 이동하는 것을 방지하기 위하여 레일 클램프(Rail Clamp) 및 쐐기 등으로 고정시켜야 한다.

다섯째, 상단 부분은 버팀대·버팀줄로 고정하여 안정시키고, 그 하단 부분은 견고한 버팀·말뚝 또는 철골 등으로 고정시켜야 한다.

15

산소결핍 시 대책은 무엇이 있나요?

정답

산소결핍이란 공기 중의 산소농도가 18% 미만인 상태를 말하는 것으로 대책으로는, 첫째 사업주는 근로자가 밀폐공간에서 작업하는 경우에 작업을 시작하기 전과 작업 중에 해당 작업장을 적정공기 상태가 유지되도록 환기를 실시해야 한다.

둘째, 관계 근로자가 아닌 사람의 출입을 금지하고, 출입금지 표지를 밀폐공간 근처의 보기 쉬운 장소에 게시해야 한다.

셋째, 근로자는 출입이 금지된 장소에 사업주의 허락 없이 출입해서는 안 된다.

넷째, 사업주는 근로자에게 보호구를 지급해야 하며 근로자는 지급된 보호구를 착용해야 한다.

다섯째, 근로자가 밀폐공간에서 작업하는 경우에 공기호흡기 또는 송기마스크, 사다리 및 섬유로프 등 비상시에 근로자를 피난시키거나 구출하기 위하여 필요한 기구를 갖추어 두어야 한다.

여섯째, 밀폐공간에서 작업하는 경우에 산소결핍이나 유해가스로 인한 질식·화재·폭발 등의 우려가 있으면 즉시 작업을 중단시키고 해당 근로자를 대피하도록 해야 한다.

일곱째, 근로자를 대피시킨 경우 적정공기 상태임이 확인될 때까지 그 장소에 관계자가 아닌 사람이 출입하는 것을 금지하고, 그 내용을 해당 장소의 보기 쉬운 곳에 게시해야 한다.

16

가설구조물 설계변경에 대해 아는 대로 설명하세요.

정답

산업안전보건법 시행령 제58조, 시행규칙 제88조

가설구조물의 설계변경이 가능한 대상은 높이 31m 이상인 비계, 작업발판 일체형 거푸집 또는 높이 5m 이상인 거푸집 동바리, 터널의 지보공 또는 높이 2m 이상인 흙막이 지보공, 동력을 이용하여 움직이는 가설구조물 등이다. 설계변경 전문가는 건축구조기술사, 토목구조기술사, 토질 및 기초기술사, 건설기계기술사이다.

설계변경 제출서류는 설계변경 요청 대상 공사의 도면, 당초 설계의 문제점 및 변경요청 이유서, 가설구조물의 구조계산서 등 당초 설계의 안전성에 관한 전문가의 검토 의견서 및 그 전문가의 자격증 사본, 그 밖에 재해발생의 위험이 높아 설계변경이 필요함을 증명할 수 있는 서류 등이다.

17

옹벽의 안전진단 방법에는 어떤 것이 있습니까?

정답

옹벽이란 토압에 저항해 흙이 무너지지 못하게 하여 토지의 이용을 극대화하기 위한 구조물이다. 옹벽은 크게 지반, 기초부, 전면부, 기타로 이루어져 있다. 옹벽의 안전진단은 시설물의 물리적·기능적 결함을 발견하고 그에 대한 신속하고 적절한 조치를 취하기 위해 구조적 안전성 및 결함의 원인 등을 조사, 측정, 평가하여 보수 보강 등의 방법을 제시하는 행위로서 안전진단 방법은 현장조사, 지반조사 및 토질시험, 안전성검토 등을 통해 점검결과를 판정하고 보고서를 제출해야 한다. 옹벽의 안전진단 항목은 전면부의 주요 결함파악, 파손 및 손상, 균열, 누수, 층분리 및 박락, 백태, 철근 노출, 배수공 상태, 주변 영향인자(배수시설 및 옹벽 주변 상태), 기초부의 세굴 등을 점검해야 한다.

18

연돌효과란 무엇인가요?

정답

연돌효과란 건축물 내부의 온도가 바깥보다 높고 밀도가 낮을 때 건물 내의 공기가 부력을 받아 이동하는 것을 말하며 굴뚝효과라고도 한다. 수직 공간 내에서 공기가 움직이는 방향은 온도에 따라 달라지는데, 내부온도가 외부온도보다 높으면 아래쪽에서 위쪽으로 흐르고 그와 반대가 되면 위쪽에서 아래쪽으로 흐르고 건축물 바깥 공기가 실내의 공기보다 높을 때는 건물 내에서 공기가 위에서 아래쪽으로 이동하게 되는데 이러한 하향 공기흐름을 역굴뚝효과라고 한다.

19

굴착공사 관련 기울기 기준은 어떻게 되나요?

정답

산업안전보건기준에 관한 규칙 [별표 11]

굴착공사 시 굴착면의 기울기 기준은 모래일 때 1 : 1.8, 연암 및 풍화암일 때 1 : 1.0, 경암일 때 1 : 0.5, 그 밖의 흙은 1 : 1.2를 적용해야 한다.

20

지진이 지반에 미치는 영향은 무엇인가요?

정답

지진이 지반에 미치는 영향은 대표적으로 액상화가 있다. 액상화란 느슨한 토양에 지진 등의 순간적인 힘이 발생하면 지하수와 모래층이 뒤섞여 땅이 물렁해지는 현상이다. 액상화로 인해 지반이 침하되고 건물이 붕괴되며, 맨홀이나 정화조 등 땅속에 묻혀 있는 가벼운 구조물들은 부상한다. 또한 지반이 액체처럼 이동되어 중대재해가 발생할 수 있다.

21

노사협의체의 설치대상 및 구성방법에 대해 아는 대로 설명하세요.

정답

산업안전보건법 시행령 제63조~제65조

노사협의체의 설치대상은 공사금액이 120억원, 토목공사업은 150억원 이상인 건설공사가 해당된다. 이러한 공사는 노사협의체를 구성해야 한다. 노사협의체는 근로자위원과 사용자위원 동수로 구성한다. 근로자위원은 도급 또는 하도급 사업을 포함한 전체 사업의 근로자대표, 근로자대표가 지명하는 명예산업안전감독관 1명 또는 명예산업안전감독관이 위촉되어 있지 않은 경우에는 근로자대표가 지명하는 해당 사업장 근로자 1명으로 구성되고 공사금액이 20억원 이상인 공사의 관계수급인의 각 근로자대표로 구성해야 한다. 사용자위원은 도급 또는 하도급 사업을 포함한 전체 사업의 대표자, 안전관리자 1명, 보건관리자 1명, 공사금액이 20억원 이상인 공사의 관계수급인의 각 대표자로 구성된다.

근로자위원과 사용자위원은 합의하여 노사협의체에 공사금액 20억원 미만인 공사의 관계수급인 및 관계수급인 근로자대표를 위원으로 위촉할 수 있다. 노사협의체 회의는 정기회의와 임시회의로 구분하여 개최하되, 정기회의는 2개월마다 노사협의체의 위원장이 소집하며, 임시회의는 위원장이 필요하다고 인정할 때에 소집한다.

노사협의체 위원장의 선출, 노사협의체의 회의, 노사협의체에서 의결되지 않은 사항에 대한 처리방법 및 회의 결과 등의 공지에 관하여는 적절한 방법으로 기록, 게시해야 한다.

22

안전관리계획서의 세부공종별 내용에 대해 아는 대로 설명하세요.

정답

건설기술진흥법 시행규칙 [별표 7]

안전관리계획서상 세부 안전관리계획은 공종별로 나뉘며 다음의 내용이 포함되어야 한다.

먼저 가설공사로 내용은 1) 가설구조물의 설치개요 및 시공상세도면, 2) 안전시공 절차 및 주의사항, 3) 안전점검계획표 및 안전점검표, 4) 가설물 안전성 계산서이다.

둘째 굴착공사 및 발파공사로 내용은 1) 굴착, 흙막이, 발파, 항타 등의 개요 및 시공상세도면, 2) 안전시공 절차 및 주의사항(지하매설물, 지하수위 변동 및 흐름, 되메우기 다짐 등에 관한 사항 포함), 3) 안전점검계획표 및 안전점검표, 4) 굴착 비탈면, 흙막이 등 안전성 계산서이다.

셋째 콘크리트공사로 내용은 1) 거푸집, 동바리, 철근, 콘크리트 등 공사개요 및 시공상세도면, 2) 안전시공 절차 및 주의사항, 3) 안전점검계획표 및 안전점검표, 4) 동바리 등 안전성 계산서이다.

넷째 강구조물공사로 내용은 1) 자재·장비 등의 개요 및 시공상세도면, 2) 안전시공 절차 및 주의사항, 3) 안전점검계획표 및 안전점검표, 4) 강구조물의 안전성 계산서이다.

다섯째 성토(흙쌓기) 및 절토(땅깎기) 공사(흙댐공사 포함)로 내용은 1) 자재·장비 등의 개요 및 시공상세도면, 2) 안전시공 절차 및 주의사항, 3) 안전점검계획표 및 안전점검표, 4) 안전성 계산서이다.

여섯째 해체공사로 내용은 1) 구조물해체의 대상·공법 등의 개요 및 시공상세도면, 2) 해체순서, 안전시설 및 안전조치 등에 대한 계획이다.

일곱째 건축설비공사로 1) 자재·장비 등의 개요 및 시공상세도면, 2) 안전시공 절차 및 주의사항, 3) 안전점검계획표 및 안전점검표, 4) 안전성 계산서이다.

여덟째 타워크레인 사용 공사로 1) 타워크레인 운영계획, 2) 타워크레인 점검계획, 3) 타워크레인 임대업체 선정계획, 4) 타워크레인에 대한 안전성 계산서이다.

23

리프트의 안전장치 종류와 조립 시 준수사항에 대해 아는 대로 설명하세요.

정답

리프트의 안전장치 종류는 권과방지장치, 과부하방지장치, 비상정지장치 등이 있다. 조립 시 준수사항으로는 첫째 작업을 지휘하는 사람을 선임하여 그 사람의 지휘하에 작업을 실시해야 하며, 둘째 작업을 할 구역에 관계 근로자가 아닌 사람의 출입을 금지하고 그 취지를 보기 쉬운 장소에 표시해야 한다. 셋째 비, 눈, 그 밖에 기상상태의 불안정으로 날씨가 몹시 나쁜 경우에는 그 작업을 중지해야 한다. 넷째 작업지휘자는 작업방법과 근로자의 배치, 재료의 결함 유무 또는 기구 및 공구의 기능을 점검하고 불량품 제거, 작업 중 안전대 등 보호구의 착용 상황을 감시해야 한다.

24

위험성 평가 시 유해위험요인 파악방법은 어떤 것이 있나요?

정답

사업장 위험성평가에 관한 지침 제10조

위험성 평가 시 유해위험요인을 파악할 때 업종, 규모 등 사업장 실정에 따라 다음 중 1가지 이상의 방법을 사용해야 한다. 사업장 순회점검에 의한 방법, 근로자들의 상시적 제안에 의한 방법, 청취조사에 의한 방법, 물질안전보건 자료에 의한 방법, 안전보건 체크리스트에 의한 방법, 그 밖에 사업장의 특성에 적합한 방법으로 위험요인을 파악해야 하며 특별한 사정이 없으면 순회점검에 의한 방법을 통해 위험요인을 파악해야 한다.

25

펌프카에 대한 안전수칙은 어떤 것이 있나요?

정답

콘크리트공사표준안전작업지침 제14조

펌프카 타설 시 주의해야 할 안전수칙은 첫째 레미콘 트럭과 펌프카를 적절히 유도하기 위하여 차량안내자를 배치해야 한다.

둘째, 펌프 배관용 비계를 사전점검하고 이상이 있을 때에는 보강 후 작업해야 한다.

셋째, 펌프카의 배관 상태를 확인해야 하며, 레미콘트럭과 펌프카와 호스 선단의 연결작업을 확인해야 하며 장비 사양의 적정 호스 길이를 초과해서는 안 된다.

넷째, 호스 선단이 요동하지 아니하도록 확실히 붙잡고 타설해야 한다.

다섯째, 공기압송 방법의 펌프카를 사용할 때에는 콘크리트가 비산하는 경우가 있으므로 주의하여 타설해야 한다.

여섯째, 펌프카의 붐대를 조정할 때에는 주변 전선 등 지장물을 확인하고 이격거리를 준수해야 한다.

일곱째, 아웃트리거를 사용할 때 지반의 부동침하로 펌프카가 전도되지 않도록 해야 한다.

여덟째, 펌프카의 전후에는 식별이 용이한 안전표지판을 설치해야 한다.

CHAPTER 03

면접 예상문제

01

근로자가 상시 작업하는 작업면 조도기준을 작업별로 말씀하세요.

정답

산업안전보건기준에 관한 규칙 제8조

작업면 조도기준은 먼저 초정밀 작업의 경우 750lx(럭스) 이상, 정밀작업의 경우 300lx 이상, 보통작업의 경우 150lx 이상, 그 밖의 작업의 경우 75lx 이상이다.

02

산업안전보건기준에 관한 규칙상 안전난간의 구조 및 설치요건은 무엇인가요?

정답

산업안전보건기준에 관한 규칙 제13조

안전난간대의 구조는 상부 난간대, 중간 난간대, 발끝막이판 및 난간 기둥으로 구성해야 한다. 먼저 상부 난간대는 바닥면·발판 또는 경사로의 표면(이하 바닥면 등)으로부터 90cm 이상 지점에 설치하고, 상부 난간대를 120cm 이하에 설치하는 경우에는 중간 난간대는 상부 난간대와 바닥면 등의 중간에 설치해야 하며, 120cm 이상 지점에 설치하는 경우에는 중간 난간대를 2단 이상으로 균등하게 설치하고 난간의 상하 간격은 60cm 이하가 되도록 해야 한다. 다만, 난간 기둥 간의 간격이 25cm 이하인 경우에는 중간 난간대를 설치하지 않아도 된다.

둘째, 발끝막이판은 바닥면 등으로부터 10cm 이상의 높이를 유지해야 하며, 물체가 떨어지거나 날아올 위험이 없거나 그 위험을 방지할 수 있는 망을 설치하는 등 필요한 예방조치를 한 장소는 제외할 수 있다.

셋째, 난간 기둥은 상부 난간대와 중간 난간대를 견고하게 떠받칠 수 있도록 적정한 간격을 유지해야 한다.

넷째, 상부 난간대와 중간 난간대는 난간 길이 전체에 걸쳐 바닥면 등과 평행을 유지해야 한다.

다섯째, 난간대는 지름 2.7cm 이상의 금속제 파이프나 그 이상의 강도가 있는 재료로 설치해야 한다.

여섯째, 안전난간은 구조적으로 가장 취약한 지점에서 가장 취약한 방향으로 작용하는 100kg 이상의 하중에 견딜 수 있는 튼튼한 구조로 해야 한다.

03
달비계의 구조에 대해 아는 대로 설명하세요.

정답

산업안전보건기준에 관한 규칙 제63조

달비계의 구조는 튼튼한 구조로 해야 하는데, 먼저 이음매가 있는 것, 와이어로프의 한 꼬임에서 끊어진 소선의 수가 10% 이상인 것, 지름의 감소가 공칭지름의 7%를 초과하는 것, 꼬인 것, 심하게 변형되거나 부식된 것, 열과 전기충격에 의해 손상된 와이어로프는 달비계에 사용해서는 안 된다.

둘째, 달기 체인의 길이가 달기 체인이 제조된 때의 길이의 5%를 초과한 것, 링의 단면지름이 달기 체인이 제조된 때의 해당 링 지름의 10%를 초과하여 감소한 것, 균열이 있거나 심하게 변형된 달기 체인은 절대 사용해서는 안 된다.

셋째, 달기 강선 및 달기 강대는 심하게 손상·변형 또는 부식된 것은 사용해서는 안 된다.

넷째, 달기 와이어로프, 달기 체인, 달기 강선, 달기 강대는 한쪽 끝을 비계의 보 등에, 다른 쪽 끝을 내민 보, 앵커볼트 또는 건축물의 보 등에 각각 풀리지 않도록 설치해야 한다.

다섯째, 작업발판은 폭을 40cm 이상으로 하고 틈새가 없도록 해야 하며 재료는 뒤집히거나 떨어지지 않도록 비계의 보 등에 연결하거나 고정시켜야 한다.

여섯째, 비계가 흔들리거나 뒤집히는 것을 방지하기 위하여 비계의 보·작업발판 등에 버팀을 설치하는 등 필요한 조치를 해야 한다.

일곱째, 선반 비계에서는 보의 접속부 및 교차부를 철선·이음철물 등을 사용하여 확실하게 접속시키거나 단단하게 연결시켜야 한다.

여덟째, 달비계에 구명줄을 설치하고 근로자에게 안전대를 착용하도록 하며 근로자가 착용한 안전줄을 달비계의 구명줄에 체결하도록 해야 한다.

아홉째, 달비계에 안전난간을 설치할 수 있는 구조인 경우에는 달비계에 안전난간을 설치해야 한다.

04

말비계 조립 시 준수사항은 무엇이 있습니까?

[정답]

산업안전보건기준에 관한 규칙 제67조

먼저 지주부재의 하단에는 미끄럼 방지장치를 하고, 근로자가 양측 끝부분에 올라서서 작업하지 않도록 해야 한다. 두 번째는 지주부재와 수평면의 기울기를 75° 이하로 하고, 지주부재와 지주부재 사이를 고정시키는 보조부재를 설치해야 한다. 마지막 세 번째는 말비계의 높이가 2m를 초과하는 경우에는 작업발판의 폭을 40cm 이상으로 해야 한다.

05

이동식 비계의 준수사항은 어떤 것이 있습니까?

[정답]

산업안전보건기준에 관한 규칙 제68조

이동식 비계 준수사항은 첫째 이동식 비계의 바퀴에는 뜻밖의 갑작스러운 이동 또는 전도를 방지하기 위하여 브레이크·쐐기 등으로 바퀴를 고정시킨 다음 비계의 일부를 견고한 시설물에 고정하거나 아웃트리거를 설치하는 등 필요한 조치를 해야 한다.

둘째, 승강용 사다리는 견고하게 설치해야 한다.

셋째, 비계의 최상부에서 작업을 하는 경우에는 안전난간을 설치해야 한다.

넷째, 작업발판은 항상 수평을 유지하고 작업발판 위에서 안전난간을 딛고 작업을 하거나 받침대 또는 사다리를 사용하여 작업하지 않도록 해야 한다.

다섯째, 작업발판의 최대적재하중은 250kg을 초과하지 않도록 해야 한다.

06
양중기의 종류는 어떤 것이 있나요?

정답

산업안전보건기준에 관한 규칙 제132조

양중기에는 크레인, 호이스트, 이동식 크레인, 리프트, 곤돌라, 승강기 등이 있다. 크레인이란 동력을 사용하여 중량물을 매달아 상하 및 좌우로 운반하는 것을 목적으로 하는 기계 또는 기계장치를 말하며 호이스트란 훅이나 그 밖의 달기구 등을 사용하여 화물을 권상 및 횡행 또는 권상동작만을 하여 양중하는 것을 말한다.

이동식 크레인이란 원동기를 내장하고 있는 것으로서 불특정 장소에 스스로 이동할 수 있는 크레인으로 동력을 사용하여 중량물을 매달아 상하 및 좌우로 운반하는 설비로서 기중기 또는 화물·특수자동차의 작업부에 탑재하여 화물운반 등에 사용하는 기계 또는 기계장치를 말한다. 리프트란 동력을 사용하여 사람이나 화물을 운반하는 것을 목적으로 하는 기계설비로 건설용 리프트, 산업용 리프트, 자동차정비용 리프트, 이삿짐운반용 리프트 등이 있다. 곤돌라란 달기 발판 또는 운반구, 승강장치, 그 밖의 장치 및 이들에 부속된 기계부품에 의하여 구성되고, 와이어로프 또는 달기 강선에 의하여 달기 발판 또는 운반구가 전용 승강장치에 의하여 오르내리는 설비를 말한다.

승강기란 건축물이나 고정된 시설물에 설치되어 일정한 경로에 따라 사람이나 화물을 승강장으로 옮기는 데에 사용되는 설비로 승객용 엘리베이터, 승객화물용 엘리베이터, 화물용 엘리베이터, 소형화물용 엘리베이터, 에스컬레이터 등으로 구분하고 있다.

07

고소작업대 조치사항은 무엇이 있나요?

정답

산업안전보건기준에 관한 규칙 제186조

고소작업대 조치사항은 먼저 작업대를 와이어로프 또는 체인으로 올리거나 내릴 경우에는 와이어로프 또는 체인이 끊어져 작업대가 떨어지지 아니하는 구조여야 하며, 와이어로프 또는 체인의 안전율은 5 이상으로 해야 한다.

둘째, 작업대를 유압에 의해 올리거나 내릴 경우에는 작업대를 일정한 위치에 유지할 수 있는 장치를 갖추고 압력의 이상저하를 방지할 수 있는 구조로 해야 한다.

셋째, 권과방지장치를 갖추거나 압력의 이상상승을 방지할 수 있는 구조로 해야 한다.

넷째, 붐의 최대 지면경사각을 초과 운전하여 전도되지 않도록 해야 하며 작업대에 정격하중을 표시해야 한다.

다섯째, 작업대에 끼임이나 충돌 등의 재해를 예방하기 위한 가드 또는 과상승방지장치를 설치해야 한다.

여섯째, 조작반의 스위치는 눈으로 확인할 수 있도록 명칭 및 방향표시를 유지해야 한다.

일곱째, 바닥과 고소작업대는 가능하면 수평을 유지하도록 해야 하고 갑작스러운 이동을 방지하기 위해 아웃트리거 또는 브레이크 등을 확실히 사용해야 한다.

여덟째, 이동 시에는 작업대를 가장 낮게 내려야 하며, 작업자를 태우고 이동하지 말아야 하고(다만, 이동 중 전도 등의 위험예방을 위하여 유도하는 사람을 배치하고 짧은 구간을 이동하는 경우에는 작업대를 가장 낮게 내린 상태에서 작업자를 태우고 이동할 수 있음) 이동통로의 요철 상태 또는 장애물의 유무 등을 확인해야 한다.

아홉째, 작업자는 안전모·안전대 등의 보호구를 착용해야 하고 관계자가 아닌 사람이 작업구역에 들어오는 것을 방지하기 위해 필요한 조치를 취해야 한다.

열째, 안전한 작업을 위하여 적정 수준의 조도를 유지하고 전로에 근접하여 작업을 하는 경우에는 작업감시자를 배치하는 등 감전사고를 방지해야 한다.

열한째, 작업대를 정기적으로 점검하고 붐·작업대 등 각 부위의 이상 유무를 확인해야 하며 전환 스위치는 다른 물체를 이용하여 고정해서는 안 된다.

마지막으로 작업대는 정격하중을 초과하여 물건을 싣거나 탑승해서는 안 되고 작업대의 붐대를 상승시킨 상태에서 탑승자는 작업대를 벗어나서는 안 된다.

08

항타기 또는 항발기 조립이나 해체 시 준수사항은 무엇이 있나요?

정답

산업안전보건기준에 관한 규칙 제207조

준수사항은 먼저 항타기 또는 항발기에 사용하는 권상기에 쐐기장치 또는 역회전방지용 브레이크를 부착해야 한다.

둘째, 항타기 또는 항발기의 권상기가 들리거나 미끄러지거나 흔들리지 않도록 설치해야 한다.

셋째, 본체 연결부의 풀림 또는 손상 유무, 권상용 와이어로프·드럼 및 도르래 부착 상태의 이상 유무, 권상장치의 브레이크 및 쐐기장치 기능의 이상 유무, 권상기 설치 상태의 이상 유무, 리더(Leader)의 버팀 방법 및 고정 상태의 이상 유무, 본체·부속장치 및 부속품의 강도가 적합한지 여부, 본체·부속장치 및 부속품에 심한 손상·마모·변형 또는 부식이 있는지 여부 등을 점검해야 한다.

넷째, 기타 조립 및 해체 시 필요한 사항은 제조사에서 정한 설치, 해체 작업 설명서에 따라야 한다.

09

화재감시자 배치 장소 기준과 화재감시자의 업무는 어떻게 되나요?

정답

산업안전보건기준에 관한 규칙 제241조의2

화재감시자 배치 장소 기준은 첫째 작업반경 11m 이내에 건물구조 자체나 내부에 가연성물질이 있는 장소, 둘째 작업반경 11m 이내의 바닥 하부에 가연성물질이 11m 이상 떨어져 있지만 불꽃에 의해 쉽게 발화될 우려가 있는 장소, 셋째 가연성물질이 금속으로 된 칸막이·벽·천장 또는 지붕의 반대쪽 면에 인접해 있어 열전도나 열복사에 의해 발화될 우려가 있는 장소이다.

화재감시자의 업무는 첫째 해당하는 장소에 가연성물질이 있는지 여부의 확인, 둘째 가스 검지, 경보 성능을 갖춘 가스 검지 및 경보장치의 작동 여부 확인, 셋째 화재 발생 시 사업장 내 근로자의 대피 유도이다.

10

터널 지보공 조립, 변경 시 조치사항은 무엇인가요?

정답

산업안전보건기준에 관한 규칙 제364조

터널 지보공 조치사항은 먼저 주재를 구성하는 1세트의 부재는 동일 평면 내에 배치해야 한다.

둘째, 목재의 터널 지보공은 그 터널 지보공 각 부재의 긴압 정도가 균등하게 되도록 해야 한다.

셋째, 기둥에는 침하를 방지하기 위하여 받침목을 사용하는 등의 조치를 해야 한다.

넷째, 강아치 지보공의 경우 조립간격은 조립도에 따라야 하며 주재가 아치작용을 충분히 할 수 있도록 쐐기를 박는 등 필요한 조치를 해야 한다.

다섯째, 강아치의 연결볼트 및 띠장 등을 사용하여 주재 상호 간을 튼튼하게 연결하고 터널 등의 출입구 부분에는 받침대를 설치해야 한다.

여섯째, 낙하물이 근로자에게 위험을 미칠 우려가 있는 경우에는 널판 등을 설치해야 한다.

일곱째, 목재 지주식 지보공의 경우 주기둥은 변위를 방지하기 위하여 쐐기 등을 사용하여 지반에 고정시키고 양 끝에는 받침대를 설치해야 한다.

여덟째, 터널 등의 목재 지주식 지보공에 세로 방향의 하중이 걸림으로써 넘어지거나 비틀어질 우려가 있는 경우에는 양 끝 외의 부분에도 받침대를 설치해야 하며 부재의 접속부는 꺾쇠 등으로 고정시켜야 한다.

아홉째, 강아치 지보공 및 목재지주식 지보공 외의 터널 지보공에 대해서는 터널 등의 출입구 부분에 받침대를 설치해야 한다.

11

교량 작업 시 준수사항은 무엇이 있나요?

정답

산업안전보건기준에 관한 규칙 제369조

교량 작업 시 준수사항은 첫째 작업을 하는 구역에는 관계 근로자가 아닌 사람의 출입을 금지해야 한다. 둘째, 재료나 기구 또는 공구 등을 올리거나 내릴 경우에는 근로자로 하여금 달줄, 달포대 등을 사용해야 한다. 셋째, 중량물 부재를 크레인 등으로 인양하는 경우에는 부재에 인양용 고리를 견고하게 설치하고, 인양용 로프는 부재에 두 군데 이상 결속하여 인양해야 하며, 중량물이 안전하게 거치되기 전까지는 걸이로프를 해제해서는 안 된다. 넷째, 자재나 부재의 낙하·전도 또는 붕괴 등에 의해 근로자에게 위험을 미칠 우려가 있을 경우에는 출입금지 구역의 설정, 자재 또는 가설시설의 좌굴 또는 변형 방지를 위한 보강재 부착 등의 조치를 해야 한다.

12

밀폐공간작업 시 조치사항은 무엇이 있나요?

정답

밀폐공간이란 산소결핍, 유해가스로 인한 질식·화재·폭발 등의 위험이 있는 장소를 말한다. 밀폐공간에서 작업 시 조치사항으로는, 첫째 사업장 내 밀폐공간의 위치 파악 및 관리 방안을 수립해야 한다.

둘째, 밀폐공간 내 질식·중독 등을 일으킬 수 있는 유해·위험요인의 파악 및 관리 방안을 마련해야 한다.

셋째, 밀폐공간작업 시 사전확인이 필요한 사항에 대한 확인 절차를 마련해야 한다.

넷째, 안전보건교육 및 훈련을 실시해야 한다.

다섯째, 작업 근로자의 건강장해 예방에 관한 사항에 대해 대책을 세워야 한다.

여섯째, 작업 전에 작업 일시, 기간, 장소 및 내용 등 작업 정보, 관리감독자, 근로자, 감시인 등 작업자 정보, 산소 및 유해가스 농도의 측정결과 및 후속조치 사항, 작업 중 불활성가스 또는 유해가스의 누출·유입·발생 가능성 검토 및 후속조치 사항, 작업 시 착용해야 할 보호구의 종류, 비상연락체계 등에 대해 사전에 확인해야 한다.

마지막으로 밀폐공간에서의 작업이 종료될 때까지 작업내용 등을 해당 작업장 출입구에 게시해야 한다.

13

토석 붕괴의 원인 및 예방대책에 대해 아는 대로 설명하세요.

정답

토석이 붕괴되는 외적 원인은 사면, 법면의 경사 및 기울기의 증가, 절토 및 성토 높이의 증가, 공사에 의한 진동 및 반복 하중의 증가, 지표수 및 지하수의 침투에 의한 토사 중량의 증가, 지진, 차량, 구조물의 하중작용, 토사 및 암석의 혼합층 두께 등이 있으며 토석이 붕괴되는 내적 원인은 절토 사면의 토질·암질, 성토 사면의 토질 구성 및 분포, 토석의 강도 저하 등이 있다. 예방대책으로는 첫째 적절한 경사면의 기울기를 계획해야 한다. 둘째 경사면의 기울기가 당초 계획과 차이가 발생하면 즉시 재검토하여 계획을 변경해야 한다. 셋째 활동할 가능성이 있는 토석은 제거해야 한다. 넷째 경사면의 하단부에 압성토 등 보강공법으로 활동에 대한 저항대책을 강구해야 한다. 다섯째 강관, H형강, 철근 콘크리트 말뚝을 타입하여 지반을 강화해야 한다.

14

철골 부재 반입 시 준수사항은 무엇이 있습니까?

정답

철골공사표준안전작업지침 제8조

철골 반입 시 준수사항은, 첫째 다른 작업에 지장을 주지 않는 곳에 철골을 적치해야 한다.

둘째, 받침대는 적치될 부재의 중량을 고려하여 적당한 간격으로 안정성 있는 것을 사용해야 한다.

셋째, 부재 반입 시는 건립의 순서 등을 고려하여 반입해야 하며 시공순서가 빠른 부재는 상단부에 위치하도록 해야 한다.

넷째, 부재 하차 시는 쌓여 있는 부재의 도괴에 대비하고 트럭 위에서의 작업은 불안정하므로 인양 시 부재가 무너지지 않도록 주의해야 한다.

다섯째, 부재에 로프를 체결하는 작업자는 경험이 풍부해야 한다.

여섯째, 인양 시 기계의 운전자는 서서히 들어 올려 일단 안정 상태인지를 확인한 다음 다시 서서히 들어 올리며 트럭 적재함으로부터 2m 정도가 되었을 때 수평이동시켜야 한다.

일곱째, 수평이동 시는 전선 등 다른 장해물에 접촉할 우려는 없는지 확인하고 유도 로프를 끌거나 누르지 않도록 해야 하며 인양된 부재의 아래쪽에 작업자가 들어가지 않도록 해야 한다.

여덟째, 내려야 할 지점에서 일단 정지시킨 후 흔들림을 정지시킨 다음 서서히 내리도록 해야 한다.

아홉째, 적치 시는 너무 높게 쌓지 않도록 하며 체인 등으로 묶어두거나 버팀대를 대어 넘어가지 않도록 해야 하며 적치높이는 적치 부재 하단폭의 3분의 1 이하로 해야 한다.

15

굴착을 위한 발파작업 시 준수사항은 무엇이 있습니까?

정답

굴착공사표준안전작업지침 제12조

발파작업 시 준수하여야 할 사항은, 첫째 발파작업은 설계 및 시방에서 정한 발파기준을 준수하여 실시하여야 한다.

둘째, 암질변화 구간의 발파는 반드시 시험발파를 선행하여 실시하고 암질에 따른 발파시방을 작성하여야 하며 진동치, 속도, 폭력 등 발파 영향력을 검토하여야 한다.

셋째, 암질변화 구간 및 이상암질의 출현 시 반드시 암질판별을 실시하여야 한다.

넷째, 발파구간 인접구조물에 대한 피해 및 손상 등을 예방하기 위한 발파허용진동치를 준수하여야 한다.

다섯째, 암질판별 및 발파허용진동치는 건설기술진흥법 제44조에 따라 정한 건설공사 설계기준 및 표준시방서 등 관계 법령·규칙에서 정하는 기준에 따른다.

여섯째, 발파시방을 변경하는 경우 반드시 시험발파를 실시하여야 하며 진동파속도, 폭력, 폭속 등의 조건에 의해 적정한 발파시방이어야 한다.

16

전기 발파 시 준수사항은 무엇이 있나요?

정답

발파표준안전작업지침 제21조

전기 발파 시 준수해야 할 사항은, 첫째 전원은 전용 발파기만을 사용하여야 하고, 발파작업책임자 외에는 개폐할 수 없도록 해야 한다.

둘째, 다수의 전기뇌관을 일제히 발파하는 때에는 발파기의 용량, 발파모선, 전기뇌관의 모든 저항을 고려하여 필요한 수준의 전류가 흐르게 해야 한다.

셋째, 발파기 및 건전지는 건조한 곳에 보관하고 사용 전에 전압, 전류 등을 확인해야 한다.

넷째, 낙뢰경보기, 누설전류측정기 등을 사용하여 뇌전 가능성과 정전기 배출 가능성을 확인해야 한다.

다섯째, 발파기의 스위치는 기폭하는 때를 제외하고는 잠금장치를 하거나(고정식), 발파작업책임 자가 휴대하게(이탈식) 해야 한다.

여섯째, 발파모선은 절연효력이 있고, 기계적으로 안전한 것으로서, 그 길이가 30m 이상의 것을 사용하여야 하며 사용 전에는 단선의 유무를 확인해야 한다.

일곱째, 발파모선은 기폭이 될 때까지 항상 단락하여 두어야 한다.

여덟째, 보조모선은 피복이 안전하고 절연성능이 높은 것을 사용하고, 여러 개의 선을 이었거나 길이가 지나치게 길어 저항이 크게 된 것은 사용하지 말아야 한다.

17

연약지반 터널 굴착 시 주의사항은 어떤 것이 있습니까?

정답

터널공사표준안전작업지침 제15조

연약지반 터널 굴착 시 주의사항은, 첫째 막장에 연약지반 발생 시 포어폴링, 프리그라우팅 등 지반보강 조치를 한 후 굴착해야 한다.

둘째, 굴착작업 시작 전에 뿜어붙이기 콘크리트를 비상시에 타설할 수 있도록 준비하고 성능이 좋은 급결제, 철망, 소철선, 마대, 강관 등을 갱내의 찾기 쉬운 곳에 준비해야 한다.

셋째, 막장에는 항상 작업자를 배치해야 하며, 주·야간 교대 시에도 막장에서 교대하도록 해야 한다.

넷째, 이상용수 발생 또는 막장 자립도에 이상이 있을 때에는 즉시 작업을 중단하고 이에 대한 조치를 한 후 작업해야 하며 작업장에는 안전담당자를 배치해야 한다.

다섯째, 필요시 수평보링, 수직보링을 추가로 실시하고 지층단면도를 정확하게 작성하여 굴착계획을 수립해야 한다.

18

숏크리트 작업계획서에 포함되어야 할 사항에는 어떤 것이 있나요?

정답

숏크리트 타설 시 작업 전에 작업계획을 수립하여 근로자를 교육해야 하는데 포함되는 내용은 첫째 사용목적 및 투입장비, 둘째 건식공법, 습식공법 등 공법의 선택, 셋째 노즐의 분사출력 기준, 넷째 압송거리, 다섯째 분진방지대책, 여섯째 재료의 혼입기준, 일곱째 리바운드 방지대책, 여덟째 작업의 안전수칙 등이다.

19

터널의 록볼트 시공 시 준수사항은 무엇이 있나요?

정답

터널공사표준안전작업지침 제21조

록볼트 시공 시 준수해야 할 사항으로는, 첫째 록볼트 천공작업은 소정의 위치, 천공 직경 및 천공 깊이의 적정성을 확인하고 굴착면에 직각으로 천공해야 하며, 볼트 삽입 전에 유해한 녹이나 석분 등 이물질이 남지 않도록 청소해야 한다.

둘째, 록볼트 삽입 후 즉시 록볼트의 항복강도를 넘지 않는 범위에서 충분한 힘으로 조여야 하며 다시조이기는 시공 후 1일 정도 경과한 후 실시해야 한다.

셋째, 모든 형태의 지지판은 지반의 변형을 구속하는 효과를 발휘하고, 지반의 붕락방지를 위하여 암석이나 뿜어붙이기 콘크리트 표면에 완전히 밀착되도록 해야 한다.

넷째, 록볼트는 뿜어붙이기 콘크리트의 경과 후 가능한 한 빠른 시기에 시공하고 용수가 발생한 경우에는 단위면적 기준 중앙집수유도방식 및 각 공법별 차수방식 등에 의하여 용출수 유도 및 차수를 실시해야 한다.

다섯째, 경사 방향 록볼트의 시공 시에는 소정의 각도를 준수하고, 낙석에 대비한 근로자의 안전조치를 선행한 후에 시행해야 한다.

여섯째, 시스템 볼팅을 실시하고 인발시험, 내공변위측정, 천단침하측정, 지중변위측정 등의 계측결과로부터 이상이 있을 시는 추가시공을 해야 한다.

일곱째, 암반 상태, 지질의 상황과 계측결과에 따라 필요한 경우에는 록볼트의 증타 등 보완조치를 신속하게 실시해야 한다.

여덟째, 록볼트 시공 시 천공장의 규격에 따라 싱커, 크롤라드릴 등 천공기를 선별해야 하며, 사용하기 전 드릴의 마모, 동력전달 상태 등 장비의 점검 및 유지보수를 실시해야 한다.

아홉째, 록볼트의 삽입장비는 시방 규격의 회전속도(r.p.m)를 확인하고 에어오우거 등 표준모델의 장비를 사용하되, 시공 후 정기적으로 인발시험을 실시하고 축력변화에 대해 명확히 기록하여 암반거동의 기록을 분석해야 한다.

열째, 록볼트 작업은 천공 및 볼트 삽입 작업 시 근로자의 안전을 위하여 개인보호구를 착용해야 하며 관리감독자 및 안전담당자는 이를 확인해야 한다.

20

터널 콘크리트 라이닝용 거푸집 시공 시 주의사항은 무엇이 있나요?

정답

터널공사표준안전작업지침 제24조

거푸집 시공 시 주의사항은, 먼저 거푸집 조립작업 시행 전 콘크리트의 1회 타설량, 타설 길이, 타설 속도 등을 고려하여 타설 목적에 적당한 규격 여부를 확인해야 한다.

둘째, 거푸집의 측면판은 콘크리트의 타설측압 및 압축력에 충분히 견디는 구조로 해야 하며 모르타르가 새어 나가지 않도록 원지반에 밀착, 고정시켜야 한다.

셋째, 타설된 콘크리트가 필요한 강도에 달할 때까지 거푸집을 제거하지 않아야 하며 시방의 양생기준을 준수해야 한다.

넷째, 거푸집을 조립할 때에는 철근의 앵커 구조, 피복규격 등을 확인하고 철근의 변위, 이동방지용 쐐기 설치 상태를 확인해야 한다.

21

터널의 누수 방지 조치사항은 무엇이 있습니까?

정답

터널공사표준안전작업지침 제30조

터널 누수 시 사고가 발생할 수 있기 때문에 조치를 잘해야 하는데, 먼저 터널 내의 누수개소, 누수량 측정 등의 목적으로 담당자를 선임해야 한다.

둘째, 누수개소를 발견할 시에는 토사유출로 인한 상부 지반의 공극 발생 여부를 확인해야 하며 규정된 용량의 용기에 의한 분당 누출누수량을 측정해야 한다.

셋째, 뿜어붙이기 콘크리트 부위에 토사유출의 용수 발생 시 즉시 작업을 중단하고 지중침하계, 지표면침하계 등의 계측 결과를 확인하고 정밀지반 조사 후 급결 그라우팅 등의 조치를 취해야 한다.

넷째, 누수 및 용출수 처리에 있어서는 누수에 토사의 혼입 정도, 배면 또는 상부지층의 지하수위 및 지질 상태, 누수를 위한 배수로 설치 시 탈수 또는 토사유출로 인한 붕괴 위험성 정도, 방수로 인한 지수처리 시 배면 과다 수압에 의한 붕괴의 임계한도, 용출수량의 단위시간 변화 및 증가량 등을 확인한 후 집수유도로를 설치하거나 방수 조치를 해야 한다.

22

터널의 조명시설 기준은 어떻게 되나요?

정답

터널공사표준안전작업지침 제36조~제38조

터널의 조명시설은 근로자의 안전을 위해 매우 중요한데 설치기준은 명암의 대조가 심하지 않고 또는 눈부심을 발생시키지 않는 방법으로 설치해야 하며 막장점검, 누수점검, 부식 및 변형 등의 점검을 확실하게 시행할 수 있도록 적절한 조도를 유지해야 한다. 또한 조명설비에 대하여 정기 및 수시 점검계획을 수립하고 단선, 단락, 파손, 누전 등에 대하여는 즉시 조치해야 한다. 작업면에 대한 조도기준을 준수해야 하는데 막장 구간은 70lx(럭스) 이상, 터널 중간 구간은 50lx 이상, 터널 입출구 및 수직구 구간은 30lx 이상을 유지해야 한다.

23

해체공사 시 해체작업에 따른 공해 방지 조치사항은 무엇이 있나요?

정답

해체공사표준안전작업지침 제22조~제25조

해체작업 시 발생하는 공해는 4가지가 있다. 소음 및 진동, 분진, 지반침하, 폐기물 등이다. 각자의 조치사항에 대해 말하면, 먼저 소음 및 진동 조치사항이다. 소음 및 진동을 줄이기 위해서는 공기압축기 등은 적당한 장소에 설치해야 하며 전도공법의 경우 전도물 규모를 작게 하여 중량을 최소화하며 전도대상물의 높이도 되도록 작게 해야 한다. 철해머 공법의 경우 해머의 중량과 낙하 높이를 가능한 한 낮게 하고 현장 내에서는 대형 부재로 해체하며 장외에서 잘게 파쇄해야 한다. 한편 인접 건물의 피해를 줄이기 위해 방음, 방진 목적의 가시설을 설치해야 한다.

둘째, 분진에 대한 조치사항이다. 분진 발생을 억제하기 위해 직접 발생 부분에 피라미드식, 수평살수식으로 물을 뿌리거나 간접적으로 방진시트, 분진차단막 등의 방진벽을 설치해야 한다.

셋째, 지반침하에 대한 조치사항이다. 지하실 등을 해체할 경우에는 해체작업 전에 대상 건물의 깊이, 토질, 주변상황 등과 사용하는 장비 운행 시 수반되는 진동 등을 고려하여 지반침하에 대비해야 한다.

마지막으로 폐기물에 대해서는 관계법에 따라 처리해야 한다.

24
산업안전보건법상 안전보건교육 중 채용 시 교육 및 작업내용 변경 시 교육내용은 무엇인가요?

정답

산업안전보건법 시행규칙 [별표 5]

첫째, 근로자 대상일 경우 교육내용은 산업안전 및 사고 예방에 관한 사항, 산업보건 및 직업병 예방에 관한 사항, 위험성 평가에 관한 사항, 산업안전보건법령 및 산업재해보상보험 제도에 관한 사항, 직무 스트레스 예방 및 관리에 관한 사항, 직장 내 괴롭힘, 고객의 폭언 등으로 인한 건강장해 예방 및 관리에 관한 사항, 기계·기구의 위험성과 작업의 순서 및 동선에 관한 사항, 작업 개시 전 점검에 관한 사항, 정리 정돈 및 청소에 관한 사항, 사고 발생 시 긴급조치에 관한 사항, 물질안전보건자료에 관한 사항 등이다.

둘째, 관리감독자의 경우 교육내용은 산업안전 및 사고 예방에 관한 사항, 산업보건 및 직업병 예방에 관한 사항, 위험성평가에 관한 사항, 산업안전보건법령 및 산업재해보상보험 제도에 관한 사항, 직무 스트레스 예방 및 관리에 관한 사항, 직장 내 괴롭힘, 고객의 폭언 등으로 인한 건강장해 예방 및 관리에 관한 사항, 기계·기구의 위험성과 작업의 순서 및 동선에 관한 사항, 작업 개시 전 점검에 관한 사항, 물질안전보건자료에 관한 사항, 사업장 내 안전보건관리체제 및 안전·보건 조치 현황에 관한 사항, 표준안전 작업방법 결정 및 지도·감독 요령에 관한 사항, 비상시 또는 재해 발생 시 긴급조치에 관한 사항, 그 밖의 관리감독자의 직무에 관한 사항 등이다.

25
안전보건대장을 작성해야 하는데, 각 안전보건대장의 내용은 무엇인가요?

정답

건설공사 안전보건대장의 작성 등에 관한 고시, 산업안전보건법 제42조 제1항

안전보건대장은 기본, 설계, 공사 3종류의 안전보건대장을 작성해야 한다. 기본안전보건대장에는 공사규모, 공사예산 및 공사기간 등 사업개요, 공사현장 제반 정보, 공사 시 유해·위험요인과 감소대책 수립을 위한 설계조건 등의 내용이 포함되어야 한다.

설계안전보건대장에 포함되어야 할 내용은 안전한 작업을 위한 적정 공사기간 및 공사금액 산출서, 설계조건을 반영하여 공사 중 발생할 수 있는 주요 유해·위험요인 및 감소대책에 대한 위험성평가 내용, 법 제42조제1항에 따른 유해위험방지계획서의 작성계획, 안전보건조정자의 배치계획, 산업안전보건관리비의 산출내역서, 건설공사의 산업재해예방지도 실시계획 등이다.

공사안전보건대장의 경우 설계안전보건대장의 위험성 평가 내용이 반영된 공사 중 안전보건조치 이행계획, 유해위험방지계획서의 심사 및 확인결과에 대한 조치내용, 산업안전보건관리비의 사용계획 및 사용내역, 건설공사의 산업재해예방지도를 위한 계약 여부, 지도결과 및 조치 등의 내용이 포함되어야 한다.

26
산업안전보건법령상 관리감독자의 업무는 무엇이 있나요?

정답

산업안전보건법 시행령 제15조

관리감독자의 업무는, 첫째 사업장 내 지휘·감독을 하는 작업과 관련된 기계·기구 또는 설비의 안전·보건 점검 및 이상 유무를 확인해야 한다.

둘째, 근로자의 작업복·보호구 및 방호장치의 점검과 그 착용·사용에 관한 교육·지도를 해야 한다.

셋째, 해당 작업에서 발생한 산업재해에 관한 보고 및 이에 대한 응급조치, 작업장 정리·정돈 및 통로 확보에 대한 확인·감독을 해야 한다.

넷째, 안전관리자, 안전관리전문기관 담당자, 보건관리자, 보건관리전문기관 담당자, 산업보건의의 지도·조언에 대한 협조를 해야 한다.

다섯째, 위험성 평가에 관하여 유해·위험요인의 파악에 대한 참여, 개선조치의 시행에 대한 참여 등의 업무를 해야 한다.

여섯째, 해당 작업의 안전 및 보건에 관한 사항으로서 고용노동부령으로 정하는 사항에 대한 업무를 해야 한다.

27

산업안전보건법령상 안전관리자의 업무는 무엇이 있나요?

정답

산업안전보건법 시행령 제18조

안전관리자의 업무는, 첫째 산업안전보건위원회, 노사협의체에서 심의·의결한 업무와 해당 사업장의 안전보건관리규정 및 취업규칙에서 정한 업무를 해야 한다.

둘째, 위험성 평가에 관한 보좌 및 지도·조언, 셋째는 안전인증대상기계, 자율안전확인대상기계 등의 구입 시 적격품 선정에 관한 보좌 및 지도·조언을 해야 한다.

넷째, 해당 사업장 안전교육계획의 수립 및 안전교육 실시에 관한 보좌 및 지도·조언, 다섯째 사업장 순회점검, 지도 및 조치 건의, 여섯째 산업재해 발생의 원인 조사·분석 및 재발 방지를 위한 기술적 보좌 및 지도·조언을 해야 한다.

일곱째, 산업재해에 관한 통계의 유지·관리·분석을 위한 보좌 및 지도·조언, 여덟째 안전에 관한 사항의 이행에 관한 보좌 및 지도·조언, 아홉째 업무수행 내용의 기록·유지 등의 업무를 해야 한다.

28

안전보건조정자 선임대상과 안전보건조정자의 업무는 무엇인가요?

정답

산업안전보건법 시행령 제56조, 제57조

안전보건조정자를 선임해야 하는 대상은 분리 발주 공사금액의 합이 50억원 이상인 공사이다. 안전보건조정자의 자격은 산업안전지도사 자격을 가진 사람, 발주청이 선임한 공사감독자, 책임감리자, 건설현장에서 안전보건관리책임자로서 3년 이상 재직한 사람, 건설안전기술사, 건설안전기사 또는 산업안전기사 자격을 취득한 후 건설안전 분야에서 5년 이상의 실무경력이 있는 사람, 건설안전산업기사 또는 산업안전산업기사 자격을 취득한 후 건설안전 분야에서 7년 이상의 실무경력이 있는 사람 중 선임해야 한다. 안전보건조정자의 업무는 같은 장소에서 이루어지는 각각의 공사 간에 혼재된 작업의 파악, 혼재된 작업으로 인한 산업재해 발생의 위험성 파악, 혼재된 작업으로 인한 산업재해를 예방하기 위한 작업의 시기·내용 및 안전보건조치 등의 조정, 각 공사 도급인의 안전보건관리책임자 간 작업내용에 관한 정보 공유 여부 확인 등의 업무를 해야 한다.

29

현장에서 노사협의체의 구성 및 운영은 어떻게 하나요?

정답

산업안전보건법 시행령 제64조, 제65조

노사협의체의 설치대상은 공사금액이 120억원, 토목공사업은 150억원 이상인 건설공사가 해당되며, 노사협의체는 근로자위원과 사용자위원으로 구성한다.

먼저 근로자위원은 도급 또는 하도급 사업을 포함한 전체 사업의 근로자대표, 근로자대표가 지명하는 명예산업안전감독관 1명 또는 사업장근로자 1명, 공사금액이 20억원 이상인 공사의 관계수급인의 각 근로자대표이며 사용자위원은 도급 또는 하도급 사업을 포함한 전체 사업의 대표자, 안전관리자 1명, 보건관리자 1명, 공사금액이 20억원 이상인 공사의 관계수급인의 각 대표자로 구성된다.

노사협의체의 근로자위원과 사용자위원은 합의하여 노사협의체에 공사금액이 20억원 미만인 공사의 관계수급인 및 관계수급인 근로자대표를 위원으로 위촉할 수 있다.

노사협의체의 운영은 정기회의와 임시회의로 구분하여 개최하되, 정기회의는 2개월마다 노사협의체의 위원장이 소집하며, 임시회의는 위원장이 필요하다고 인정할 때에 소집한다. 노사협의체 위원장의 선출, 노사협의체의 회의, 노사협의체에서 의결되지 않은 사항에 대한 처리방법 및 회의결과 등을 공지해야 한다.

30

산업안전보건법령상 안전보건관리책임자의 업무는 무엇인가요?

정답

산업안전보건법 제15조

안전보건관리책임자의 업무는 다음의 8가지이다.

첫째, 안전보건관리규정의 작성 및 변경에 관한 사항

둘째, 안전보건교육에 관한 사항

셋째, 작업환경 측정 등 작업환경의 점검 및 개선에 관한 사항

넷째, 근로자의 건강진단 등 건강관리에 관한 사항

다섯째, 산업재해의 원인 조사 및 재발 방지대책 수립에 관한 사항

여섯째, 산업재해에 관한 통계의 기록 및 유지에 관한 사항

일곱째, 안전장치 및 보호구 구입 시 적격품 여부 확인에 관한 사항

여덟째, 안전관리자와 보건관리자의 지휘 감독 등

31

산업안전보건법상 위험으로 인한 산업재해 예방을 위해 안전조치를 해야 하는 사항은 무엇이 있나요?

정답

산업안전보건법 제38조

안전조치를 취해야 하는 경우는 첫째 기계·기구, 그 밖의 설비에 의한 위험, 폭발성, 발화성 및 인화성물질 등에 의한 위험, 전기, 열, 그 밖의 에너지에 의한 위험이 있는 경우 필요한 안전조치를 취해야 한다.

둘째, 굴착, 채석, 하역, 벌목, 운송, 조작, 운반, 해체, 중량물 취급, 그 밖의 작업을 할 때 불량한 작업방법 등에 의한 위험으로 인한 산업재해를 예방하기 위해 필요한 조치를 해야 한다.

셋째, 근로자가 추락할 위험이 있는 장소, 토사·구축물 등이 붕괴할 우려가 있는 장소, 물체가 떨어지거나 날아올 위험이 있는 장소, 천재지변으로 인한 위험이 발생할 우려가 있는 장소에서 작업할 때 발생할 수 있는 산업재해를 예방하기 위해 필요한 조치를 해야 한다.

32

산업안전보건법상 도급인의 산업재해 예방조치 사항은 어떤 것이 있나요?

정답

산업안전보건법 제64조

도급인은 관계수급인 근로자가 도급인의 사업장에서 작업을 하는 경우 다음의 사항을 이행하여야 한다.

첫째, 도급인과 수급인을 구성원으로 하는 안전 및 보건에 관한 협의체의 구성 및 운영

둘째, 작업장 순회점검

셋째, 관계수급인이 근로자에게 하는 안전보건교육을 위한 장소 및 자료의 제공 등 지원

넷째, 관계수급인이 근로자에게 하는 안전보건교육의 실시 확인

다섯째, 작업 장소에서 발파작업을 하는 경우, 작업 장소에서 화재·폭발, 토사·구축물 등의 붕괴 또는 지진 등이 발생한 경우에 대비한 경보체계 운영과 대피방법 등 훈련

여섯째, 위생시설 등의 설치 등을 위하여 필요한 장소의 제공 또는 도급인이 설치한 위생시설 이용의 협조

일곱째, 같은 장소에서 이루어지는 도급인과 관계수급인 등의 작업에 있어서 관계수급인 등의 작업시기·내용, 안전조치 및 보건조치 등의 확인

여덟째, 관계수급인 등의 작업 혼재로 인하여 화재·폭발 등 대통령령으로 정하는 위험이 발생할 우려가 있는 경우 관계수급인 등의 작업시기·내용 등의 조정

아홉째, 도급인 근로자 및 관계수급인 근로자와 함께 정기적으로 또는 수시로 작업장의 안전 및 보건에 관한 점검 등에 관한 업무

33

건설기술진흥법령상 설계안전검토보고서에 포함되어야 하는 내용은 무엇인가요?

정답

건설기술진흥법 시행령 제75조의2

설계안전검토보고서에 포함되어야 하는 내용으로는, 첫째 시공단계에서 반드시 고려해야 하는 위험요소, 위험성 및 그에 대한 저감대책에 관한 사항, 둘째 설계에 포함된 각종 시공법과 절차에 관한 사항, 셋째 시공과정의 안전성 확보를 위해 국토교통부장관이 정하여 고시하는 사항이다.

34

건설기술진흥법상 안전관리계획을 수립해야 하는 건설공사의 종류는 무엇이 있나요?

정답

건설기술진흥법 시행령 제98조

안전관리계획서 수립 대상 공사는 다음과 같다.

첫째, 1종 시설물 및 2종 시설물의 건설공사

둘째, 지하 10m 이상을 굴착하는 건설공사

셋째, 폭발물을 사용하는 건설공사로서 20m 안에 시설물이 있거나 100m 안에 사육하는 가축이 있어 해당 건설공사로 인한 영향을 받을 것이 예상되는 건설공사

넷째, 10층 이상 16층 미만인 건축물의 건설공사

다섯째, 10층 이상인 건축물의 리모델링 또는 해체공사, 수직증축형 리모델링 공사

여섯째, 높이가 10m 이상인 천공기, 항타기 및 항발기, 타워크레인 등의 건설기계가 사용되는 건설공사

일곱째, 높이가 31m 이상인 비계, 브래킷 비계, 작업발판 일체형 거푸집 또는 높이가 5m 이상인 거푸집 및 동바리, 터널의 지보공 또는 높이가 2m 이상인 흙막이 지보공, 동력을 이용하여 움직이는 가설구조물, 높이 10m 이상에서 외부작업을 하기 위하여 작업발판 및 안전시설물을 일체화하여 설치하는 가설구조물, 공사현장에서 제작하여 조립·설치하는 복합형 가설구조물 등을 사용하는 건설공사

여덟째, 발주자가 안전관리가 특히 필요하다고 인정하는 건설공사, 인·허가기관의 장이 안전관리가 특히 필요하다고 인정하는 건설공사

35

건설기술진흥법령상 소규모 안전관리계획을 수립해야 하는 대상 공사는 무엇인가요?

정답

건설기술진흥법 시행령 제101조의5

소규모 안전관리계획 수립 대상 공사는, 첫째 연면적 1,000m² 이상인 공동주택, 둘째 연면적 1,000m² 이상인 제1종 근린생활시설 및 제2종 근린생활시설, 셋째 연면적 1,000m² 이상인 공장, 넷째 연면적 5,000m² 이상인 창고건축물의 건설공사로서 2층 이상 10층 미만인 건축물의 건설공사가 해당된다.

36

건설기술진흥법령상 정기안전점검과 정밀안전점검에 포함되어야 하는 내용은 무엇인가요?

정답

건설기술진흥법 시행규칙 제59조

정기안전점검에서의 점검사항으로는, 첫째 공사목적물의 안전시공을 위한 임시시설 및 가설공법의 안전성에 대해 점검해야 한다.

둘째, 공사 목적물의 품질, 시공상태 등의 적정성을 점검해야 한다.

셋째, 인접 건축물 또는 구조물의 안정성 등 공사장 주변 안전조치의 적정성을 점검해야 한다.

넷째, 건설기계의 설치, 해체, 타워크레인 인상 등의 작업절차 및 작업 중 건설기계의 전도·붕괴 등을 예방하기 위한 안전조치의 적정성을 점검해야 한다.

정밀안전점검에서의 점검사항은 시설물의 물리적·기능적 결함에 대한 구조적 안전성 및 결함의 원인 등을 조사·측정·평가하여 보수·보강 등의 방법을 제시해야 한다.

37

건설기술진흥법령상 안전관리비로 사용 가능한 항목은 무엇인가요?

정답

건설기술진흥법 시행규칙 제60조

안전관리비로 사용 가능한 항목은 첫째 안전관리계획의 작성 및 검토 비용 또는 소규모안전관리계획의 작성 비용, 둘째 안전점검 비용, 셋째 발파·굴착 등의 건설공사로 인한 주변 건축물 등의 피해방지대책 비용, 넷째 공사장 주변의 통행안전관리대책 비용, 다섯째 계측장비, 폐쇄회로텔레비전 등 안전 모니터링 장치의 설치·운용 비용, 여섯째 가설구조물의 구조적 안전성 확인에 필요한 비용, 일곱째 무선설비 및 무선통신을 이용한 건설공사 현장의 안전관리체계 구축·운용 비용이 있다.

38
경량철골 천장 공사 작업 전 확인사항은 무엇이 있나요?

`정답`

작업 전에 확인해야 할 사항으로는, 첫째 당일 시공요구량 적정 여부, 작업방법 및 순서, 타 공정과의 간섭 여부 등 작업계획의 적정성을 확인해야 한다.

둘째, 작업방법, 새로운 기계·기구의 올바른 사용방법 등에 대한 근로자의 안전교육 실시 여부 및 건강 상태, 적정한 개인보호구 지급 여부를 확인해야 한다.

셋째, 작업장 및 통로 주변 개구부 등의 안전난간, 덮개 등 방호시설 설치 여부와 통로의 바닥 상태 등을 확인하고, 안전표지를 부착해야 한다.

넷째, 작업에 적합한 안전한 구조의 작업발판 확보 여부를 확인해야 한다.

다섯째, 드릴, 절단기 등 기계·기구의 방호장치 손상 여부 및 부착 상태 확인과 외함접지, 누전차단기 등이 설치되었는지 확인해야 한다.

여섯째, 가연성·인화성물질 제거, 밀폐공간 환기, 유기용제 사용법, 소화기 사용법 및 대피요령 등 화재예방에 대해 확인해야 한다.

39
시스템 거푸집 중 RCS와 ACS는 어떤 차이점이 있나요?

`정답`

RCS란 Rail Climbing System의 약자로 벽체 거푸집용 작업발판으로서 거푸집 설치를 위한 작업발판, 비계틀과 콘크리트 타설 후 마감용 비계를 일체로 제작한 레일 일체형 시스템이며, 특히 레일과 슈가 맞물려 크레인 없이 유압을 이용하여 자립으로 인상작업과 탈형 및 설치가 가능한 시스템 거푸집이다. ACS는 Automatic Climbing System으로 RCS 폼과 비슷하나 다른 점은 ACS의 경우 유압을 이용한 수동방식이 아닌 유압작용 자체를 자동으로 하는 시스템이다. 초고층의 경우 거푸집 설치 공정을 단축하기 위해 자동 상승 시스템 거푸집을 많이 사용하고 있다.

40

시스템 거푸집 설치작업 시 안전조치 사항은 무엇이 있나요?

정답

거푸집 설치작업 시 취해야 할 안전조치 사항으로는 첫째, 작업자는 사전에 제작사의 시스템 폼 기술과 안전교육을 받아야 하며 설치 시에는 안전대를 착용해야 한다.

둘째, 설치 전에 앵커 매립, 클라이밍 콘 등의 위치가 정확한지 확인해야 한다.

셋째, 매립된 앵커에 슈를 연결하기 위한 작업발판을 설치하고 인양하여 설치할 수 있는 크레인의 인양반경과 하중을 검토해야 한다.

넷째, 설치 전에 구조검토서에서 제시한 콘크리트 강도가 나오는지 반드시 확인해야 한다.

다섯째, 바람이나 기온, 습도 등 날씨에 대해 확인해야 한다.

여섯째, 작업발판 위에 잡자재나 공구 등이 있을 경우 낙하 등의 위험이 있으므로 깨끗이 치워야 한다.

41

공사시행단계 및 공사완료단계에서 발주자의 안전관리 업무는 무엇이 있나요?

정답

공사시행단계에서의 발주자의 안전관리 업무로는, 첫째 안전관리계획을 시공자가 제대로 이행하는지 여부를 확인해야 한다.

둘째, 안전점검 수행기관을 지정·관리해야 한다.

셋째, 안전관리비가 사용기준에 맞게 사용되었는지 확인해야 한다.

넷째, 안전관리계획 이행 여부, 안전관리비 집행실태 등을 확인하고 공종별 위험요소와 그 저감대책을 발굴 및 보완하는 등 안전관리 실태를 확인하기 위한 회의를 정기적으로 개최해야 한다.

공사완료단계에서의 발주자의 안전관리 업무는, 첫째 향후 유사 건설공사의 안전관리와 유지관리에 유용한 정보제공을 위해 해당 건설공사가 준공되면 안전관리 참여자가 작성한 안전관리문서를 취합하여 보관해야 한다.

둘째, 준공 시 시공자로부터 설계단계에서 넘겨받거나 시공단계에서 검토한 위험요소, 위험성, 저감대책에 관한 사항, 건설사고가 발생한 현장의 경우 사고 개요, 원인, 재발방지대책 등이 포함된 사고조사보고서, 시공단계에서 도출되어 유지관리단계에서 반드시 고려해야 하는 위험요소, 위험성, 저감대책에 관한 사항 등을 제출받아 종합정보망을 통하여 온라인으로 제출해야 한다.

42

설계시행단계에서 설계자의 안전관리 업무는 무엇이 있나요?

정답

건설공사 안전관리 업무수행 지침 제12조

첫째, 설계자는 설계과정 중에 건설안전에 치명적인 위험요소를 도출하고 이를 제거, 감소할 수 있는 저감대책을 고려해야 한다.

둘째, 설계자는 설계 시 건설안전을 고려한 설계가 되도록 시공법 및 절차에 의해 발생하는 위험요소가 회피, 제거, 감소되도록 해야 한다.

셋째, 시공단계에서 시설물의 안전한 설치 및 해체를 고려해야 하며 설계에 가정된 시공법과 절차, 남아 있는 위험요소의 유형, 통제하기 위한 수단을 안전관리문서로 정리해야 한다.

넷째, 다수의 공종별 설계자가 참여한 경우 대표 설계자는 동일한 위험요소 도출 및 평가기준을 적용해야 하며, 건설안전을 고려한 설계를 협의하기 위해 공종별 설계자와 회의를 개최해야 한다.

다섯째, 건설신기술 또는 특허공법 등이 건설공사에 적용되는 경우 반드시 신기술개발자 또는 특허권자로부터 위험요소, 위험성, 저감대책에 대한 검토서를 제출받아 검토한 후 보고서에 첨부해야 한다.

여섯째, 건설안전을 저해하는 위험요소를 고려한 설계를 위해 시공 및 안전분야 전문가의 자문 등을 통해 시공방법 및 절차를 명확히 이해해야 하며, 시공법과 절차에 대한 이해가 부족하거나, 건설안전에 관한 전문성이 부족한 경우 관련 건설안전 전문가를 설계과정 중에 참여하도록 해야 한다.

일곱째, 도출된 건설안전 위험요소 및 위험성을 평가하여 위험요소, 위험성, 저감대책 형태로 설계안전검토보고서를 작성해야 한다.

43

시공자의 안전관리 업무는 무엇인가요?

정답

건설공사 안전관리 업무수행 지침 제14조

시공자의 안전관리 업무로는, 첫째 착공 전에 안전관리계획을 수립해야 한다.

둘째, 작업공종에 따라 공종별 안전관리계획서를 작성하여 착공 전 또는 해당 공종 착수 전에 건설사업관리기술인의 검토를 거쳐 발주자에게 승인을 받고 작업현장에 비치해야 한다.

셋째, 안전관리계획서에 따라 건설현장의 안전관리업무를 수행해야 하며, 안전관리계획서 이행 여부에 관하여 서면으로 보고해야 한다.

넷째, 가설구조물 설치를 위한 공사를 할 때에는 가설구조물의 구조적 안전성을 확인하기에 적합한 분야의 기술사에게 확인을 받아야 한다.

다섯째, 안전관리비가 해당 목적에만 사용되도록 관리해야 하며, 분기별 안전관리비 사용현황을 공사 진척에 따라 작성해야 하고, 안전관리 활동실적에 따른 안전관리비 집행실적을 정기적으로 보고해야 한다.

여섯째, 건설공사 중 실시한 안전점검 결과를 종합정보망을 통해 제출해야 한다.

44

건설공사 안전관리 업무수행지침에 따른 안전점검의 종류와 절차에 대해 설명하세요.

정답

건설공사 안전관리 업무수행 지침 제18조, 제20조, 제21조

안전점검의 종류는 자체안전점검, 정기안전점검, 정밀안전점검, 초기점검, 공사재개 전 안전점검 등이 있다.

먼저 자체안전점검은 건설공사의 공사기간 동안 매일 공종별로 실시해야 하고, 정기안전점검은 구조물별로 정기안전점검 실시시기를 기준으로 실시해야 한다. 정밀안전점검은 정기안전점검 결과 건설공사의 물리적·기능적 결함 등이 발견되어 보수·보강 등의 조치를 취하기 위해 필요한 경우에 실시한다. 초기점검은 건설기술진흥법 시행령 제98조제1항제1호에 따른 건설공사를 준공하기 전에 실시하며 공사재개 전 안전점검은 건설공사를 시행하는 도중 그 공사의 중단으로 1년 이상 방치된 시설물이 있는 경우 그 공사를 재개하기 전에 실시한다.

자체안전점검 및 정기안전점검 계획을 수립하는 경우에는 안전점검을 효과적이고 안전하게 수행하기 위해 이미 발생된 결함의 확인을 위한 기존 점검자료의 검토, 점검 수행에 필요한 인원, 장비 및 기기의 결정, 작업시간, 현장기록 양식, 비파괴 시험을 포함한 각종 시험의 실시목록, 붕괴 우려 등 특별한 주의를 필요로 하는 부재의 조치사항, 수중조사 등 그 밖의 특기사항을 고려해야 한다.

45
유해위험방지계획서 첨부서류는 무엇이 있나요?

정답

산업안전보건법 시행규칙 [별표 10]

첨부서류는 크게 2가지로 나뉜다. 공사개요 및 안전보건관리계획과 작업공사 종류별 유해위험방지계획이다.

먼저 공사개요 및 안전보건관리계획에는 공사개요서, 공사현장의 주변 현황 및 주변과의 관계를 나타내는 도면, 전체 공정표, 산업안전보건관리비 사용계획서, 안전관리 조직표, 재해 발생 위험 시 연락 및 대피방법 등이 첨부되어야 한다.

둘째 작업공사 종류별 유해위험방지계획에는 가설공사, 구조물공사, 마감공사, 기계설비공사, 해체공사 등에 대한 해당 작업공사의 종류별 작업개요 및 재해예방계획, 위험물질의 종류별 사용량과 저장 및 사용 시의 안전작업계획, 질식·화재 및 폭발예방계획이 포함되어야 한다. 단, 통풍이나 환기가 충분하지 않거나 가연성물질이 있는 건축물 내부나 설비 내부에서 단열재 취급·용접·용단 등과 같은 화기작업이 포함되어 있는 경우에는 세부계획이 포함되어야 한다.

46
건설안전 분야 지도사의 업무는 무엇인가요?

정답

산업안전보건법 시행령 [별표 31]

건설안전 분야 지도사의 업무로는 첫째 유해위험방지계획서, 안전보건개선계획서, 건축·토목작업계획서 작성 지도, 둘째 가설구조물, 시공 중인 구축물, 해체공사, 건설공사현장의 붕괴 우려 장소 등의 안전성 평가, 셋째 가설시설, 가설도로 등의 안전성 평가, 넷째 굴착공사의 안전시설, 지반붕괴, 매설물 파손 예방의 기술지도, 다섯째 그 밖에 토목, 건축 등에 관한 교육 또는 기술지도 등에 대한 업무를 해야 한다.

47

흙막이 지보공 설치 시 점검사항은 무엇인가요?

정답

산업안전보건기준에 관한 규칙 제347조

흙막이 지보공 설치 시에 점검해야 할 사항으로는, 첫째 부재의 손상·변형·부식·변위 및 탈락의 유무와 상태, 둘째 버팀대의 긴압 정도, 셋째 부재의 접속부·부착부 및 교차부의 상태, 넷째 침하의 정도 등을 점검하고 이상 발생 시 즉시 보수해야 하며 설계도서에 따른 계측을 하고 계측 분석 결과 토압의 증가 등 이상한 점을 발견한 경우에는 즉시 보강조치를 해야 한다.

48

터널 내부에서 용접작업 시 조치사항은 무엇이 있나요?

정답

산업안전보건기준에 관한 규칙 제356조

터널 내부에서 용접작업을 할 때 조치해야 할 사항으로는, 첫째 부근에 있는 넝마, 나무부스러기, 종이부스러기, 그 밖의 인화성 액체를 제거해야 한다.

둘째, 인화성 액체에 불연성 물질의 덮개를 씌우거나 불티 등이 날아 흩어지는 것을 방지하기 위한 격벽을 설치해야 한다.

셋째, 용접작업에 종사하는 근로자에게 소화설비의 설치장소 및 사용방법을 주지시켜야 한다.

넷째, 용접작업 종료 후 불티 등에 의하여 화재가 발생할 위험이 있는지를 확인해야 한다.

49

방망의 구조에 대해 아는 대로 설명하세요.

정답

방망의 소재는 합성섬유 또는 그 이상의 물리적 성질을 갖는 것이어야 한다. 그물코는 사각 또는 마름모로서 크기는 10cm 이하이어야 하고 매듭방망으로서 매듭은 원칙적으로 단매듭을 한다. 테두리로프와 각 그물코를 관통시키고 서로 중복됨이 없이 재봉사로 결속하고 중간에서 결속하는 경우는 충분한 강도를 갖도록 해야 한다. 달기로프의 결속은 3회 이상 엮어 묶는 방법 또는 이와 동등 이상의 강도를 갖는 방법으로 테두리로프에 결속해야 한다.

50

안전대의 선정 방법에는 어떤 것이 있나요?

정답

추락재해방지표준안전작업지침 제15조

먼저 1종 안전대는 전주 위에서의 작업과 같이 발받침은 확보되어 있어도 불완전하여 체중의 일부는 U자걸이로 하여 안전대에 지지해야만 작업을 할 수 있으며, 1개걸이의 상태로는 사용하지 않는 경우에 선정해야 한다.

둘째, 2종 안전대는 1개걸이 전용으로서 작업을 할 경우, 안전대에 의지하지 않아도 작업할 수 있는 발판이 확보되었을 때 사용하고, 로프의 끝단에 훅이나 카라비너가 부착된 것은 구조물 또는 시설물 등에 지지할 수 있거나 클립 부착 지지 로프가 있는 경우에 사용한다. 또한 로프의 끝단에 클립이 부착된 것은 수직 지지 로프만으로 안전대를 설치하는 경우에 선정한다.

셋째, 3종 안전대는 1개걸이와 U자걸이로 사용할 때 적합하다. 특히 U자걸이 작업 시 훅을 걸고 벗길 때 추락을 방지하기 위해 보조로프를 사용하는 것이 좋다.

마지막 4종 안전대는 1개걸이, U자걸이 겸용으로 보조 훅이 부착되어 있어 U자걸이 작업 시 훅을 D링에 걸고 벗길 때 추락위험이 많은 경우에 적합하다.

51

안전대의 폐기 기준은 어떤 것이 있나요?

정답

추락재해방지표준안전작업지침 제21조

안전대 폐기 기준은 먼저 로프의 소선에 손상이 있는 것이나 페인트, 기름, 약품, 오물 등에 의해 변화된 것, 비틀림이 있는 것 등의 로프는 폐기해야 한다.

둘째, 벨트 부분이 끝 또는 폭에 1mm 이상 손상 또는 변형되거나 양 끝이 심하게 해진 것은 폐기해야 한다.

셋째, 재봉 부분이 이완되거나 재봉실이 1개소 이상 절단되어 있는 것, 재봉실의 마모가 심한 것은 즉시 폐기해야 한다.

넷째, D링 부분에 깊이 1mm 이상 손상이 있는 것, 눈에 보일 정도로 변형이 심한 것, 전체적으로 녹이 슬어 있는 것은 폐기해야 한다.

다섯째, 훅, 버클 부분의 안쪽에 손상이 있는 것, 훅 외측에 깊이 1mm 이상의 손상이 있는 것, 이탈방지장치의 작동이 나쁜 것, 전체적으로 녹이 슬어 있는 것, 변형되어 있거나 버클의 체결 상태가 나쁜 것은 즉시 폐기해야 한다.

52

중대산업재해와 중대시민재해의 정의는 무엇인가요?

정답

중대재해 처벌 등에 관한 법률(중대재해처벌법) 제2조

중대산업재해란 산업재해 중 사망자가 1명 이상 발생한 재해, 동일한 사고로 6개월 이상 치료가 필요한 부상자가 2명 이상 발생한 재해, 동일한 유해요인으로 급성중독 등 대통령령으로 정하는 직업성 질병자가 1년 이내에 3명 이상 발생한 재해를 말한다.

중대시민재해는 특정 원료 또는 제조물, 공중이용시설 또는 공중교통수단의 설계, 제조, 설치, 관리상의 결함을 원인으로 하여 재해 사망자가 1명 이상 발생한 재해, 동일한 사고로 2개월 이상 치료가 필요한 부상자가 10명 이상 발생한 재해, 동일한 원인으로 3개월 이상 치료가 필요한 질병자가 10명 이상 발생한 재해를 말한다.

53
중대재해처벌법상 사업주와 경영책임자의 안전보건 확보 의무는 무엇인가요?

정답

중대재해처벌법 제4조

안전보건 확보 의무는, 첫째 재해 예방에 필요한 인력 및 예산 등 안전보건관리체계의 구축 및 그 이행에 관한 조치이다. 둘째, 재해 발생 시 재발 방지대책의 수립 및 그 이행에 관한 조치를 해야 하며, 셋째 중앙행정기관·지방자치단체가 관계 법령에 따라 개선, 시정 등을 명한 사항의 이행에 관한 조치를 해야 한다. 마지막으로 안전·보건 관계 법령에 따른 의무이행에 필요한 관리상의 조치를 취해야 한다.

54
중대산업재해 발생 사업장의 경우 발생 사실을 공표해야 하는데 공표 내용은 무엇인가요?

정답

중대재해처벌법 시행령 제12조

첫째 해당 사업장의 명칭, 둘째 중대산업재해가 발생한 일시·장소, 셋째 중대산업재해를 입은 사람의 수, 넷째 중대산업재해의 내용과 그 원인, 사업주 또는 경영책임자 등의 위반사항, 다섯째 해당 사업장에서 최근 5년 내 중대산업재해의 발생 여부 등이 포함되어야 한다. 공표는 관보, 고용노동부나 한국산업안전보건공단의 홈페이지에 게시하는 방법으로 한다. 홈페이지에 게시하는 방법으로 공표하는 경우 공표기간은 1년으로 한다.

55

해체공사 중 압쇄기를 사용할 때 준수해야 하는 사항은 무엇인가요?

정답

해체공사표준안전작업지침 제3조

첫째 압쇄기의 중량, 작업충격을 사전에 고려하고, 차체 지지력을 초과하는 중량의 압쇄기 부착을 금지해야 한다. 둘째, 압쇄기 부착과 해체는 경험이 많은 사람으로서 선임된 자에 한하여 실시해야 한다. 셋째, 압쇄기 연결구조부는 수시로 보수점검을 해야 한다. 넷째, 배관 접속부의 핀, 볼트 등 연결구조의 안전 여부를 점검해야 한다. 다섯째, 절단날은 마모가 심하기 때문에 적절히 교환해야 하며 교환대체품목을 항상 비치해야 한다.

56

화약 발파 공법을 이용하여 해체공사 시 화약 취급 요령과 주의사항에 대해 설명하세요.

정답

해체공사표준안전작업지침 제21조

화약 취급 시 주의사항은, 첫째 폭발물을 보관하는 용기를 취급할 때는 불꽃을 일으킬 우려가 있는 철제기구나 공구를 사용해서는 안 된다.

둘째, 화약류는 해당 사항에 대해 양도양수허가증에 명시된 수량에 따라 반입하고 사용 시 필요한 분량만을 용기로부터 반출하여 즉시 사용토록 해야 한다.

셋째, 화약류에 충격을 주거나, 던지거나, 떨어뜨리지 않도록 해야 한다.

넷째, 화약류는 화로나 모닥불 부근 또는 그라인더를 사용하고 있는 부근에서는 취급하지 않도록 해야 한다.

다섯째, 전기뇌관은 전지, 전선, 전기모터, 기타 전기설비 부근에 접촉하지 않도록 하고 화약, 폭약, 화공약품은 각각 다른 용기에 수납해야 한다.

여섯째, 사용하고 남은 화약류는 발파현장에 남겨놓지 않고 화약류 취급소에 반납해야 하며 화약고나 다량의 폭발물이 있는 곳에서는 뇌관장치를 하지 않도록 해야 한다.

일곱째, 화약류 취급 시에는 항상 도난에 유의하여 출입자 명부를 비치함과 동시에 과부족이 발생되지 않도록 해야 한다.

여덟째, 화약류를 멀리 떨어진 현장에 운반할 때에는 정해진 포대나 상자 등을 사용하도록 하고 화약, 폭약 및 도화선과 뇌관 등을 운반할 때에는 한 사람이 한꺼번에 운반하지 말고 여러 사람이 각기 종류별로 나누어 별개 용기에 넣어 운반토록 해야 한다.

아홉째, 화약류 운반 시에는 운반자의 능력에 알맞은 양을 운반케 해야 하고 화기나 전선의 부근을 피하며, 넘어지지 않게 하고 떨어뜨리거나 부딪히지 않도록 유의해야 한다.

다음으로 화약 발파공사 시 주의사항은, 첫째 장약 전에 구조물 부근에 누설전류와 지전류 및 발화성물질의 유무를 확인해야 한다.

둘째, 전기뇌관 결선 시 결선 부위는 방수 및 누전방지를 위해 절연 테이프를 감아야 한다.

셋째, 발파방식은 순발 및 지발을 구분하여 계획하고 사전에 반드시 도통시험을 해서 도화선 연결 상태를 점검해야 한다.

넷째, 발파작업 시 출입금지 구역을 설정해야 한다.

다섯째, 폭발 여부가 확실하지 않을 때는 지발전기뇌관 발파 시는 5분, 그 밖의 발파 시에는 15분 이내에 현장에 접근해서는 안 된다.

여섯째, 발파 시 발생하는 폭풍압과 비산석을 방지할 수 있는 방호막을 설치해야 한다.

일곱째, 1단 발파 후 후속발파 전에 반드시 전회의 불발 장약을 확인하고 발견 시에는 제거 후 후속발파를 실시해야 한다.

57

표준안전작업지침에 따른 해체공사 시 대형 브레이커를 사용할 경우 준수사항은 무엇인가요?

정답

해체공사표준안전작업지침 제4조

대형 브레이커를 이용하여 해체공사를 할 경우 주의사항은, 첫째 대형 브레이커는 중량, 작업 충격력을 고려하여 차체 지지력을 초과하는 중량의 브레이커 부착을 금지해야 한다.

둘째, 대형 브레이커의 부착과 해체는 경험이 많은 사람으로서 선임된 자에 한하여 실시해야 한다.

셋째, 유압작동구조, 연결구조 등의 주요 구조는 보수점검을 수시로 해야 한다.

넷째, 유압식일 경우에는 유압이 높기 때문에 수시로 유압호스가 새거나 막힌 곳이 없는지 점검해야 한다.

다섯째, 해체대상물에 따라 적합한 형상의 브레이커를 사용해야 한다.

58

터널공사 중 지반조사에서 확인해야 할 사항은 무엇이 있나요?

정답

터널공사표준안전작업지침 제3조~제5조

지질 및 지층 조사 후 확인할 사항은 시추 위치, 토층분포 상태, 투수계수, 지하수위, 지반의 지지력에 대해 확인해야 한다.

또한 설계도서의 시추결과표 및 주상도 등에 명시된 시추공 이외에 중요 구조물의 축조, 인접 구조물의 지반 상태 및 위험지장물 등 상세한 지반·지층 상황을 사전에 조사해야 하며 필요시 발주자와 협의한 다음 추가시추 조사를 실시해야 한다. 작업구, 환기구 등 수직갱 굴착계획구간의 연약지층·지반을 정밀 조사해야 하며 필요시 발주자와 협의한 다음 지반보강말뚝공법, 지반고결 공법, 그라우팅 등의 보강 조치를 취하여 굴착 중 발생되는 붕괴에 대비하여 안전한 공법을 계획해야 한다.

59

터널공사에서 발파작업 시 토사층이 나온 경우 검토사항은 무엇인가요?

정답

터널공사표준안전작업지침 제6조

토사층이 나온 경우 검토사항으로는 첫째 발파 시방의 변경 조치, 둘째 암반의 암질 판별, 셋째 암반지층의 지지력 보강공법, 넷째 발파 및 굴착 공법 변경, 다섯째 시험발파 실시 사항 등이 있다.

60

터널공사에서 누수로 인한 피해를 방지하기 위해 사업주가 해야 하는 조치사항에는 무엇이 있나요?

정답

터널공사표준안전작업지침 제30조

터널의 누수로 인한 피해 방지를 위한 사업주의 조치사항으로는, 첫째 터널 내의 누수개소, 누수량 측정 등의 목적으로 담당자를 선임하여야 한다.

둘째, 누수개소를 발견할 시에는 토사 유출로 인한 상부지반의 공극발생 여부를 확인하여야 하며 규정된 용량의 용기에 의한 분당 누출 누수량을 측정하여야 한다.

셋째, 뿜어붙이기 콘크리트 부위에 토사유출의 용수 발생 시 즉시 작업을 중단하고 지중 침하, 지표면 침하 등에 계측 결과를 확인하고 정밀지반 조사 후 급결그라우팅 등의 조치를 취하여야 한다.

넷째, 누수 및 용출수 처리에 있어서는 누수에 토사의 혼입 정도 여부, 배면 또는 상부지층의 지하 수위 및 지질 상태, 누수를 위한 배수로 설치 시 탈수 또는 토사유출로 인한 붕괴 위험성 검토, 방수로 인한 지수처리 시 배면 과다 수압에 의한 붕괴의 임계한도, 용출수량의 단위시간 변화 및 증가량 등을 확인 후 집수유도로 설치 또는 방수의 조치를 하여야 한다.

61

터널의 버력처리 시 준수사항은 어떤 것이 있나요?

정답

터널공사표준안전작업지침 제13조

첫째 버력처리 장비는 굴착단면의 크기 및 단위발파 버력의 물량, 터널의 경사도, 굴착방식, 버력의 모양(성상) 및 함수비, 운반 통로의 노면 상태 등을 고려하여 선정하고 사토장거리, 운행속도 등의 작업계획을 수립한 후 작업해야 한다.

둘째, 버력의 적재 및 운반작업 시에는 주변의 지보공 및 가시설물 등이 손상되지 않도록 해야 하며 위험요소에는 운전자가 보기 쉽도록 운행속도, 회전주의, 후진금지 등 안전표지판을 부착해야 한다.

셋째, 안전조치를 취한 후 근로자에게 직업안전교육을 실시해야 한다.

넷째, 안전담당자를 배치하고 작업자 이외에는 출입을 금지하도록 해야 한다.

다섯째, 버력의 적재 및 운반기계에는 경광등, 경음기 등 안전장치를 설치해야 하며 버력처리에 있어 불발화약류가 혼입되어 있을 경우가 있으므로 확인해야 한다.

여섯째, 버력운반 중 버력이 떨어지는 일이 없도록 무리하게 적재해서는 안 되고 버력운반로는 항상 양호한 노면을 유지하도록 해야 하며 배수로를 확보해 두어야 한다.

일곱째, 갱내 운반을 궤도에 의하는 경우에는 탈선 등으로 인한 재해를 일으키지 않도록 궤도를 견고하게 부설하고 수시로 점검, 보수해야 한다.

여덟째, 버력반출용 수직구 아래에는 낙석에 의한 근로자의 재해를 방지하기 위하여 낙석주의, 접근금지 등 안전표지판을 설치해야 한다.

아홉째, 버력 적재장에서는 붕락, 붕괴의 위험이 있는 뜬돌 등의 유무를 확인하고 이를 제거한 후 작업하도록 해야 한다.

마지막으로 차량계 운반장비는 작업시작 전 점검하고 이상이 발견된 때에는 즉시 보수하는 등 필요한 조치를 취해야 한다.

62

터널 계측관리계획서에 포함되어야 할 사항은 무엇이 있나요?

정답

터널 계측관리계획서에 포함되어야 할 내용은, 첫째 측정위치 개소 및 측정의 기능 분류, 둘째 계측 시 소요장비, 셋째 계측빈도, 넷째 계측결과 분석방법, 다섯째 변위 허용치 기준, 여섯째 이상 변위 시 조치 및 보강대책, 일곱째 계측 전담반 운영계획, 여덟째 계측관리 기록분석 계통기준 수립 등이다.

63

표준안전작업지침에 따른 터널공사의 배수 및 방수계획 작성 방법은 무엇인가요?

정답

터널공사표준안전작업지침 제29조

터널 내의 누수로 인한 붕괴위험 및 근로자의 직업안전을 위하여 배수 및 방수계획을 수립한 후 그 계획에 의하여 안전조치를 해야 한다. 계획 수립 시 지하수위 및 투수계수에 의한 예상 누수량 산출, 배수펌프 소요대수 및 용량, 배수방식의 선정 및 집수구 설치방식, 터널 내부 누수개소 조사 및 점검 담당자 선임, 누수량 집수유도 계획 또는 방수계획, 굴착상부지반의 채수대 조사 등의 사항이 포함되어야 한다.

64

거푸집 재료에 대해 아는 대로 설명하세요.

`정답`

거푸집 재료 중 먼저 목재 거푸집의 경우 흠집 및 옹이가 많은 거푸집과 합판의 접착부분이 떨어져 구조적으로 약한 것, 띠장은 부러지거나 균열이 있는 것을 사용해서는 안 된다. 둘째 강재 거푸집의 경우 형상이 찌그러지거나, 비틀림 등 변형이 있는 것은 교정 후 사용하고 표면에 녹이 많이 나 있는 것은 Wire Brush나 SandPaper 등으로 닦아내고 박리제를 얇게 칠해둬야 한다. 셋째 동바리의 경우 손상, 변형, 부식이 현저한 것과 옹이가 깊숙이 박혀 있는 것은 사용해서는 안 되고 각재 또는 강관 지주는 양 끝을 일직선으로 그은 선 안에 있는 것만 사용해야 한다. 넷째 연결재의 경우 정확하고 충분한 강도가 있는 것, 회수, 해체하기가 쉬운 것, 조합 부품 수가 적은 것을 사용해야 한다.

65

표준안전작업지침에 따른 거푸집 공사 시 점검사항은 무엇이 있나요?

`정답`

콘크리트공사표준안전작업지침 제7조

거푸집 점검사항은 첫째 직접 거푸집을 제작, 조립한 책임자가 검사했는지 점검해야 한다.
둘째, 기초 거푸집을 검사할 때에는 터파기 폭에 대해 점검해야 한다.
셋째, 거푸집의 형상 및 위치 등 정확한 조립 상태를 점검해야 한다.
넷째, 거푸집에 못이 돌출되어 있거나 날카로운 것이 돌출되어 있을 시에는 바로 제거해야 한다.
동바리(지주)를 점검할 경우 검검해야 할 사항은, 첫째 지주를 지반에 설치할 때에는 받침철물 또는 받침목 등을 설치하여 부동침하 방지조치 상태를 점검해야 한다.
둘째, 동바리 사용 시 접속부 나사 등의 손상 상태를 점검해야 한다.
셋째, 이동식 틀비계를 동바리 대용으로 사용할 때에는 바퀴의 제동장치를 점검해야 한다.
콘크리트를 타설할 때 점검해야 사항은, 첫째 콘크리트를 타설할 때 거푸집의 부상 및 이동방지 조치 상태를 점검한다.
둘째, 건물의 보, 요철부분, 내민부분의 조립 상태 및 콘크리트 타설 시 이탈방지장치를 점검해야 한다.
셋째, 청소구의 유무 확인 및 콘크리트 타설 시 청소구 폐쇄 조치 상태를 점검해야 한다.
넷째, 거푸집의 흔들림을 방지하기 위한 턴버클, 가새 등의 필요한 조치를 했는지 점검해야 한다.

66

철근 가공 시 철근을 절단할 때 유의사항은 무엇이 있나요?

정답

콘크리트공사표준안전작업지침 제11조

철근 절단은 해머 절단과 가스 절단이 있는데 먼저 해머 절단을 할 경우 유의사항으로는, 첫째 해머 자루가 금이 가거나 쪼개진 부분은 없는가 확인하고 사용 중 해머가 빠지지 아니하도록 튼튼하게 조립되어야 한다.

둘째, 해머 부분이 마모되어 있거나, 훼손되어 있는 것을 사용해서는 안 된다.

셋째, 무리한 자세로 절단을 해서는 안 된다.

넷째, 절단기의 절단 날은 마모되어 미끄러질 우려가 있는 것을 사용해서는 안 된다.

다음으로 가스 절단을 할 때 유의해야 할 사항은, 첫째 가스 절단 및 용접자는 해당 자격 소지자여야 하며, 작업 중에는 보호구를 착용해야 한다.

둘째, 가스절단 작업 시 호스가 겹치거나 구부러지거나 또는 밟히지 않도록 하고 전선의 경우에는 피복이 손상되어 있는지를 확인해야 한다.

셋째, 호스, 전선 등은 다른 작업장을 거치지 않는 직선상의 배선이어야 하며, 길이가 짧아야 한다.

넷째, 작업장에서 가연성물질에 인접하여 용접작업을 할 때에는 소화기를 비치해야 한다.

67

인력으로 철근 운반 시 안전관리 사항은 무엇이 있나요?

정답

콘크리트공사표준안전작업지침 제12조

철근을 인력으로 운반할 때 안전관리 사항은, 첫째 1인당 무게는 25kg 정도가 적절하며, 무리한 운반을 하지 말아야 한다.

둘째, 2인 이상이 1조가 되어 어깨메기로 하여 운반해야 한다.

셋째, 긴 철근을 부득이 한 사람이 운반할 때에는 한쪽을 어깨에 메고 다른 한쪽 끝을 끌면서 운반해야 한다.

넷째, 운반할 때에는 양 끝을 묶어 운반해야 한다.

다섯째, 내려놓을 때는 천천히 내려놓고 던지지 말아야 한다.

여섯째, 공동작업을 할 때에는 신호에 따라 작업을 해야 한다.

68

표준안전작업지침에 따른 방망의 사용제한 기준과 표시내용을 아는 대로 설명하세요.

정답

추락재해방지표준안전작업지침 제12조, 제13조

방망의 사용제한 기준은 방망사가 규정한 강도 이하인 방망, 인체 또는 이와 동등 이상의 무게를 갖는 낙하물에 대해 충격을 받은 방망, 파손한 부분을 보수하지 않은 방망, 강도가 명확하지 않은 방망은 사용해서는 안 된다. 방망에는 눈에 잘 띄는 곳에 제조자명, 제조연월, 재봉 치수, 그물코, 신품인 때의 방망 강도를 표시해야 한다.

69

철골공사 중 공작도에 포함시켜야 하는 가설부재는 무엇이 있나요?

정답

철골공사표준안전작업지침 제3조

공작도에 포함되어야 할 가설부재는 외부비계받이 및 화물승강설비용 브래킷, 기둥 승강용 트랩, 구명줄 설치용 고리, 건립에 필요한 와이어 걸이용 고리, 난간 설치용 부재, 기둥 및 보 중앙의 안전대 설치용 고리, 방망 설치용 부재, 비계 연결용 부재, 방호선반 설치용 부재, 양중기 설치용 보강재이다.

70

풍압에 대한 내력을 고려해야 하는 철골 구조물은 무엇이 있나요?

정답

철골공사표준안전작업지침 제3조

풍압에 대한 내력을 고려해야 하는 대상 철골 구조물은 첫째 높이가 20m 이상인 구조물, 둘째 구조물의 폭과 높이의 비가 1 : 4 이상인 구조물, 셋째 단면구조에 현저한 차이가 있는 구조물, 넷째 연면적당 철골량이 $50kg/m^2$ 이하인 구조물, 다섯째 기둥이 타이플레이트(Tie Plate)형인 구조물, 여섯째 이음부가 현장용접인 구조물이다.

71
기둥의 고정작업 시 준수할 사항은 무엇이 있나요?

정답

철골공사표준안전작업지침 제10조

기둥 고정방법은 앵커 볼트에 고정시키는 방법과 다른 철골 기둥에 연결시키는 방법이 있는데 앵커볼트로 고정하는 방법에서 준수해야 할 사항은, 먼저 기둥의 인양은 고정시킬 바로 위에서 일단 멈춘 다음 손이 닿을 위치까지 내려야 한다.

둘째, 앵커볼트의 바로 위까지 흔들림이 없도록 유도하면서 방향을 확인하고 천천히 내려야 한다.

셋째, 기둥 베이스 구멍을 통해 앵커볼트를 보면서 정확히 유도하고, 볼트가 손상되지 않도록 조심스럽게 제자리에 위치시켜야 한다.

넷째, 바른 위치에 잘 들어갔는지 확인하고 앵커볼트 전체의 균형을 유지하면서 확실히 조여야 한다.

다섯째, 인양 와이어로프를 제거하기 위해 기둥 위로 올라갈 때 또는 기둥에서 내려올 때는 기둥의 트랩을 이용해야 한다.

여섯째, 인양 와이어로프를 풀어 제거할 때에는 안전대를 사용해야 하며 샤클핀이 빠져 떨어지는 사고 등이 발생하지 않도록 해야 한다.

다른 철골 기둥에 접속시키는 작업 시 준수해야 할 사항은, 첫째 작업자는 2인 1조로 하여 기둥에 올라간 다음 안전대를 기둥의 위쪽 부분에 설치한 후 인양되는 기둥을 기다려야 한다.

둘째, 인양된 기둥이 흔들리거나 기둥의 접속방향이 맞지 않을 때는 신호를 명확히 하여 유도해야 한다.

셋째, 기둥의 접속에 앞서 이음철판에 설치된 볼트를 느슨하게 풀어주어야 한다.

넷째, 하부 기둥의 상부에 도착하면 작업자는 수공구 등을 이용하여 정확한 접속위치로 유도해야 한다.

다섯째, 볼트를 필요한 수만큼 신속히 체결해야 한다.

여섯째, 작업자가 기둥을 오르내릴 때에는 기둥의 트랩을 이용하고 인양 와이어로프를 제거할 때는 안전대를 사용해야 한다.

72

철골 보의 인양작업 시 클램프를 체결하는 경우 주의해야 할 사항은 무엇인가요?

정답

철골공사표준안전작업지침 제11조

주의사항은 첫째 클램프는 부재를 수평으로 하는 두 곳의 위치에 사용해야 하며 부재 양단방향은 등간격으로 해야 한다. 둘째 한 군데만을 사용할 때는 위험이 적은 장소로서 간단한 이동을 하는 경우에 한하며 부재길이의 3분의 1 지점을 기준으로 체결해야 한다. 셋째 두 곳을 매어 인양시킬 때 와이어로프의 내각은 60° 이하로 해야 한다. 넷째 클램프의 정격용량 이상 매달지 않아야 한다. 다섯째 체결작업 중 클램프 본체가 장애물에 부딪치지 않도록 해야 한다. 여섯째 클램프의 작동 상태를 점검한 후 사용해야 한다.

73

운반하역작업 시 와이어로프 점검사항은 무엇이 있나요?

정답

운반하역표준안전작업지침 제32조

운반하역작업을 할 때 와이어로프의 점검사항은 8가지인데, 첫째 마모 상태로 로프 지름의 감소가 공칭지름의 7%를 초과하여 마모되었는지 점검해야 한다.

둘째, 소선의 절단부위를 점검해야 한다. 와이어로프 한 가닥에서 소선의 수가 10% 이상 절단된 것은 사용해서는 안 된다.

셋째, 비틀림 정도를 점검해서 비틀어진 로프는 폐기해야 한다.

넷째, 로프 끝의 고정 상태를 점검해서 로프 끝의 고정이 불완전하거나 고정부위의 변형이 두드러진 것은 폐기해야 한다.

다섯째, 꼬임 상태를 점검해서 꼬임이 있는 것은 사용해서는 안 된다.

여섯째, 변형 정도를 점검해서 변형이 심한 것은 폐기해야 한다.

일곱째, 녹이나 부식 부분이 있는지 점검해서 녹이나 부식이 현저히 많은 것은 사용해서는 안 된다.

마지막으로 이음매이다. 이음매가 있는 것은 사용해서는 안 된다.

74

섬유로프의 점검사항은 무엇이 있나요?

정답

운반하역표준안전작업지침 제34조

섬유로프의 점검사항은, 첫째 절단면이 있는지 점검해서 스트랜드가 절단된 것은 사용해서는 안 된다. 둘째 손상 부위가 있는지 점검해서 심하게 손상된 것은 폐기해야 한다. 셋째 부식 상태를 점검하고, 부식된 부분이 있는 경우 폐기해야 한다.

75

표준안전작업지침에 따른 이동식 하역기계로 하역 시 준수사항은 무엇이 있나요?

정답

운반하역표준안전작업지침 제49조

하역 시 준수사항은, 첫째 부피가 작더라도 중량물인 때에는 완전히 허리까지 들어올려서 취급해야 한다. 둘째 공동작업은 작업지휘자의 신호에 따라야 한다. 셋째 허용 적재하중을 초과하는 하물의 적재는 금지해야 한다. 넷째 하물대에 사람이 탑승해서는 안 된다. 다섯째 물체가 무너질 위험이 있는 것은 즉시 물체를 묶고 굴러갈 위험이 있는 물체는 고임목으로 고여야 한다. 마지막으로 가벼운 것은 위로, 무거운 것은 밑으로 적재해야 한다.

76

발파작업 시 불발공의 처리는 어떻게 하나요?

정답

발파표준안전작업지침 제34조

불발에 따른 조치사항으로는, 첫째 불발된 천공 구멍으로부터 60cm 이상(손으로 뚫은 구멍인 경우에는 30cm 이상)의 간격을 두고 평행으로 천공하여 다시 발파하고 불발한 화약류를 회수해야 한다.

둘째, 불발된 천공 구멍에 물을 주입하고 그 물의 힘으로 전색물과 화약류를 흘러나오게 하여 불발된 화약류를 회수해야 한다.

셋째, 불발된 화약류를 회수할 수 없는 때에는 그 장소에 표시를 하고, 인근 장소에 출입을 금지해야 한다.

넷째, 불발된 발파공에 압축공기를 넣어 전색물을 뽑아내거나 뇌관에 영향을 미치지 아니하게 하면서 조금씩 장약하고 다시 기폭해야 한다.

다섯째, 전기뇌관을 사용한 경우에는 저항측정기를 사용하여 불발공의 회로를 점검하고 이상이 없으면 발파회로에 다시 연결하여 재발파하고, 불발공이 단락되어 있으면 압축공기나 물로 장약된 화약류 및 전색물을 제거한 후 기폭약포를 재장약하여 발파해야 한다.

여섯째, 비전기뇌관을 사용한 경우에는 육안으로 불발공의 회로를 점검하고 이상이 없으면 발파회로에 다시 연결하여 재발파하고, 시그널튜브가 손상되어 있으면 압축공기나 물로 장약된 화약류 및 전색물을 제거한 다음 기폭약포를 재장약하여 발파해야 한다.

일곱째, 전자뇌관을 사용한 경우에는 회로점검기를 사용하여 불발공의 회로를 점검하고 이상이 없으면 발파회로에 다시 연결하여 재발파하고, 뇌관의 통신이 되지 않으면 압축공기나 물로 장약된 화약류 및 전색물을 제거한 다음 기폭약포를 재장약하여 발파해야 한다.

여덟째, 불발공으로부터 회수한 뇌관이나 폭약은 모두 제조사의 시방에 따라 처리하여야 하며, 임의로 매립하거나 폐기하여서는 아니 된다.

아홉째, 불발된 장약을 확인할 수 없거나, 적절하게 처리되지 않은 경우에는 해당 발파장소에 근로자의 출입을 금지하여야 한다.

77

굴착공사 중 절토작업 시 준수사항은 무엇이 있나요?

정답

굴착공사표준안전작업지침 제7조

절토작업 시 준수해야 할 사항은 첫째 상부에서 붕락 위험이 있는 장소에서의 작업은 금지해야 한다. 둘째, 상·하부 동시작업은 금지하고 부득이한 경우 견고한 낙하물 방호시설 설치, 부석 제거, 작업장소에 불필요한 기계 등의 방치를 금지하는 외에 신호수 및 담당자 배치 후 작업을 해야 한다. 셋째, 굴착면이 높은 경우는 계단식으로 굴착하고 소단의 폭은 수평거리 2m 정도로 해야 한다. 넷째, 사면경사 1 : 1 이하이며 굴착면이 2m 이상일 경우는 안전대 등을 착용하고 작업해야 하며 부석이나 붕괴하기 쉬운 지반은 적절한 보강을 해야 한다. 다섯째, 급경사에는 사다리 등을 설치하여 통로로 사용해야 하며 도괴하지 않도록 상·하부를 지지물로 고정시키며 장기간 공사 시에는 비계 등을 설치해야 한다. 여섯째, 용수가 발생하면 즉시 작업책임자에게 보고하고 배수 및 작업방법에 대해서 지시를 받아야 한다. 일곱째, 우천 또는 해빙으로 토사붕괴가 우려되는 경우에는 작업 전 점검을 실시해야 하며, 특히 굴착면 천단부 주변에는 중량물의 방치를 금하며 대형 건설기계 통과 시에는 적절한 조치를 해야 한다. 여덟째, 절토면을 장기간 방치할 경우는 경사면을 가마니쌓기, 비닐덮기 등 적절한 보호조치를 하고, 발파 암반을 장기간 방치할 경우는 낙석방지용 방호망 부착, 모르타르 주입, 그라우팅, 록볼트 설치 등의 방호시설을 해야 한다. 아홉째, 암반이 아닌 경우는 경사면에 도수로, 산마루 측구 등 배수시설을 설치해야 하며, 제3자가 근처를 통행할 가능성이 있는 경우는 안전시설과 안전표지판을 설치해야 한다.

78

굴착장비 점검 시 점검해야 하는 부분은 어디인가요?

정답

굴착공사표준안전작업지침 제10조

작업 전 굴착기 점검 시 점검해야 할 부분은 첫째 낙석, 낙하물 등의 위험이 예상되는 작업 시 견고한 헤드가드 설치 상태를 점검해야 한다. 둘째 브레이크 및 클러치의 작동 상태를 점검해야 하고, 셋째 타이어 및 궤도차륜 상태를 점검해야 한다. 넷째 경보장치가 작동하는지 작동 상태를 점검해야 하고, 다섯째 부속장치의 상태를 점검해야 한다.

교육이란 사람이 학교에서 배운 것을 잊어버린 후에 남은 것을 말한다.

– 알버트 아인슈타인 –

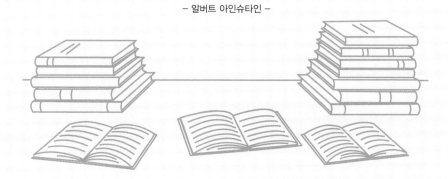

우리 인생의 가장 큰 영광은 결코 넘어지지 않는 데 있는 것이 아니라

넘어질 때마다 일어서는 데 있다.

– 넬슨 만델라 –

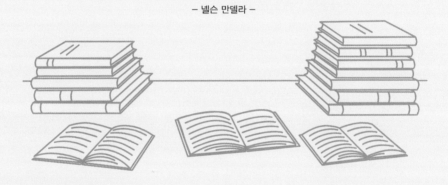

기출이 답이다 산업안전지도사 2차(실기) + 3차(면접) 건설안전공학 한권으로 끝내기

초 판 2 쇄 발행	2024년 06월 05일 (인쇄 2024년 04월 30일)
초 판 발 행	2024년 01월 05일 (인쇄 2023년 08월 29일)
발 행 인	박영일
책 임 편 집	이해욱
편 저	이문호
편 집 진 행	윤진영 · 오현석
표 지 디 자 인	권은경 · 길전홍선
편 집 디 자 인	정경일 · 이현진
발 행 처	(주)시대고시기획
출 판 등 록	제10-1521호
주 소	서울시 마포구 큰우물로 75 [도화동 538 성지 B/D] 9F
전 화	1600-3600
팩 스	02-701-8823
홈 페 이 지	www.sdedu.co.kr

I S B N	979-11-383-5491-2(13500)
정 가	30,000원

한눈에 이해할 수 있도록
체계적으로 정리한 **핵심이론**

철저한 시험유형 파악으로
만든 **필수확인문제**

국가직·지방직 등
최신 기출문제와 상세 해설

기술직 공무원 기계일반
별판 | 24,000원

기술직 공무원 기계설계
별판 | 24,000원

기술직 공무원 물리
별판 | 23,000원

기술직 공무원 생물
별판 | 20,000원

기술직 공무원 임업경영
별판 | 20,000원

기술직 공무원 조림
별판 | 20,000원

※도서의 이미지와 가격은 변경될 수 있습니다.